U0286915

生物学教学技能微格训练

主　编　俞如旺
副主编　谢　群　李　娟

科学出版社

北　京

内 容 简 介

  本书以教育心理学、生物课程与教学论的理论知识为基础，根据生物学科教学的特点，对微格教学的概念、特点和行动训练及评价方案做了详细的阐述和介绍。全书对 9 个生物学课堂教学技能的概念与作用、类型与设计、应用与评价做了可操作性的论述和讲解，并配套视频案例供读者示范观摩和行动训练。案例分析与运用力图结合当前基础生物学教育新课程改革的现状，突出新课程标准倡导的生物学核心素养。

  本书可作为高等师范院校针对生物教育专业本科生、学科教学（生物）教育硕士生开展的教师教学技能培训课程的教材或参考书，也可作为中学生物教师开展职后教学技能培训的教材或参考书，还可作为教师招聘考试面试环节中的片段教学备课资源。

图书在版编目（CIP）数据

生物学教学技能微格训练/俞如旺主编. —北京：科学出版社，2019.12
ISBN 978-7-03-063261-6

Ⅰ. ①生… Ⅱ. ①俞… Ⅲ. ①生物学–教学研究–高等学校 Ⅳ. ①Q-4

中国版本图书馆 CIP 数据核字（2019）第 248330 号

责任编辑：丁　里　文　茜/责任校对：何艳萍
责任印制：吴兆东/封面设计：迷底书装

科学出版社 出版
北京东黄城根北街 16 号
邮政编码：100717
http://www.sciencep.com
北京富资园科技发展有限公司印刷
科学出版社发行　各地新华书店经销
*
2019 年 12 月第　一　版　　开本：787×1092　1/16
2024 年 11 月第七次印刷　　印张：14 1/2
字数：366 000

定价：59.00 元
（如有印装质量问题，我社负责调换）

前　言

2007年，我们编写的《生物微格教学》出版了，这在当时是第一本讨论生物学微格教学训练的教材，得到了全国高等师范院校的肯定，并作为许多高等师范院校的教学用书。这主要得益于该书适应了当时生物学教师教育教学技能培训的需要。

为满足广大读者的要求，2012年出版了《生物微格教学》的第二版。我们汲取第一版在作为教材使用过程中的一些经验，进行了再版修订，主要是删去了"微格教室的组成与使用"，增加了"微格教学评价"；对各教学技能进行了优化，优化的原则是以现代教育教学理念为主导，以服务生物学教师课堂教学技能的养成和提高为出发点，努力集理论性、实用性、可操作性于一体，将生物学教育改革和研究的"新课程""新理念""新方法"与中学生物学课堂教学实践融合在一起，帮助读者掌握课堂教学的各项教学技能。

然而在使用过程中，《生物微格教学（第二版）》仍然遇到很多问题，最大的问题就是缺乏视频案例。众所周知，教学技能强调训练，训练强调实践，文字资料写得再丰富，也无法替代教学案例。微格教学训练的核心是观摩与模仿。相信对于任何一位从事教师教育教学技能训练的教师来说，最关注的是手头是否有一系列教学技能经典案例，包括片段教学设计、教学视频、教学PPT、教学反思和评价等。

本书作为《生物微格教学》的第三版应运而生。

在长达8年的时间里，我们对大量本科生、教育硕士生的师范生课堂教学技能进行了训练，最后从中选出45个典型案例，对每个案例进行针对性分析和讨论，强化观摩和模仿。现代信息网络技术，特别是云存储技术很好地解决了45个视频大容量存储问题，读者只需要通过手机扫描二维码就能很轻松地观摩教学视频。

本书的撰写历经五年，在这五年间，我们尝试通过经典案例视频对师范生教学技能开展示范、观摩和训练。结果表明，借助案例视频能大大提高教师教育教学技能的训练效率。

微格教学作为一种培训教师课堂教学技能的优化模式已在各师范类高校广泛应用，是公认的能够科学有效地培训教师教学技能的一套方法。通过微格教学的手段，进行课堂教学技能培训，使学生熟悉和掌握中学生物学教师所必备的教学技能，为顺利适应生物学教育实习工作和毕业后的中学生物学教学工作打下基础。因此，微格教学对培养未来合格的生物学教师具有重要的意义。

本书分为三篇，共十个专题。开篇专题1介绍了微格教学的性质、理论基础和意义，阐述了微格教学教案编写的一般要求，尤其介绍了本书应用到的行动训练模式，以及微格教学技能的评价方法。

上篇包括专题2至专题6，主要介绍的是教学基本技能，包括讲解技能、板书技能、提问技能、演示（实验）技能和教学语言技能。这些技能在课堂教学中往往贯穿始终，或成为一节课的主要表现技能，掌握这些课堂教学技能是驾驭课堂的基础，尤其要加以强化训练。

下篇包括专题7至专题10，主要介绍的是在教学过程中起调控作用的技能，包括导入技能、教态变化技能、强化技能和结束技能。这些技能与基础技能不同，往往在一节课中只发挥局部作用，但却是优质课堂的重要组成部分，掌握调控技能往往可以大大提高课堂教学效率。

应用视频案例进行学习或训练时，应注意到上篇基本技能和下篇调控技能的差异。建议读者在使用上篇基本技能时可以强调单一技能在课堂教学过程中的始终应用，但在下篇调控技能训练时则应强调多种技能的混合应用。

希望本书的出版，能够使高等师范院校生物学教师教育专业的学生更加系统、全面地进行课堂教学技能的微格教学训练，促进生物学课堂教学技能的改革和发展，为优化中学生物学课堂、提高教学效率起到积极的作用。

本书的编写分工具体如下：谢群博士参与了专题2、专题4、专题6至专题9的视频案例编写；李娟副教授参与了专题3、专题4的内容及视频案例编写，其余内容由俞如旺教授编写并负责全书策划、统稿。广西师范大学杨华教授对专题1和专题3进行了审读；华南师范大学高峰教授对专题2和专题4进行了审读；闽南师范大学王伟副教授对专题5进行了审读；河北师范大学赵萍萍博士对专题6进行了审读；安徽师范大学陈明林教授对专题8进行了审读。李君君、庄彩虹、曾薇、王钊、胡孟慧、林莉、袁丽虹、徐柳、周颖慧、阿茹娜、陈婷、黄静瑜、郑婉颖、张小依等参与了资料收集和部分编写工作。福建师范大学生命科学学院部分2017级和2018级研究生参与了书稿校对、整理工作，在此一并表示感谢。

本书附有大量视频案例，读者扫描书中相应二维码即可观看。这些视频案例中的教师均为生物科学专业在校学生，凡未注明的均为福建师范大学生命科学学院生物科学专业各届本科生，感谢他们辛勤的付出和精彩的呈现。

在本书编写过程中，参阅了许多专家、同行的成果，谨此致谢；凡未一一注明的，敬请原谅。最后还要感谢科学出版社对本书的出版所给予的大力支持和帮助，正是由于他们的努力才得以按时付梓，在此一并致以诚挚的谢意。

本书是福建省学位委员会办公室、福建省教育厅2016年专业学位研究生教学案例库"课堂教学技能（微格教学）教学案例库"项目研究成果之一。

本书尚有不足之处，望同行不吝赐教，提出宝贵意见。

俞如旺

2019年9月

目　　录

下篇　教学过程调控技能训练

开篇　教学技能微格训练概述

专题 1 新教师的训练营——微格教学

【学与教的目标】

识记：什么是微格教学；微格教学训练的理论基础。

理解：微格教学训练的基本特点和作用。

应用：微格教学设计与教案的编写；熟悉微格教学的行动训练模式。

分析：正确分析微格教学设计与常规课堂教学设计的差异。

评价：能应用微格教学技能的评价指标体系，开展自我分析和讨论。

第一节 微格教学概述

一、什么是微格教学

微格教学来自英文 microteaching，可译为"微型教学""微观教学""小型教学"等，国内称为"微格教学"，是一种利用现代教学技术手段培训教师教学技能的教学方法。通常，指导教师可将参加培训的学员（师范生或在职教师）分成若干小组，在理论指导的基础上，对一小组学生进行 10 分钟左右的"微格教学"，并当场将实况摄录下来。然后在指导教师引导下，组织小组成员一起反复观看录制的视听材料，对教学情况进行讨论和评议，最后由指导教师进行小结。所有学员轮流进行多次微格教学训练，可使师范生或在职教师的教学技能、技巧有所提高，进而提升教师的整体素质。

微格教学的创始人、美国斯坦福大学艾伦（D. W. Allen）教授将它定义为："微格教学是一种缩小了的可控制的教学环境，它使准备成为或已经是教师的人有可能集中掌握某一特定的教学技能和教学内容。"其实，微格教学就是通过"讲课→观摩→分析→评价"的方法，借助音视频记录装置和实验室的教学练习，对需要掌握的知识、技能进行选择性模拟，从而对师范生及在职教师的各种教学行为的训练进行观察、分析和评价。

结合我国实际，微格教学可定义为："微格教学是一个有目的、有控制的实践系统。它使师范生和教师能集中解决某一特定的教学行为，或在有控制的条件下进行学习。它是建立在教育教学理论、视听理论和教学技术基础上，系统训练教师教学技能的方法。"

二、微格教学训练的理论基础

1. 以系统的思想为指导研究培训教学技能

教学过程是复杂的，是由许多环节和众多师生的具体活动而构成的一个整体。因此，教学是一个系统，教学过程是一个系统的运行过程。所谓系统，是由相互联系、相互制约、相互作用的要素构成的，具有特定功能的有机整体。要对系统进行研究，首先必须对其构成要素进行分解和研究，要使系统达到优化，就要先确保各要素达到优化。对教学研究也是如此，教学技能是教学系统的基本构成要素，要使课堂教学达到优化，实现教学的总体目标，首先要使每一个教学技能达到优化，然后把它们有机组合起来，相互作用形成教学的整体。

2. 示范为受训者提供模仿的样板和信息

在微格教学培训中，为受训者提供多种风格的教学示范，辅以对各种技能的说明，使他们得到直接的感受，并从中获取模仿的样板。示范无论是通过实际动作还是视频提供的，都是从视、听两个方面作用于受训者的感官。许多实验已经证明，视、听并用的方法能使信息接收者获得大量的信息，比只用语言描述的方法好得多。

人类在利用自身的各种感官接受信息时，由于各种感官的分辨率不同，感受时不同，接受信息的比率也不同。但如果把几种感官综合起来利用，就会获得更多、更全面的信息。根据信息传输量的香农（C. E. Shannon）-威纳（N. Wiener）公式：

$$S = B\log_2\left(1+\frac{P}{N}\right)$$

式中，S 代表接收的信息量，B 代表通道的频带宽度，N 代表原有信息量，P 代表所传递的信息量。其中，频带宽度 B 与学习者所接收的信息量成正比关系。在微格教学中，用视听结合的方法提供技能示范，会使受训者接收的信息量大大增加，从而更好地感知某种教学技能。

本书应用大量的视频案例，对教学技能分解示范。视频案例分为两种类型：①精讲精练类型，提供了相应的视频、教学设计、教学分析和课堂 PPT，手把手地指导师范生观摩视频、撰写教案、课堂试讲、教学反思等；②自主拓展学习类型，针对每一种教学技能，提供了更多的教学视频供学习者自主拓展学习。

3. 技能训练是掌握复杂活动的途径

在微格教学中，主要通过对教学技能的分解和分别训练，使受训者单独训练某一个教学技能。技能按其本身的特点，可分为动作技能和心智技能两种。苏联心理学家加里培林等在对心智技能的研究中建立了心智活动分阶段形成的学说，他们认为："心智活动是一个从外部的物质活动向内部的心理活动转化的过程。"

在微格教学训练中，同样也包括心智技能和动作技能两个方面。它的外部物质活动是借助讲解、角色扮演、录像示范等为支柱而进行的，通过观察使受训者形成对活动过程和效果的感知，形成表象。在准备教学和实际训练中，再以此为基础进行各种语言阶段的心智活动。根据动作技能和心智技能形成过程具有不同的阶段性，即掌握局部动作阶段、初步掌握完整动作阶段、动作协调和完善阶段的特点，在微格教学训练中即可分技能、分阶段逐步进行，当每一个技能都被掌握以后再把它们综合起来，形成较为完善的课堂教学能力。这种学习和训练教师教学技能的方法符合心理学中动作技能和心智技能的形成规律及原理。

4. 直接的反馈对改变人的行为有重要作用

反馈是控制的基本方法和过程，其目的是使控制者知道以往的活动或过程的结果，并以此调节下一步活动，实现所要达到的目的。反馈应同时具有两个条件，一是准确性，二是及时性，二者缺一不可。准确性是指反馈信息必须真实可靠，错误的反馈信息会导致做出错误的判断，从而使控制失效。及时性是指反馈的速度要大于受控体状态改变的速度，即反馈要在下一次决策之前完成，只有这样才能起到有意义的调节作用，才能达到控制的目的。

人的技能学习是以反馈为基础的，学习的过程是一个不断反馈强化的过程。人在进行有目的的活动时，都有一种要获得及时反馈的迫切需求。由于科学技术的迅速发展，录像技术被广泛地应用于艺术、体操、军事、医学、教育等各种训练活动之中，为受训者及时得到准确的反馈创造了有利条件。微格教学中利用各种现代技术条件为受训者提供训练的反馈信息，正是满足人类学习的这种要求，以保证受训者教学技能的迅速形成。

心理学研究已经证明，人类在观察了自身行为后所得到的反馈刺激要比他人提供的反馈强烈得多。如果一个教师在教学中有不雅观的行为习惯，由他人提出后进行改正的速度可能较慢，但当他自己观察到的时候，就会立刻注意，快速改正。反馈对于达到一定的目的具有重要的作用。微格教学就是要为师范生或在职教师在教学技能训练时提供及时、准确的信息反馈，在多重反馈的刺激下，帮助他们更好地形成教学技能。

5. 定性分析与定量评价相结合，有利于受训者改进提高

在微格教学中，对受训者的评价是形成性评价，不把评价结果作为最终成绩，或对某人教学技能高低进行定性，而是作为学习者改进、提高教学技能的依据，明确自己在哪些方面还存在不足或问题。微格教学的评价，有自我分析、小组分析、指导教师分析三方面结合的定性分析评价，也有按照一定评价标准制定的评价量表进行的定量分析，以量化的结果说明在哪些指标上还存在问题，以及技能整体所达到的程度。定量分析给出具体的量化结果，定性分析找出产生不足的原因，指出努力的方向，被评价者更容易接受。因此，两种评价相结合的方法有利于受训者改进和提高，完善自己的教学技能。

三、微格教学的基本特点

微格教学将复杂的教学技能进行科学细分，并应用现代化的视听技术，对细分的教学技能逐项进行训练，帮助师范生和在职教师提升教学技能，提高教育、教学能力。微格教学训练具有如下特点。

1. 技能单一集中性

微格教学将复杂的教学过程细分为容易掌握的单项技能，如导入技能、讲解技能、提问技能、强化技能、演示技能、组织技能、结束技能等，使每一项技能可描述、可观察和可培训，通过逐项分析研究和训练，完成教学技能培训。

2. 目标明确可控性

微格教学中的课堂教学技能以单一技能的形式出现，使培训目标明确，易于控制。课堂教学过程是各项教学技能的综合运用，只有对每项细分的技能都反复培训、熟练掌握，才能形成完美的综合技能。微格教学培训系统是一个受控制的实践系统，要重视每一项教学技能的分析研究，使受训者在受控制的条件下朝着明确的目标发展，最终提高综合课堂教学能力。

3. 参加的人数少

在训练过程中，学生角色一般由 7～10 名学员担任。实践表明，人数少不仅可以增加试讲训练的机会，而且能让受训者消除课堂畏惧感，更大方自如地开展片段教学。

4. 片段教学时间短

微格教学每次实践过程的时间很短，通常只有 5～10 分钟。在这期间集中训练某一单项教学技能，目标明确，容易提高训练的有效度。

5. 运用视听设备录制视频

借助现代视听设备真实记录课堂互动细节，使受训者获得自己教学行为的直接反馈。可运用慢速、定格等手段，在课后进行反复讨论、自我分析和再次实践。视听设备可以是录像机，也可以是其他录像设备。随着手机视频技术的快速发展，实际上采用手机录像不仅操作简单，而且也有很好的视频录制效果。

6. 反馈及时

微格教学利用现代视听设备作为记录手段，真实且准确地记录教学的全过程。对执教者而言，课后所接收到的反馈信息不仅有来自于指导教师的，也有来自于同伴的，更主要的是来自于自己的视频信息，反馈及时而全面。

7. 角色转换多元性

微格教学突破了传统教师培训的理论灌输或师徒传带模式，运用摄像技术，对于课堂教学技能研究既有理论指导，又有观察、示范、实践、反馈、评议等内容。在微格教学课程中，每个人从学习者到执教者，再转为评议者，如此不断地转换角色，反复地从理论到实践，经过实践再进行理论分析、比较研究。这种多元化的角色转换，既体现了教学方法、教学模式的改进，又体现了新形势下教育观念的更新。

8. 评价科学合理

传统训练中的评价主要是凭经验和印象，带有很大的主观性。微格教学中的评价，参评者的范围广、评价内容比较具体、评价方法更合理、可操作性强，使评价结果中包含的个人主观因素成分减少。

9. 心理负担小

微格教学上课持续时间短，教学内容少，班级人数不多，可以大大降低受训者的紧张感与焦虑感，从而减轻受训者的心理紧张。另外，微格教学的环境是特殊安排的，是在一定控制条件下进行的实践活动，避免了学生的干扰，因而也减轻了受训者的心理负担。

四、微格教学的作用

从以上的特点可以看到，微格教学具有理论联系实际、目的明确、重点突出、反馈及时、自我教育、利于创新、心理压力小等特征，容易被受训者接受。另外，微格教学培训是在微型课堂中进行的角色扮演。其过程是在事前对微格教学理论进行学习和研究，确定培训技能后，又在观看了教学示范录像的基础上编写教案，然后进行微格教学实践。在教学实践的过程中用现代化手段准确记录教学实况，再经过重放录像、自我分析和讨论评价后，对教案进行修改。如果微格教学实践中存在的问题较多，还可以再反复进行实践，直到达到预期的效果。这些过程都为受训者提高教学技能创造了和谐的氛围和条件。微格教学还具有以下几方面的作用。

1. 完善和丰富了培训内容

多年来，师范院校对未来的教师进行职前的技能训练，主要措施是课堂理论指导，往往目标笼统、不具体，师范生不能很好地掌握这些技能。微格教学使学生感到有兴趣、有意义、有价值，而且容易学习。微格教学训练目标的完成，是通过具体的内容细节和实际的操作步骤进行的。而且，对这些细节和步骤的了解和掌握，是通过受训者亲自参与实践活动实现的，培训内容更具体、有效。[①]

2. 培训方法科学合理

传统的培训方法主要是通过教师的言传身教，使师范生理解教学、学习教学。但由于言传身教的随意性，师范生很难把握教学的原理和原则。而微格教学将日常复杂的课堂教学分解简化，创造出一种可操作、易重复、易观测的教学环境。师范生在学习、把握教学技能时，不再仅靠心领神会，而是通过不断学习、实践，不断改进来进行。同时，微格教学按照人类的行为形成规律设计整个教学过程。它的训练前提是：人类行为的塑造和改进是一个逐步实现或达到的过程。一个从未登过讲台的人，必须经过多次反复的训练，才能培养成为训练有素的职业教师。

3. 理论联系实践

微格教学把传统的以理论灌输为特点的教师培训变为以技能训练为主体的教师培训。但是，微格教学的技能训练并没有脱离理论的指导。培训对象在学习每一项教学技能的开端都要学习有关的理论，在微格教学的每一个步骤中，都有教育专家或专职教师的理论指导，这就使得技能更容易与教学理论相结合。

4. 真实反馈、有效调控

微格教学把传统的脑记、笔录为主要根据的反馈变为以摄像、录像回放为主要手段的反馈，为技能评价提供了真实且全面的反馈信息。有了这种反馈信息，就可以非常客观、准确地评价，使评价更为有效。在此基础上，被评价者可以提出更好的改进措施，以调控自己的教学行为，迅速地掌握教学技能。

总之，微格教学实践能够更快、更好地促进教师课堂教学能力的提高，促使教师尽快从"生手"型变成"熟手"型教师，并向专家型教师发展。

① 蒋妍，魏红. 2017. 日本研究生教学技能培训探析. 比较教育研究, 39(10): 46-51

第二节　微格教学设计与教案编写

教学设计是微格教学过程中的一个重要环节，也是踏入教学实践的第一阶。

微格教学的教学设计是建立在学习理论、传播理论、系统科学理论基础之上的对教学过程和方法的描述。

在微格训练过程中，师范生在学习完每一项教学技能之后，紧接着要通过一个简短的微型课对所学的教学技能进行实战训练，使其理论在实践过程中得到提高和完善。如何根据教学内容和技能训练目标对微型课的教学方案和教学过程进行设计，将要训练的教学技能恰如其分地运用于课堂教学过程，这是微格教学训练中极其重要而艰难的工作。这项工作几乎贯穿微格教学训练的全过程，因此要求师范生在教学改革实践中从教学设计的高度认识并操作整个过程，从而使微格教学的训练方案更加科学有序。

一、微格教学的教学设计

微格教学（片段教学）的教学设计是根据课堂教学目标和教学技能训练目标，运用系统方法分析教学问题和需要，建立解决教学问题的教学策略微观方案、试行解决方案、评价试行结果和对方案进行修改的过程。它以优化教学效果和培训教学技能为目的，以学习理论、教学理论和传播理论为理论基础。

微格教学的教学设计与一般的课堂教学设计既有联系又有区别。一般的课堂教学设计对象是一个完整的单元课，教学过程包括导入、讲解、练习、总结评价等完整的教学阶段。而微格教学通常都比较简短，教学内容只是一节课的一部分，以便于对某种教学技能进行训练，因此就不能像课堂教学设计那样主要从宏观的结构要素来分析，而是要把一个事实、概念、原理或方法等当作一套过程来具体设计。所以，在微格教学的教学技能训练过程中存在着两个教学目标，一是使受训者掌握教学技能；二是通过技能的运用，实现中小学课堂教学目标。教学技能是实现教学目标的方法和措施，而课堂教学目标所达到的程度是对教学技能的检验和体现，二者紧密联系、互相依存。由此，微格教学的教学设计既要遵循课堂教学设计的原理和方法，又要体现微格教学的教学技能训练特点。

微格教学的教学内容是教学片段。微格教学并不是用 5～10 分钟的时间讲授一节课的教学内容，而是对教学的一个片段进行真实的授课。

二、微格教学教案的编写

在微格教学中，教案的编写是教师的一项重要工作，它是根据教学理论、教学技能、教学手段，并结合学生实际，把知识正确传授给学生的准备过程。微格教学教案的产生是建立在微格教学教学设计基础之上的，以"设计"为指导具体编写微格教学的计划。

1. 微格教学教案编写的内容和要求

（1）确定教学目标。微格教学内容教学目标的确定和整堂课教学目标的确定方法一样，只不过对象是一个片段，所以教学目标的确定应立足于本片段当中。

（2）确定技能目标。即教师课堂教学技能训练目标，针对不同的学员可以有不同的技能要求。

（3）教师教学行为。要求教师把教学过程中的主要教学行为，以及要讲授的内容、要提问的问题、要列举的实例、准备做的演示或实验、课堂练习题、师生的活动等，都一一编写在教案内。

（4）标明教学技能。在实践过程中，每处应当运用哪种教学技能，在教案中都应予以标明。当有的地方需要运用多种教学技能时，就要选针对性最强的主要技能进行标明。标明教学技能是微格教学教案编写的最大特点，它要求受训者感知教学技能，识别教学技能，应用教学技能，突出体现微格教学以培训教学技能为中心的宗旨。不要以为把教学技能经过组合就是课堂设计，而要根据教学目标结合教学实践决定各种技能的运用，这对师范生来说尤为重要。

（5）预测学生行为。在课堂教学设计中，对学生的行为要进行预测，这些行为包括学生的观察、回答、活动等各个方面，应尽量在教案中注明，它体现了教师引导学生学习的认知策略。

（6）准备教学媒体。教学中需要使用的教具、幻灯、录音、图表、标本等各种教学媒体需按照教学流程中的顺序加以注明，以便随时使用。

（7）分配教学时间。每个知识点需要分配的时间应预先在教案中注明，以便有效地控制教学进程和教学行为的时间分配。

2. 微格教学教案设计表例

微格教学教案设计的具体格式可以是各种各样的，但大致应该包括教学目标、教师的主要教学行为、对应的教学技能、学生的学习行为、演示器材和媒体及时间分配等项目。指导教师可以设计好表格（表 1-1），发给学生用于教案设计。

表 1-1　微格教学教案设计表　　（时间：　　，第　　次）

姓名		指导教师	
片段题目		重点展示技能类型	
片段位置			
教学目标			
技能目标			
教学过程			
时间	教师行为	预设学生行为	教学技能要素
板书设计			

第三节　微格教学的行动训练模式

一、行动训练的准备

1. 指导教师根据培训对象选择要培训的技能目标

指导教师可以根据培训对象的不同层次和需要，有针对性地选定几项技能。一般对于师范生和刚踏上讲台不久的青年教师来说，经过微格教学实践可以及早掌握教态、语言、板书等方面的基本技能；对于有一定教学经验的教师，可以通过微格教学实践，深入探讨较深层次的技能，有利于总结经验、互相交流、共同提高教学能力，以达到提高教师整体素质的目的。

2. 学员分组

指导教师根据组间同质、组内异质的原则进行学员分组。小组成员为5～10人，最好是同一层次的教师或师范生。指导教师要启发小组成员尽快相互了解，对所研讨的教学技能有共同语言，互相成为"好朋友"。

二、行动训练的过程

微格教学是一项细致的工作，要有效地提高教师的教学技能，关键是要紧紧抓好理论学习、示范观摩、编写教案、小组微格试讲、录像回放和修改教案、重复训练、评价反思等环节（图1-1）。这些环节环环相扣、联系密切，削弱其中任何一个环节，都会影响培训的效

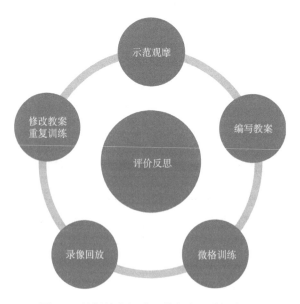

图 1-1　教师技能行动训练六个环节示意图

果。每个环节的训练可以根据个人训练的具体情况进行调整。尤其要注意评价反思的作用。评价反思应贯穿行动训练的全过程，要用该技能的评价指标来指导行动训练，使该技能的训练能一直得到理论的指导，从而规范教师基本技能。[①]

行动 1. 示范观摩：观摩示范视频，了解××教学技能

第一步行动就是观摩示范视频，看看他人如何进行该技能相关的片段教学，体会课堂教学技能的运用方法、技巧及有关原则。在技能分析和示范阶段，指导教师要作启发性报告，分析教学技能的定义、作用、实施类型、方法及运用要领、注意点等，同时将事先编制好的示范视频给学员观看。

1. 观摩微格教学示范视频

在选择示范视频时要遵循两条原则：一是水平要高，二是针对性要强。示范视频的水平越高，学员的起点就越高；针对性越强，该技能的展现就越具体、越典型。每一个教学技能，本书均提供了 2~3 个课例视频及 2~3 个参考视频。课例视频不仅提供视频，还提供了教学设计和教学 PPT；参考视频只提供了教学视频及教师点评。读者可以通过手机扫描本书中的二维码观摩视频。

2. 组织学习、讨论、模仿

（1）谈学习体会。学员谈各自的观后感：哪些方面值得学习；对照视频，检查自己的教学与其存在哪些差距。一般师范生注重前者，在职教师注重后者。

（2）集体讨论。重点交换各自的意见，在要学习的方面达成共识。指导教师参加讨论，重点指导。

（3）要点模仿。示范的目的是使受训者可以进行模仿。许多复杂的社会型行为往往都能通过模仿而获得。实际上，受训者在观看视频时，就已渗透着模仿的意义。这里讲模仿，主要是在指导教师指导下进行重点模仿。此外，指导教师的亲自示范或提供反面示范，对受训者理解教学技能也会起到十分重要的作用。

受训者在看完视频后，应填写表 1-2 中的两个栏目。其一，"初看视频后，我的综合点评"。该栏目要求在初次观摩完视频后，立即写出自己的感受，主要是将第一印象记录在案，为接下来的训练找到原始的感觉，从而调整自己的教学技能。其二，"关于××技能，我要做到的最主要两点是"，针对自己的特点和不足，将要改进的最重要两点写出来，明示自己在行动训练中作为重点来加强。记住，只要两点！多了，反而效果不突出了。

---

① 张婷，封享华. 2018. 师范生教学技能"分层递进训练"模式探索. 教育评论, (8): 139-142

表 1-2　××技能示范观摩视频资料

教学课题					
重点展示技能		片长		上课教师	
视频、PPT、教学设计二维码					

内容简介

点评

初看视频后，我的综合点评：

关于××技能，我要做到的最主要两点是：

1.

2.

学员还可以拓展观摩，更多视频如表 1-3 所列。

表 1-3　××技能更多视频观摩

视频编号	课题名称	章节	二维码	点评

　　行动 1 中，读者还可以观摩其他视频，通过观摩学习，领悟该项教学技能的基本实践方法。如果可能，读者可以仿照课例视频进行备课、试讲。

行动 2. 编写教案：手把手学习教案编写，突出××技能要点

根据教学技能的特点及要求，参考课例视频的教案，认真备课，根据自身教学特点，完成两个课例视频的教案编写。编写教案时要注意该项教学技能的应用，突出技能的要求，编写格式可以按照课例教案的格式。详细内容见本专题第二节"微格教学设计与教案编写"。该部分提供的教案是与示范视频相配套的，还提供了相应的课件 PPT。读者可以模仿示范课例开展片段教学，提高技能培训效率。

行动 3. 微格训练：初次体验××技能的应用

微格训练是采用角色扮演的形式开展的。[①]

1. 角色扮演的意义

角色扮演是微格教学的中心环节，是受训者训练教学技能的具体教学实践活动。在活动中每个受训者都要扮演一个角色，进行模拟教学。

2. 角色扮演的要求

培养教学技能必须通过真实的练习与训练，否则就难以形成技能。微格教学中的角色扮演给师范生提供了上讲台的机会，使他们能把备课时的设想和对单项技能的理解通过自己的实践表现出来，同时进行录像。师范生由原来的被动听课者变为教学活动的参与者，充分发挥了师范生的主体作用，体现了微格教学的优势。

在微格教学实习室内，有教师、学生和摄像人员。教师由接受培训的学员轮流担任，学生也由学员扮演。每节微格教学课的时间控制在 5~10 分钟。

（1）在角色扮演前，指导教师向师范生说明有关角色扮演的规定。

（2）除了执教者和学生以外，减少模拟课堂上其他无关人员，这样当执教者面对摄像镜头时，能减少紧张情绪。

（3）扮演教师者要把自己当成一个"纯粹"的教师，要把自己置身于课堂教学的真情实境之中，一切按照备课计划有控制地进行教学实践活动，训练教学技能。

（4）扮演学生者要充分表现学生的特点，自觉进入特定情境。有时也可以让学员扮演一位经常回答错问题的学生，以训练执教者的应变能力。"学生"最好是执教者平时的好朋友，这样初登讲台的执教者能获得一种安全感。

（5）在角色扮演过程中，任何人不要打断"教学"，让"教师"去处理教学中的"麻烦"。摄像人员在拍摄过程中，不能对"教师"提出约束条件。

3. 微格训练过程

教学技能只有通过反复实践才能真正被受训者所掌握。读者根据自己编写的××技能训练教案，在微格教室完成小组试讲练习，注意做好录像。

（1）小组每一位成员按照前一行动编写的教案，先进行个人试讲，并修改、完善试讲

---

① 刘娟，马宝林. 2017. 卓越教师教学技能培养模式的研究与实践. 高教探索, (13): 54-55

内容。

（2）小组长组织小组成员进行组内试讲，同伴扮演学生，配合试讲者开展课堂教学。试讲者填写个人记录表（表1-4）。

（3）小组课后点评，小组成员对试讲者按照××技能评价标准（见"行动 6"），给出反馈意见或建议，由小组长记录并填写试讲评议小组记录表（表1-5）。

表 1-4　微格教室试讲个人记录表

片段题目			试讲时间	
			试讲人	
自我预期	我的优势	1.		
		2.		
	我要做到	1.		
		2.		
同伴建议		1.		
		2.		
教师评价与期望		1.		
		2.		

温馨提示

　　表 1-4 填写要求：主要针对技能特点、作用、类型、组成要素、设计方法、技巧、原则等展开分析、讨论。为突出训练的指向性和有效性，尽量每项只写一两点。"自我预期"课前填写，其余课后填写。

表 1-5　小组微格教室试讲评议记录表

序号	试讲者	教学内容	主要优点	主要不足
1				
2				
3				
4				
5				

温馨提示

　　小组试讲时，要求组员如实记录试讲者的试讲情况，并对该成员试讲存在的主要优点和主要不足做出客观反馈，记录其最突出的特点（不要求面面俱到），并记下例证，有助于试讲者自我反馈。

行动 4. 录像回放：发现问题，明确改进方向

　　我真的存在这么多问题吗？我怎么没有感觉到呢？是我没有表达清楚还是本身教案有问题呢？我们一起来回放录像吧。

　　录像回放也是反馈评议的过程。首先由执教者将自己的设计目标、主要教学技能和方法、教学过程等向小组成员进行介绍，然后播放微格录像，全组成员和指导教师共同观摩。观看录像后进行评议，可以由执教者本人先分析自己观看后的体会，检查事先设计的目标是否达到，以及自我感觉如何；再由全组成员根据每一项具体的课堂教学技能要求进行评议。

　　1. 反馈意见要具体、集中、可行

　　微格教学强调具体、集中的反馈，并能在重教中立即得到利用。评价人员可根据艾伦教授的"2+2"教学指导法，即对每个被评价者一般只提出两条赞扬性意见和两条改进性意见。反馈意见限制两条，目的在于使评价者和被评价者把注意力集中在最主要、最容易改进的方面，因此针对性强，重点突出，有利于被评价者抓住关键问题，诊断和改进教学行为。

　　2. 选用恰当的反馈形式

　　对被评价者来说，评价目标达到程度的反馈信息是一个极为敏感的问题。被评价者的自信心、自尊心和情绪都会受到评价结果反馈的影响。特别是简单的否定，可能会使被评价者的自信心动摇，情绪不稳定，甚至产生一些消极的心理行为。因此，要注意选择恰当的反馈方式，以避免被评价者感到焦虑。例如，多采用启发式，引导学员自我客观认识，或采用讨论作为反馈方式，转移过分关心分数的注意力，还可采用小范围的反馈，或将评价分数、直方图结果和相互作用分析的结论在讨论时交给被评价者本人，防止扩散否定性的评价结果。

　　学员对指导教师的评价是十分重视的，指导教师的意见举足轻重。因此，指导教师的评价应尽量客观、全面、准确。对于学员的成绩和优点要讲足，缺点和不足要讲准、讲主要的。要注意保护学员的自尊心和积极性，要以讨论者的身份出现，讨论"应该怎样做和怎样做更好"，这样效果会更好。

　　回放录像可以在微格教室，也可由学员将录像复制后带回宿舍回放，可以集体观看，也可单独观看，但回放要及时。回放时，应根据教案、个人记录表、同伴建议，以及教学技能评价标准开展自我反馈和反思，努力找出其中的不足，并填写录像回放记录表（表 1-6）。

表1-6　录像回放记录表

存在的问题	反思
1.	
2.	
3.	
4.	
5.	

行动 5. 修改教案并重复训练：修改教案，熟悉××技能的应用

　　试讲者根据小组试讲中指导教师和同伴的建议，结合视频回放，修改教案，并在课前填写重复训练个人记录表（表1-7）。小组再次组织开展微格教室试讲训练。是否再循环，可以根据培训对象的具体情况及课时安排而定。

表1-7　重复训练个人记录表

自我预期	具体描述	小组评价	指导教师评价
我要保持的优势	1. 2. 3. 4. 5.		
我要改正的不足	1. 2. 3.		

行动 6. 评价反思：学习过程的监督

　　在各行动过程中涉及多次的评价和反思，小组可以参考评价项目，在各行动环节中对试讲者进行评价，学员也可根据该表进行自我评价和反思。教学技能评价和反思的项目见表1-8。

表 1-8　教学技能评价记录表（以讲解技能为例）

评价项目	好	中	差	权重
1. 讲授的知识信息内容正确，并与本课题内容密切联系	□	□	□	0.15
2. 讲授描述时能创设情景，提供丰富清晰的感性认识	□	□	□	0.10
3. 突出重点，繁简得当，揭示生物科学本质	□	□	□	0.10
4. 启发学生思考，激起学生兴趣，培养思维能力	□	□	□	0.10
5. 讲授时条理清晰，逻辑性强，引用例子深入浅出	□	□	□	0.10
6. 讲解内容、方法符合学生实际水平与认知规律	□	□	□	0.10
7. 用词准确，声音清晰、洪亮，语速适中，有感染力	□	□	□	0.10
8. 讲授用词规范化、符合生物学科要求	□	□	□	0.10
9. 与其他技能配合，面向全体学生，注意情感交流	□	□	□	0.10
10. 注意来自学生的反馈，并及时反应调整	□	□	□	0.05

课题：　　　　　　　　　　　　　　　　执教：

对整段微格教学的综合性评价：

第四节　微格教学技能的评价

　　微格教学中的评价是对教学技能的评价，是以一定的目标、需要、期望为准绳的价值判断过程。它通过对各项教学技能指标的考查与分析，对教学构成、作用、过程、效果等进行科学的价值判断，从而评价受训者的课堂教学技能水平。在教学技能的学习和形成过程中，评价起着重要的作用，没有评价就无法通过微格教学进行技能改进。

一、微格教学评价的意义和作用

　　教学评价是依据预定的教学目标，把学生在知识、技能及能力等方面所达到的实际水平与事先确定的教学目标进行对照比较。因此，首先要在教学过程中为评价提供信息，包括知识信息和改进信息。其次，教师的各种综合能力对该教学系统的控制起着决定性的作用。

1. 微格教学评价的意义

　　微格教学的评价是微格教学的一个重要组成部分。评价的重点是在课堂教学的技能技巧方面，评价的目的在于考查学员对各项课堂教学技能的掌握和提高程度。微格教学评价的意义有以下几方面。

　　（1）通过评价比较、区分受训者的教学能力，获得其是否掌握某项技能的证据，以便及时指导。

　　（2）通过评价可以让被评价者看到自己的成绩和不足，好的地方得到强化，缺点和错误得到纠正，从而提高课堂教学技能。

（3）教学技能评价目标的制订一般都体现了方向性和客观性，通过评价目标、评价体系的指引，可以为教学指明方向。因此，教学技能评价具有促进受训者提高教学技能水平的导向作用。

2. 微格教学中评价的作用

1）及时全面获取反馈信息

从控制论的观点来看，反馈是很重要的。教育学上的传统反馈形式是执教者上完课后通过回忆听取来自评课者的反馈和来自学生的反馈。但有时执教者很难理解这些评议，因为他想象不出自己教学行为的形象是如何的。微格教学则利用了现代化的设备，记录下全面的现场资料。执教者可以反复观看自己的微格课录像，因而不仅可以得到上述来自评课者和学生的反馈，而且可以得到来自执教者自身的反馈，执教者可以自己发现教学行为中的优缺点。从心理学的观点出发，这一反馈无疑是一个强刺激，最能强化行为人的优点，并改变行为人的缺点。因此，在微格教学的评价中所接受到的反馈信息是及时全面的。

微格教学又是一个受控制的实践系统。微格教学的评价使师生双方及时全面地获得反馈信息，因而使受训者在有控制的条件下进行教学实践，控制沿着有目标的、正确的方向进行。

2）理论与教学实践紧密结合

从信息论的观点来看，让学员观看示范录像是对复杂的教学过程的一种形象化解释。学员从各种风格的教学示范中得到的是大量有声有像的信息，而这种信息是最易被接受的，因为视觉神经的信息接受能力要比听觉神经的信息接受能力大得多。在微格教学的理论学习阶段，学员已经从理论上学习分析了各项课堂教学技能的作用、方法和要领；在角色扮演阶段又亲自运用某项教学技能进行了微格课的实践；在微格教学的评价过程中，通过讨论评议，将各项教学技能的理论和实践科学地结合起来，从观察、模仿到综合分析，形成了完整的课堂教学艺术。

3）相互交流、促进提高

微格教学通常采用定性或定量的评价方式。定性评价根据反馈信息，结合课堂教学技能的理论，由小组成员提出各种个人的观点和建议。微格教学的组织形式已使全组师生成了研究教学技能的知己，每位成员都可以直率地提出意见，互相取长补短。微格教学的评价也为执教者本人提供了充分的发言权。这与传统的评课是不同的，这种评价既不是简单地打分，也不是单看教学实践成绩的高低，而是在整个评价过程中发挥集体的智慧，对提高课堂教学质量起了重要作用。

对于师范生来说，微格教学评议的重点是，能让学员对照课堂教学的基本技能要领，看到自己课堂教学的不足之处，从而加以改进，使其尽快掌握课堂教学基本技能。对于有一定经验的中学教师来说，微格教学要求参加培训的教师能发挥个人教学特长。评议的重点是经验交流，同时在微格教学中暴露出来的不足之处也将在和谐的气氛中得以解决。通过评价使本来已具有一定教学经验的教师在课堂教学技能的掌握运用方面更上一个台阶。

4）促进教学理念与技能的提升

随着时代的发展、科技的进步，在教育改革不断深化过程中，新教材、新思想、新观点、新方法不断引入课堂教学中，教师将面临传统的教学观念与现代化课堂教学观点的矛盾。微格教学融进了国内外许多现代教学理论的观点、技能和方法。经过微格教学的理论研究、课堂教学技能分析示范、微格备课、实习记录等环节，学员对这些新的理论观点、技能方法已有了一定的认识。微格教学评价过程充分综合了来自各方面的反馈信息，这种全新的评议方法能激发学员学习。在微格教学中应用新理论、新方法，钻研新教材，运用新的课堂教学技能，从而使每位受训者的职业技能和素质在原有的基础上有所提高、有所发展，并使其适应教育改革的新形势，加快实现课堂教学现代化的进程。

二、评价指标体系的建立

1. 微格教学评价的性质

微格教学的全过程中既有诊断性评价，也有形成性评价。

在微格教学活动中，指导教师和学员通过各种活动形式，如理论学习研究、技能观摩讨论、相互听课、角色扮演等，得到了来自多方面的反馈信息，从而对学员的课堂教学特点及基本技能运用程度有了一定认识，这就是诊断性评价。

所谓形成性评价，即在微格教学的评价阶段，通过具体的系统性评议讨论，指导教师和全体成员努力开发对这个过程最为有用的各类证据，探寻并记录下形成这些证据的最为有用的方式。这是微格教学活动群体中每位成员都积极参与的结果。信息反馈和改正提高是形成性评价的必要因素。

微格教学的活动过程，反馈信息是多方面的，有来自小组同伴的反馈，有来自指导教师的反馈，也有来自执教者自我的反馈。而且与其他教学活动不同的是，微格教学的反馈信息能做到因人而异，既有针对性又有比较性，并通过活动中的特有交流方式达到改正提高的目的。参加微格教学学习的个人能学会以前没有掌握的技能要领，能纠正过去尚未察觉的缺点和错误，并明确今后努力提高的方向。微格教学的评价结果不是单纯看被评价者的统计得分，而是强调从诊断性评价和形成性评价的比较中判断价值。无论参与者是师范生还是有一定教学经验的教师，最重要的是提高和发展。

2. 微格教学评价量表的制订

微格教学是以提高课堂教学技能为主要任务的教学研究活动，评价的重点应该以达到技能训练的目标要求为标准，经过比较，判断价值。因此，如何建立合理的课堂教学技能评价量表对于微格教学评价工作来说是十分重要的。

微格教学的评价指标就是根据每项技能的目标要求分解确定的。这些指标必须是具体的、可观察的、可比较的、易操作的，并尽量注意相互间的独立性。下面以教学语言技能的评价为例加以说明（表 1-9）。

表 1-9　教学语言技能评价记录表

课题：　　　　　　　　　　　　　　　　　　　　　　执教：

评价项目	好　中　差	权重
1．讲普通话，字音正确	□　□　□	0.10
2．语言流畅，语速、节奏恰当	□　□　□	0.20
3．语言准确，逻辑严密，条理清楚	□　□　□	0.15
4．正确使用专业名词术语，无科学性错误	□　□　□	0.15
5．语言简明形象、生动有趣	□　□　□	0.05

续表

评价项目	好	中	差	权重
6. 遣词造句通俗易懂	□	□	□	0.10
7. 语调抑扬顿挫	□	□	□	0.05
8. 语言富有启发性	□	□	□	0.10
9. 没有口头语和废话	□	□	□	0.05
10. 体态语配合恰当	□	□	□	0.05

根据教学语言技能的作用、方法和要领，确定了评价记录表中的 10 项具体指标。每一条指标在该指标体系中的重要程度用权重表示，各项权重之和应该等于 1。每一条指标的评价等级可分为好、中、差三等。

三、微格教学评价的实施

1. 分等评价法

指导教师准备好小组角色扮演的录像资料和各项技能的评价记录表。在播放某一段微格教学的录像资料前，可以先请执教者向小组全体成员介绍自己设计这一教学片段的意图，包括教学目标、教学技能方法等。然后指导教师和全组成员一起观看录像。小组观摩完毕，开始讨论评议。执教者本人可以作观看后的自我评议，评述自己原来设想的教学目标哪些达到了，哪些没有达到。小组评议可以根据每一项课堂教学技能的评价量表进行对照分析讨论。指导教师要启发和鼓励每位学员积极参加小组评议，让学员懂得课堂教学技能的评价能力的提高对于提高课堂教学质量是很有帮助的。通过讨论，大家一起定性地评述运用某项教学技能的情况，肯定优点，提出改进意见。在定性评价的同时，也可以采用定量评价的方式。在观摩微格教学片段时，每位小组成员都是评价员。学员可以利用事先设计好的各种微格教学技能评价记录量表，在每一评价项目旁边的对应等级处划上"√"。然后，利用教学评价统计软件，将每份评价表的量值逐一输入计算机，经过计算机运算处理后可以打出一定的分数值。这种分等评价法运用了定性和定量评价结合的方式，相对客观。最后，由指导教师根据小组评议情况和定量结果进行小结，书写评语。

在采用分等评价法时，应注意以下几点：

（1）每位学员在微格教学实习前要了解每项技能的要点。

（2）每位学员在观摩微格教学片段前要仔细阅读有关技能的指标体系中的各项评价内容。

（3）在观摩评价过程中，对微格教学片段中没有涉及的项目以评中间等级为宜。

（4）不必将各个项目的等级相加，因为它们没有可加性。必须强调的是，微格教学的评价目的不是看最后得分多少，而是看学员在整个微格教学实施过程中对运用课堂教学技能的理解和掌握程度。

2. 评价统计的方法

评价统计是在评价记录表完成后，由统计员完成以下步骤。

1）填写统计表格

以教学语言技能为例，参阅表 1-9，统计方法说明如下。

统计员先制订好统计用的表格，如表 1-10 所示。假设有 10 人参加评课，对第一项"讲普通话，字音正确"，评好的有 2 人，占总人数的 2/10；评中的有 6 人，占总人数的 6/10；评差的有 2 人，占总人数的 2/10，在统计表格的等级比率栏内分别填入 0.2、0.6、0.2，依次将每个评价项目的等级比率分别填入统计表（表 1-10）。

表 1-10　等级比率统计量表

项目	权重	等级比率		
		好	中	差
1	0.10	2/10=0.2	6/10=0.6	2/10=0.2
2	0.20	3/10=0.3	7/10=0.7	0
3	0.15	1/10=0.1	7/10=0.7	2/10=0.2
4	0.15	5/10=0.5	5/10=0.5	0
5	0.05	0	5/10=0.5	5/10=0.5
6	0.10	2/10=0.2	6/10=0.6	2/10=0.2
7	0.05	4/10=0.4	5/10=0.5	1/10=0.1
8	0.10	1/10=0.1	6/10=0.6	3/10=0.3
9	0.05	1/10=0.1	8/10=0.8	1/10=0.1
10	0.05	2/10=0.2	5/10=0.5	3/10=0.3

2）统计运算

根据表 1-10 中的数据，可以得到两个矩阵，其中矩阵 A 是由各项目的权重组成：

$$A=[0.10\quad 0.20\quad 0.15\quad 0.15\quad 0.05\quad 0.10\quad 0.05\quad 0.10\quad 0.05\quad 0.05]$$

等级矩阵 R 由各评价项目的等级比率组成：

$$R=\begin{bmatrix} 0.2 & 0.6 & 0.2 \\ 0.3 & 0.7 & 0 \\ 0.1 & 0.7 & 0.2 \\ 0.5 & 0.5 & 0 \\ 0 & 0.5 & 0.5 \\ 0.2 & 0.6 & 0.2 \\ 0.4 & 0.5 & 0.1 \\ 0.1 & 0.6 & 0.3 \\ 0.1 & 0.8 & 0.1 \\ 0.2 & 0.5 & 0.3 \end{bmatrix}$$

矩阵 A 和矩阵 R 的乘积为矩阵 B，矩阵 B 是对教学语言技能的评价矩阵：

$$B = A \times R$$

$$= \begin{bmatrix} 0.10 & 0.20 & 0.15 & 0.15 & 0.05 & 0.10 & 0.05 & 0.10 & 0.05 & 0.05 \end{bmatrix} \times \begin{bmatrix} 0.2 & 0.6 & 0.2 \\ 0.3 & 0.7 & 0 \\ 0.1 & 0.7 & 0.2 \\ 0.5 & 0.5 & 0 \\ 0 & 0.5 & 0.5 \\ 0.2 & 0.6 & 0.2 \\ 0.4 & 0.5 & 0.1 \\ 0.1 & 0.6 & 0.3 \\ 0.1 & 0.8 & 0.1 \\ 0.2 & 0.5 & 0.3 \end{bmatrix}$$

矩阵乘法是矩阵 A 的每一行（横为行，当前只有一行）与矩阵 R 的每一列（竖为列，当前有三列）对应元素的积之和作为新的矩阵各元素，即

$$\begin{aligned} B =[&0.10 \times 0.2+0.20 \times 0.3+0.15 \times 0.1+0.15 \times 0.5+\cdots+0.05 \times 0.2 \\ &0.10 \times 0.6+0.20 \times 0.7+0.15 \times 0.7+0.15 \times 0.5+\cdots+0.05 \times 0.5 \\ &0.10 \times 0.2+0.20 \times 0+0.15 \times 0.2+0.15 \times 0+\cdots+0.05 \times 0.3] \\ =[&0.235 \quad 0.615 \quad 0.150] \end{aligned}$$

矩阵 B 的结果显示，参加评价的 10 人中，对执教者的课堂教学语言技能各项指标全面评价后，有 23.5% 的人认为好，61.5% 的人认为中，15.0% 的人认为差。设每个等级与百分制分数的对应关系为：好＝95 分，中＝75 分，差＝55 分，则组成分数矩阵 C：

$$C = \begin{bmatrix} 95 \\ 75 \\ 55 \end{bmatrix}$$

用矩阵 $D=B \times C$，得出最终评价结果：

$$D=[0.235 \quad 0.615 \quad 0.150] \times \begin{bmatrix} 95 \\ 75 \\ 55 \end{bmatrix} = （0.235 \times 95+0.615 \times 75+0.150 \times 55）=76.7$$

即受训者的教学语言技能为 76.7 分，属于中等水平。

以上方式要用到矩阵计算，或利用计算机运行专门编制的程序，若条件不具备，也可以用下列方法加以简化。

以前面介绍的教学语言技能为例，假设各项评价的等级为：好（95 分）、中（75 分）、差（55 分），可填写出表 1-11。

表 1-11　教学语言技能评价记录表（示例）

课题：　　　　　　　　　　　　　　　　　　　　　　　　　执教：

评价项目	好	中	差	权重
1. 讲普通话，字音正确	√	□	□	0.10
2. 语言流畅，语速、节奏恰当	□	√	□	0.20
3. 语言准确，逻辑严密，条理清楚	□	√	□	0.15
4. 正确使用专业名词术语，无科学性错误	√	□	□	0.15
5. 语言简明形象、生动有趣	□	√	□	0.05
6. 遣词造句通俗易懂	□	√	□	0.10
7. 语调抑扬顿挫	□	√	□	0.05
8. 语言富有启发性	√	□	□	0.10
9. 没有口头语和废话	√	□	□	0.05
10. 体态语配合恰当	□	√	□	0.05

对整段微格教学的评价：

某评价者对试讲者的评分为：用各项所给等级对应的分数乘以各项所对应的权重，统计各项目的得分之和，即

$95×0.10+75×0.20+75×0.15+95×0.15+75×0.05+75×0.10+75×0.05+95×0.10+95×0.05+75×0.05$
$=83$（分）

按以上方法，逐一统计出每位评价者的评分，最后计算出平均分即可。

这种方法也能在一定程度上反映出试讲者运用技能的情况。

3）统计程序设计

人工计算微格教学的评价统计比较烦琐，有条件的话可以采用计算机数据处理的方法。根据上述原理使用 Foxpro 数据库程序或其他计算机语言编制微格教学评价统计软件，其程序设计流程图如图 1-2 所示。

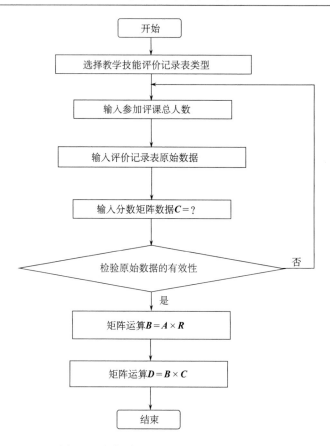

图 1-2　微格教学评价统计程序设计流程图

思考与练习

1. 什么是微格教学?

2. 简述微格教学的理论基础和基本特点、作用。

3. 简述微格教学行动训练的基本步骤及要点。

4. 简述微格教学评价的分类、过程和方法。

5. 微格教学设计包括哪些项目？试就一个中学生物学教学片段撰写微格教学设计或教案。

上篇　教学基本技能训练

专题 2 如何讲才能让学生听得轻松、明白——讲解技能

【学与教的目标】

识记：讲解技能的内涵与外延及其发展历程和理论基础。

理解：讲解技能的特点、类型和组成。

应用：结合生物学教学的特点，掌握并灵活应用解释式讲解、描述式讲解、原理中心式讲解、问题中心式讲解四种常见的讲解技能设计方法，编写讲解技能教案；讲解技能的片段教学试讲练习等。

分析：在讲解技能行动训练中领会讲解技能的方法与技巧；运用讲解技能的原则。

评价：评价讲解技能教案编写质量，评价讲解技能试讲练习的效果，并提出纠正的措施。

第一节 讲解技能基础知识学习

一、你了解讲解技能吗

讲解技能是指教师运用简明、生动的教学语言，辅以各种教学媒体，通过叙述、描绘、解释、推论等方式将现成的知识、经验及其形成过程直接呈现给学生，并作必要的描绘、举例、阐释、说明、论证等，引导学生了解现象；学生主要通过聆听、观察与思考进行接受式学习，理解教学内容，形成概念、原理、规律、法则，从而认识问题、分析问题、解决问题，并促进智力与人格全面发展的教学行为方式。

1. 讲解技能的特点

1）优点

（1）高效率、系统地传递生物学知识。通过教师的讲解，可以提高学生接受知识的效率，能使学生在较短的时间内获得大量、系统的生物学知识。"教师讲、学生听"的方式，使传递的生物学知识系统而连贯。教师在教学过程中利用合乎逻辑的分析、论证，恰当的设疑，以及生动形象的语言描述等，为学生描述生命现象和过程，解释相关的概念和规律，分析习题、说明结果，使学生在较短时间内获得大量的、系统的知识，这是其他教学方法很难替代的。

（2）潜移默化地启发学生思维。教师符合逻辑的论证、科学的思想观点，善于设疑、置疑以及生动形象的语言等，能潜移默化地影响学生。通过教师的分析、论证、描述及设疑、解疑，有利于发展学生的智力，启发学生思维。教师在传授科学知识的同时，还可以有目的、有计划地向学生进行思想教育，提高学生的整体素质。教师用准确、流畅、清晰、生动的描述、循循善诱、层层推理、丝丝入扣的讲解，激发学生的科学探索精神和创新能力。教师的人格魅力也在讲解中得到传承。

（3）教师可以灵活控制课堂进程。通过讲解，教师可以灵活控制整个教学过程，实现教

学目的。例如，教师可以选择不同词语陈述相同的内容，帮助学生理解；教师可以应用讲解的语言实现师生的情感交流，激发学生学习的积极性和主动性；在讲解时，教师还可以根据学生实际的反应做出及时的处理和调整。

（4）讲解对教学设备没有特殊要求，不受限于外界环境，教学成本较低，便于广泛运用。最简单的只要靠"一张嘴，一支粉笔，一块黑板"三大法宝，运用传统教学模式便可进行教学活动。

教师运用讲解技能可以比较自主地对学生进行知识讲析、思维启迪、思想教育、情绪感染、方法和语言的示范，因而比较集中地体现了教师的主导作用，有利于教师树立威信，密切师生关系，使教师的言行有效地对学生施以影响。

2）缺点

（1）教学内容往往由教师以系统讲解的方式传授给学生，就其本质而言是一种单向的信息传输方式。学生没有足够的时间、机会对学习内容及时做出反馈，不容易发挥学生学习的主动性、积极性，教师得到的教学反馈信息比较少。

（2）不能很好地照顾到学生的差异。因为学生接受水平不同、学习态度不同、个性倾向不同，所以面向全体学生讲授，掩盖了个别学生接受困难的现象，因材施教不易得到贯彻。

（3）教师如果单纯、空泛地讲授，不能有效地唤起学生的注意力和兴趣，不利于发展学生的思维和想象能力，容易陷入"填鸭式"的教学泥潭，不利于学生的发展。

讲解技能作为一种传统的教学技能、方法，至今仍被广泛使用，不仅仅在于它容易控制教学时间，有利于学生获得正确、系统的知识，还在于随着教学方法的改革，讲解技能不断融入新教法、新理念，逐渐完善。不论是何种教学方法，都离不开教师运用讲解技能进行讲解、点评、总结。离开了讲解技能，其他教学方法、技能难以独立存在；讲解技能也只有与其他教学方法、技能结合起来，才能弥补运用讲解技能时学生处于被动状态、个性发展容易受到影响等不足。

2. 讲解技能的类型

1）讲述

讲述是教师运用生动形象的语言，对事物或事件进行系统地描述、描绘或概述的讲授方式。讲述重在"述"，它可包括三方面的内容，即叙述、描绘、概述。讲述方式能在较短的时间内为学生认识事物或事件提供广泛材料，并促进学生对该事物或事件的理解，是教学中为学生提供认识素材、丰富学生知识、促进学生对有关知识认识与理解的常用方式。例如，生物学中形态、结构、生活习性、分类及应用等，属于对生物界对象或现象描述性质的知识，一般都采用讲述法。实验、实习、参观等的指导也常用此法，初中低年级采用较普遍。恰当的讲述能够增强讲授的吸引力和说服力，唤起学生的激情和想象，加深学生对所学知识的印象。

2）讲解

讲解是教师在启发学生探索知识时，运用阐释、说明、分析、论证、概括等手段讲授知识内容，揭示事物之间的内部关系、发展规律。讲解侧重于"解"，一般要进行科学的、有论据的逻辑推理，常应用于对生物学概念、规律、原理进行科学的论证、解说。教师多用阐述、说明的方式，如解释或论证概念、规律、原理、法则等，以揭示事物及其构成要素、发展过程，使学生把握事物的本质特点和规律。例如，生物学中的生理功能（包括生长和生殖发育）、遗传变异、生命起源和生物进化、生态学等，属于对生物界自然现象说明、解释或科学论证的知识，一般采用讲解法。讲解技能通常在高年级尤其是高中阶段被较多采用。

二、讲解技能的形成与发展

讲授法是一种古老的教学方法，17 世纪随着班级教学制的产生应运而生。经过捷克教育家夸美纽斯等一批欧洲教育家的论证和完善，讲授法成为应用十分广泛的教学方法。我国在 19 世纪中后期开办新式学堂后，也广泛地运用了这种教学方法。

"讲课"一词由古拉丁语"lectave"派生而来，讲课的历史源远流长，可以追溯到古希腊的教学。古希腊时代，苏格拉底通过对话、提问、揭露矛盾让学生从具体事物中抽提一般规律，从而获得普遍知识的讲课方法称为"精神助产术"。我国春秋战国时代，儒家首创的问答式的讲课，如孔子的"不愤不启，不悱不发，举一隅不以三隅反，则不复也"，体现了早期的启发式讲授教学。孟子继承孔子的思想，主张学生深造自得，在讲解上注重"引而不发，中道而立"。墨子在其前辈的影响之下，率先实践由教师通过语言，主动而系统地向学生传授知识，成为中外教育史上系统地运用讲授法教学的先驱。

从讲授法教学的历史看，其形成和发展多灾多难。讲授法自问世至今，对它的批评、指责和否定始终不断，究其原因，皆因历史上讲授法确实出现过严重的缺陷，如"填鸭式""注入式""满堂灌"等做法的讲授教法。历代教育改革，随着教学手段现代化和科学化水平的日益提高，讲授的形式和方法都在不断地改进，现在的讲授早已不是旧式传统的那种"口耳之学，授受之教"的单纯讲授，更不等同于"注入式"。

美国教育心理学家奥苏伯尔（D. P. Ausubel）从理论上论述了"有意义接受学习"是课堂学习的基本形式。北京师范大学心理学教授冯忠良指出，教育及教学是一种经验（注：指知识、技能、行为规范）传递系统。在这个系统中，教师是经验的传授者，通过其传授活动，将经验传递给学生。在课堂教学中，教师传授知识的主要媒体是语言。教师用语言讲解，学生以接收方式学习的这种教学形式是传授文化科学知识的主要手段。因其特有的优点，时至今日，即使多媒体等现代教育手段越来越多地进入课堂，讲授仍是国内外课堂教学中应用最广泛的一种课堂教学技能。

三、讲解技能的组成

1. 讲解框架

讲解框架一般可以分为三个部分，即引入（引入题目导论）、主体（议论、推理、论述）和总结（结论、结果），这三个部分都不能脱离主题。

讲解框架的设计要遵循学生认知规律，即由浅入深，由近及远，由易到难，由表及里，由已知推及未知，由简单到复杂，使讲解条理清楚，有的放矢，突出整个知识体系中最基本的内容，起到"削枝强干""以主带从"的作用，便于启发学生思维，形成正确的认识。

2. 语言表达

讲解技能的语言要具有针对性，必须考虑学生的实际，适合学生的生活经验、思想感情、兴趣需要，同时还要考虑学生的年龄特征、知识层次和认识能力。语言要清晰、紧凑、精练，既有严密的科学性、逻辑性，又要通俗易懂，正确地运用生物学术语，还应具有说服力和感染力。要避免逻辑上的混乱，以及表达上的重复或其他语病。不模棱两可，闪烁其词；不拖泥带水，吞吞吐吐；不刻意雕琢，言过其实。另外，语音的高低和强弱、语速及间隔应与学生的心理节奏相适应，让学生听清楚，才能有助于学生接受教师讲解的知识。

3. 引用例证

例证能将事实或学生熟悉的经验与新知识、新概念联系起来。例证一般是用普通的、典型的事例说明复杂的、抽象的概念或理论，把抽象的概念或理论与具体的东西联系起来，可使讲解生动、具体。恰当的例证降低了学生理解的难度，还能激发学生的兴趣，引起学生的注意。

在讲解时，通常以正面例证为主，同时还应注意恰当地结合使用反面例证。在初学新知识时，学生很容易从正面例证中获得新的概念或原理，此时如正、反例证交叉使用很容易造成混乱。在学生初步掌握新知识之后，再使用反面例证可使所获得的新知识更加清晰准确。

4. 形成连接

在讲解技能中需要仔细安排各步骤的先后次序，选择能起到连接作用的词语说明上述关系，使讲解形成意义连贯的完整系统。连接对讲解内容符合逻辑的发展起到重要作用，它使教师讲解过程自然地从一个问题过渡到另一个问题，将教学的重点和难点由表及里、由浅入深逐层分析，引导讲解步步深入，层层扩展。

5. 运用强调

在讲解中教师可以通过声调的变化，语速调整进行强调。讲解中声音强弱的变化，以及声调的变化都能够突出关键字、词、句。教师声音的变化可能会带有较大的夸张性，只要这种夸张符合强调内容的需要，在教学情境下就是自然的。有时还可以直接用语言提醒学生注意重要的内容。例如，教师说："下面的内容很重要，请同学们注意听"，这也是经常采用的方法。

6. 获得反馈

教师在教学中要建立以学生为主体的意识，在讲解过程中要随时注意获得学生学习的兴趣、态度和理解程度等反馈信息。一般可以通过观察学生的表情、行为和操作活动，留意学生的非正式发言，如"啊？！""为什么""明白"。捕捉学生的兴趣、态度、注意力的变化，从学生回答问题或提出的问题中了解学生理解、掌握知识的程度，从而获得反馈信息。根据反馈信息及时调整讲解的方式和速度，强调师生间的默契和情感交流，使大多数学生能够跟上教学进度，达到教学目标的要求。

四、讲解技能的设计及案例分析

讲解技能的设计可依据不同的标准、层次进行划分。结合中学生物教学的内容和特点，可分为解释式讲解、描述式讲解、原理中心式讲解、问题中心式讲解四种常见的设计类型。

1. 解释式讲解

解释式讲解是教学中运用事实陈述、意义交代、程序说明、结构显示等方式，通过解释将未知与已知联系起来的讲解。在生物学教学中解释有关生物学事实，某些生命现象的发生、发展、变化过程，生物学的形态、结构、种类以及实验验证过程等常用解释式讲解。

解释式讲解一般适用于具体的、事实的、陈述性知识的教学，如"DNA是主要的遗传物质""根茎叶是营养器官"等。

案例2-1：　DNA和蛋白质组成染色体（初中生物学）

将正在分裂的细胞用碱性染料染色，细胞核中有一些能被染成深色的物质，这就是染色体。它是DNA吗？科学家经过研究发现，它是由DNA和蛋白质共同组成的。一条染色体中含有一个DNA分子。每一种生物的细胞内染色体数量都是一定的（演示课件：人体细胞内有23对染色体，水稻体细胞内有12对染色体）。染色体数量的恒定对生物传代和正常生活都是非常重要的。有的人就因为细胞中多了一条染色体而患上严重的遗传病（演示课件：遗传病患者图片）。因此，遗传信息是生物体构建生命大厦的蓝图，它的载体是DNA，DNA和蛋白质组成染色体，染色体存在于细胞核中，细胞核是遗传信息库。

温馨提示

初中生物学是以陈述性知识为主的一门学科，它主要选取了比较浅显的、学生能够接受的生物学基础知识，如生物的生活习性、形态结构、生理功能、生长发育、行为等。解释式讲解属于讲解的初级类型。

---

2. 描述式讲解

描述式讲解通常用于讲解生物学有关形态、结构、功能、关系的描述。例如，在生物学教学中，教师运用自己熟悉的、鲜活的生活语言，整体地、动态地、生动形象地讲解草履虫的形态结构和功能；讲解显微镜结构、性能、使用规则；解说各种生物标本、模型、挂图、录像等实物。

案例2-2：骨的结构组成（初中生物学）

骨主要由骨质、骨髓和骨膜三部分构成，骨里面含有丰富的血管和神经组织（教师用教鞭指着挂图）。长骨的两端是呈蜂窝状的骨松质，中部是致密坚硬的骨密质。骨中央是骨髓腔，骨髓腔及骨松质的缝隙里容纳的是骨髓。儿童的骨髓腔内的骨髓是红色的，有造血功能，随着年龄的增长，逐渐失去造血功能，但长骨两端和扁骨的骨松质内终生保持着具有造血功能的红骨髓。骨膜是覆盖在骨表面的结缔组织膜，里面有丰富的血管和神经，起营养骨质的作用。同时，骨膜内还有成骨细胞，能增生骨层，能使受损的骨组织愈合，具有再生的作用。

温馨提示

　　教师运用描述式讲解时要做到清晰有序地讲述内容，做到详略得当，层次清晰，突出重点。语言流畅连贯，形象生动有趣，能感染学生，从而带动学生的思维活动。描述讲授不可颠三倒四，更不能跟记流水账一样，一一罗列，毫无重点，甚至照着书本念，索然无味。描述式讲解通常需要配合生物学挂图或模型进行讲解。

3. 原理中心式讲解

　　原理中心式讲解是以概念、原理、规律、理论为中心内容的讲解。方法是从一般性概括的引入开始，然后对一般性概括进行论证、推理；最后得出结论，又回到一般性概括的讲述。

　　在生物学教学中，原理中心式讲解主要运用于定义解说、理念论证、原理演绎、观点归纳、思想分析等内容的讲解，属于高级类型的讲解。任何一门学科的基础知识中，概念、原理、规则、规律都是教学的核心部分。因此，原理中心式讲解是教学中最重要的讲解方式。

　　原理中心式讲解经常用叙述加议论的表达方式，一般结构模式为概念、规律、法则、原理的导入→论述、推证→结论。其中，论述、推证环节是最关键的。原理中心式讲解强调例证、依据及统计材料组织。在讲解中交替应用分析、比较、归纳、演绎、抽象、概括、综合等逻辑方法，注重论证说服的力度，既有科学性，又有趣味性。

案例 2-3：氨基酸的结构特征（高中生物学）

　　师问：氨基酸是组成蛋白质的基本单位，它的结构有什么特点呢？

　　论述、推证：①教师板书出甘氨酸、谷氨酸、丙氨酸、精氨酸的分子结构简式，要求学生观察比较这 4 种氨基酸的结构特点，找出它们结构的相同部分，并圈出它们的相同基团；②请一位学生上来在黑板上圈出；③师生共同分析，初步归纳出氨基酸的结构特点为：有一个氨基、一个羧基和一个氢原子连在同一个碳原子上，剩下不同的侧链基团用 R 表示，写出氨基酸的结构通式；④进一步比较 4 种氨基酸的 R 基部分；⑤师生共同概括，最终得出结论。

　　结论：每种氨基酸分子至少含有一个氨基和一个羧基连在同一个碳原子上（教师对氨基酸的结构通式做最后的总结，并以人来比喻，氨基和羧基是人的左右手，氢原子是双脚，而 R 基则是人的脸，每个人的脸都不同，每种氨基酸的不同也是根据 R 基来区分的，以此促进学生的理解和记忆）。

温馨提示

　　本例中的论述、推证部分主要应用了观察、比较、分析、归纳、综合和典型例证的思维方法。教师引导学生逐步进行比较、分析、归纳，让学生总结出氨基酸的结构特点。教师在进行原理中心式讲解前要围绕所授知识，设计推理严密、层次分明的教案，并合理预估学生反应；授课时以引导为主，启发学生思维，可适当加入探究的成分，给学生思考的空间和时间，以达到训练学生思维、促进学生理解的目的，同时还要不断锤炼自己的语言，注重语言简洁严谨、幽默风趣，能刺激感染学生，形成课堂教学的和谐气氛。

4. 问题中心式讲解

以解答问题为中心的讲解，其方法是引出问题→明确标准→选择方法→解决问题→得出结果（总结、结论），是在教学中常用于对学生进行能力训练、方法探究、答案求证的讲解类型，它也是属于高级类型的讲解。

引出问题可以从各种事实材料导出，事实材料是指建立论点，证明论题的事例、数据等各种客观实际材料；明确标准就是明确解决问题的具体要求；选择方法就是对各种方法、策略进行分析比较，定出最佳解题方法；解决问题要从证据、例证入手，并运用逻辑思维方法进行论证，最后得出结果。问题中心式讲解法适用于重点、难点、智慧技能和认知策略的教学，通常配合提问、讨论等其他教学技能。

案例2-4：生长素的发现（高中生物学）

（教师始终以下列问题为中心组织并开展教学）
①长时间放在窗台上的植物为什么向室外倾斜生长？
②将植物用不透光的纸盒罩住后还会有上述现象吗？
③去掉尖端的植物还有没有现象①的产生？
④去掉尖端后的植物还生长吗？
⑤用什么方法证实尖端能产生某种物质并与现象①有关？
⑥你还能举几个与现象①具有相同原理的例子吗？

温馨提示

　　教师在统观全局后，以系列化问题的方式构成一个连续的教学讨论的框架。这些由浅入深、由表及里、由单一到综合的各种类型的问题贯穿于教学活动中，从而激发学生强烈的求知欲望，通过师生共同的论证推理达到学习知识的目的。

可以将上述四种讲解类型共同的过程归纳为三大板块，即引入→主体→总结。在引入板块，教师点明一个新课题，明确课题要求、课题所提供材料及思考范围，使学生对所学习的主题内容做出思维反应。在主体板块，教师采用议论、推理、论述等各种不同过程，使学生得出正确的答案，并提高分析问题、解决问题的能力。在总结板块，教师针对研究主题得出相应的结果，还可以进一步提出有思考价值的问题，让学生进行拓展想象，开发学生的创新思维。

第二节　讲解技能行动训练

行动 1. 示范观摩：观摩示范视频，体会讲解技能

对讲解教学技能有了初步的感性认识之后，如何将这些理论知识体现在教学实践中呢？请观看并分析以下视频课例，体会讲解技能的运用方法、技巧及有关原则。

课例 201：细胞的分化

教学课题	细胞的分化			
重点展示技能	讲解技能	片长	9 分钟	上课教师	林莉
视频、PPT、教学设计二维码	V201—细胞的分化			

内容简介

　　该内容主要讲授细胞分化的概念和实质，通过对细胞分化概念的逐步探索，发现细胞分化的实质。以此加强学生对信息整合、分析的能力，激发学生对生物学的浓厚兴趣。

教学过程

　　1. 创设情景，通过展示形象直观的图片导入新课，激发学习兴趣，启发学生思考。

　　2. 通过图文并茂的讲解方式，讲授动物细胞和造血干细胞的分化实例，展现细胞分化的现象及概念外延。

　　3. 通过建构细胞分化的概念模型，逐步引导学生思考并发现细胞分化概念的本质，帮助学生加强理解细胞分化的概念。

点评

　　1. 教师运用启发式、谈话式和概念模型等教学方法，通过设疑解难、步步深入的讲解，启发学生由浅入深、由表及里地进行积极思考，促进学生构建细胞分化的知识体系。

　　2. 细胞分化概念模型的应用是本节课的亮点之一。教师通过建构细胞分化的概念模型的方式，帮助学生理解细胞分化这一抽象、复杂的生物学概念。

　　3. 教师的教态亲切、自然，仪表得体。整堂课的层次分明，逻辑清晰，教师讲授方式符合学生的认知特点。

初看视频后，我的综合点评：

关于讲解技能，我要做到的最主要两点是：

1.

2.

课例 202：果蝇的伴性遗传实验

教学课题	果蝇的伴性遗传实验			
重点展示技能	讲解技能、强化技能	片长	14 分钟	上课教师	於欣园[①]
视频、PPT、教学设计二维码	V202—果蝇的伴性遗传实验			

内容简介

　　本片段选自浙教版高中生物学必修二第 2 章第 3 节"性染色体与伴性遗传"，主要阐述摩尔根的果蝇伴性遗传实验及其分析推理过程。在本片段的学习中，学生不仅要理解果蝇伴性遗传实验的推理过程，更要在分析问题和形成假说的过程中领悟到科学研究的严谨性，同时也要关注实验材料的选择、实验设计的思路及结果分析在生物学研究中的重要作用。

教学过程

　　1. 课堂导入：复习红绿色盲病症及伴性遗传概念，在此基础上导入摩尔根的果蝇伴性遗传实验。

　　2. 活动探究：教师主要采用启发式谈话法、直观教学法开展教学，引导学生重现果蝇伴性遗传实验的推理过程，提出合理的假说并得出结论。

　　3. 布置作业：让学生写出测交实验的设计方案和对应的遗传图解，完善"假说-演绎法"结构，并促进学生对知识的内化。

点评

　　1. 本片段中教师合理运用强化技能，引导学生重现果蝇伴性遗传实验的推理过程，并能够熟练书写相关的遗传图解。在教学过程中，教师通过呈现图片和板书，强化学生对推理过程的理解及正确书写遗传图解；教师在授课过程中从语言、动作、表情、站立位置等方面着手，吸引学生注意力，提高课堂效率；最后，教师通过练习强化的方式使学生所学知识得到巩固。

　　2. 本片段的教学设计结构清晰，以"开展实验→提出问题→分析问题→形成假说→演绎推理→实验验证→得出结论"为内在教学线索，教师引导学生根据摩尔根实验思路进行推理，并以遗传图解的形式呈现猜想，在启发学生思维的同时，也培养了学生的科学思维。

　　3. 教师讲解和引导的过程中逻辑清晰、表达明确；教师教态自然、声音洪亮，教学语言严谨并具有启发性；教师板书工整清晰。

初看视频后，我的综合点评：

关于讲解技能，我要做到的最主要两点是：

1.

2.

①浙江师范大学 2015 级本科生

课例203：由氨基酸形成蛋白质的过程

教学课题	由氨基酸形成蛋白质的过程（生命活动的主要承担者——蛋白质）				
重点展示技能	讲解技能	片长	12分钟	上课教师	陈倩娜
视频、PPT、教学设计二维码	V203—由氨基酸形成蛋白质的过程				

内容简介

氨基酸形成蛋白质的过程包括脱水缩合，肽链盘曲折叠，多条肽链通过一定的化学键互相结合在一起，形成具有复杂空间结构的蛋白质分子。本片段，教师在课前采取自主学习模式，让学生通过三维模型的构建实现知识的迁移；课堂上，将学生的学习成果展示与知识点讲解归纳有机结合，进一步巩固和升华学生的认知；课后设置问题："在由氨基酸形成蛋白质的过程中，哪些因素可能导致蛋白质的多样性？"进一步延伸学生对本片段知识的认知与理解。

点评

1. 教师采用描述式讲解氨基酸形成蛋白质的过程，课前安排学生制作氨基酸的模型成为课堂教学的重要素材，使教师课堂讲解更有针对性。教师采用问题中心式讲解"氨基酸脱水缩合"这一难点时，将复杂的问题分解成层层递进的小问题，突出对学生思维的启发性。

2. 教师注意到了讲解框架的三个部分，即引入（引入题目导论）、主体（议论、推理、论述）和总结（结论、结果），讲解中都能围绕教学目标和主题展开。引用例证，连接自然。

3. 教师语言清晰、紧凑、精练，既有严密的科学性、逻辑性，又通俗易懂，能正确地运用生物学术语，具有说服力和感染力。教师语音洪亮，具有很好的穿透力，天生一副教师好嗓门。

初看视频后，我的综合点评：

关于讲解技能，我要做到的最主要两点是：

1.

2.

讲解技能更多视频观摩见表2-1。

表 2-1 讲解技能视频观摩

视频编号	课题名称	点评
V204	动物的学习行为（黄艺婷）	"动物的学习行为"属于八年级教材内容，是在学习了动物的先天性行为之后，向学生介绍动物的学习行为。本片段既是知识的教学，又是一次情感态度与价值观的教育，培养学生关爱动物、保护动物的情感，为后面学习动物在生物圈中的作用打下基础。 本片段以"提供感性材料→指导分析→综合概括"为内在教学线索，将教学内容围绕"学习行为的概念建构"主题，使学生在学习的过程中获得分析能力与推理能力的训练。 本片段以"鹦鹉学舌"为例，设置系列问题，创设问题情境，促使学生主动参与概念的构建过程。教师能运用各种教学语言与学生交流，获得学生的反馈信息，及时调整讲解过程，实现有效教学。 教师普通话标准，声音洪亮，富有穿透力。教学中面带微笑，表情自然，仪态大方，具有亲和力。教学语言科学准确、简洁明了、深入浅出，使学生易于理解。
V205	癌细胞的主要特征（余杉杉）	通过三问癌细胞，创设问题情境，构建问题中心式讲解框架，配合提问技能与技巧，层层递进，有效对学生进行思维能力的探究训练。 一问为什么癌症对人类健康危害如此之大，癌细胞是否真假难辨（形态结构变化）？二问癌细胞能耐几何（无限增殖，遗传物质改变）？三问癌细胞为什么会危害四方（转移，细胞膜表面糖蛋白物质减少）？ 教师改变照搬教材的教学方式，通过了解癌症的危害，以"审问"的方式三问癌细胞处理教材，不仅把教材的内容讲清楚了，更能挖掘癌症隐含的科学本质，使学生理解更深入，兴趣更大。 该教师讲解层次分明、逻辑清晰，还能较好地应用教学语言变化技能，语调变化有利于吸引学生的学习兴趣。

行动 2. 编写教案：手把手学习教案编写，突出讲解技能要点

讲解技能是最基本的技能，贯穿教学全过程，适合与演示技能、板书技能、提问技能等结合在一起进行训练。根据讲解技能的特点及要求，仿照讲解技能的设计案例，选择中学生物学教学内容中的一个重要片段，完成讲解技能训练教案的编写。编写教案时要注意讲解技能的应用，突出讲解技能的要求。

课例 201："细胞的分化"教案

姓名	林莉	重点展示技能类型	讲解技能
片段题目	细胞的分化		
学习目标	1. 观察分析细胞分化的概念模型，概述细胞分化的概念及实质。 2. 观察细胞分化的图解，获得分析、抽象、概括等逻辑思维方法的训练。 3. 在建构细胞分化概念的学习过程中，认同形态结构与功能相适应的辩证观点。		

	教学过程		
时间	教师行为	预设学生行为	教学技能要素
导入 （30秒）	一、创设情境，导入新课 1. 创设情境 　　一个受精卵，如果只进行细胞的分裂，能形成具有一定形态、结构和生理功能的个体吗？ 　　展示受精卵发育到婴儿的图片，启发学生进行积极思考。 2. 导入授课主题 　　从一个受精卵发育成一个个体，受精卵除了要进行细胞分裂，还需要进行怎样的变化呢？这就是我们今天要学习的内容——细胞的分化。	学生观察图片，联系已学过的旧知识进行思考，带着问题继续学习。 对本节课内容产生兴趣，将注意力指向学习目标。	以有趣的图片作为导入，生动、形象，能够激发学生的学习兴趣。 教师亲切、和蔼，面带微笑，为学生创设良好的心理环境。注重与学生间的眼神交流，用手进行指示，有助于将学生的目光集中到课堂。
概念教学 （3分钟）	二、图文并茂，建构概念 1. 观察分析受精卵的细胞分化的实例 （1）展示图片 　　依次展示动植物细胞分化的图片，以思考题引导学生分析观察，细胞分化的结果。 【问题1】该过程发生在什么事件中？事件的主体是什么？（个体发育；受精卵） 	学生仔细观察图片，并思考问题。	

续表

时间	教师行为	预设学生行为	教学技能要素
	动物生命的起点是受精卵，一个受精卵经过分裂、分化，结果是产生许多不同种类的细胞，如红细胞、神经细胞、肌细胞等。 （2）谈话分析 从形态上看，这些细胞形态各异；从结构上看，哺乳动物成熟红细胞没有细胞核，所以不同细胞的结构也有所差别；从功能上看，不同细胞行使完全不同的功能，红细胞合成血红蛋白，承担运输氧气的功能，神经细胞合成各种神经递质，行使产生和传递神经冲动的功能，肌细胞合成肌动蛋白，行使运动功能。 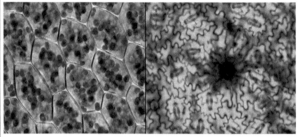 　　叶肉细胞　　　　　　表皮细胞 不仅在动物个体发育过程中，受精卵增殖产生的后代在形态、结构和功能上发生了稳定性差异，植物作为多细胞生命体，其个体发育也是如此，如叶肉细胞、表皮细胞，它们形态各异，功能不同，相互配合完成光合作用、蒸腾作用等整体功能。 2. 观察分析造血干细胞的分化实例 （1）展示图片 展示造血干细胞分化出具有不同形态结构和功能的血细胞图片，以思考题引导学生分析观察细胞分化的结果。 【问题2】该过程发生在什么事件中？事件的主体是什么？（个体发育；造血干细胞） **血细胞种类** | 红细胞	白细胞					血小板 | （2）讲授分析 人体内的血液是不断进行更新的。红细胞的寿命一般只有120天左右，白细胞的寿命是5~7天。那么为什么健康人的血液不会因此减少呢？原来，我们的骨髓中有一种	学生仔细观察图片中的3种细胞，认真倾听教师的分析讲解。 学生举一反三，分析植物细胞分化的结果，进而归纳总结：在个体发育过程中，由受精卵增殖产生的后代，在形态、结构和功能上均会产生差异。 学生观察图片，在认真倾听教师讲解的过程中，进行积极思考，在与受精卵细胞分化过程对比中，总结概括：在个体发育过程中，**一个或一种细胞**增殖产生的后代，在形态、结构和功能上均产生了**差异**。	运用强调 教师在讲解过程中，目光自信、坚定，统摄全班学生，使每个学生都能感受到教师在关注自己。教师善于运用教鞭进行指示，边指边念出所指示部位的名称，有效地提高学生的课堂专注力。 获得反馈 教师在提问学生时，亲切地注视学生，与学生建立双向交流。当学生回答不上来时，教师给予鼓励的目光，逐步引导学生说出答案。

时间	教师行为	预设学生行为	教学技能要素
构建概念模型（4分钟）	细胞叫造血干细胞，它能够通过增殖、分化不断地产生新的血细胞补充到血液当中。红细胞、白细胞和血小板都是来源于造血干细胞的分化。 【问题3】这些细胞增殖后代为什么会在形态、结构和功能上产生稳定性的差异呢？ 3. 分析概念模型，明确分化实质 　　我们知道，在一个个体中，所有细胞都具有完全相同的遗传信息，那么使不同细胞在形态、结构和生理功能上产生稳定性差异的原因是什么呢？我们一起来看细胞分化的概念模型。 展示概念模型，演示操作 ①教师分析说明、演示概念模型 A. 不同种类的细胞都具有相同的全套基因。 B. 在个体发育过程中，细胞增殖产生的后代在形态、结构和功能上产生的稳定性差异是基因选择性表达的结果。 ②学生参与建构概念模型 4. 总结归纳，建构概念 （1）基因的选择性表达导致稳定性差异 　　以上两类细胞分化的实例显示，分化后的细胞在形态、结构和生理功能上发生了差异，这种差异是不可逆的。例如，分化了的红细胞不能再回到未分化的状态，而且也不能再分化成其他细胞，我们称之为稳定性差异。 （2）细胞分化概念的外延 【指导读书P117～118】细胞分化：在个体发育中，由一个或一种细胞增殖产生的后代，在形态、结构和生理功能上发生稳定性差异的过程。	 学生在观看概念模型的演示过程中，认真倾听教师对概念模型的分析说明。 学生踊跃参与建构细胞分化概念模型，明确导致细胞增殖产生的后代在形态、结构和功能上出现稳定性差异的根本原因是基因的选择性表达。 阅读教材第117～118页细胞分化的概念。	引用例证 　　展示概念模型，通过生动的讲解配合适宜的手势，详细介绍概念模型，使学生知道不同颜色、不同大小的卡片所代表的含义等，为之后的演示奠定基础。 鼓励学生积极参与概念模型的构建，并上台演示。 指导读书，形成完整的细胞分化的概念。教师适宜的停顿时间，有助于学生进行思考，做好回答的准备。
板书设计	第2节　细胞的分化 一、细胞分化的概念 		

本片段内容是高中生物学"细胞的分化"中的第一部分内容，是本节的重点之一，主要讲授细胞分化的概念和实质。

教学设计的授课对象是高一学生，他们已经具备了一定的认知能力、观察分析能力、抽象思维能力及自主学习能力，但尚未储备关于细胞中基因的分布和表达的基础知识，无法形成对细胞分化实质的深入理解。根据教材内容、学生特点，教师主要采用启发式、谈话式及概念模型有机结合的教学方法。

设计思路包括：

（1）通过展示相关图片，创设情境，激发学习兴趣，启发学生思考。

（2）通过动物细胞和造血干细胞的分化实例，展现细胞分化的现象及概念外延。

（3）通过建构细胞分化概念模型，发现细胞分化概念本质，帮助学生加强理解细胞分化的概念。

本节课以"细胞分化概念的外延→细胞分化概念的内涵"为内在教学线索，遵循从现象到本质的概念教学原则，讲解条理清楚，有的放矢，突出整个知识体系中最基本的内容。细胞分化的概念复杂、抽象，通过建构概念模型，不仅有助于概念知识的简单化，更有助于学生进行科学探究，让学生对细胞分化概念的认识从感性上升为理性，实现概念教学，进而实现创新思维的培养。

主题帮助一： 讲解语言及内容的基本要求

1. 语言生动形象，富有感染力

教师讲解要感情充沛，语言表达要清晰简洁、生动有趣，富有表现力和感染力，切忌干瘪呆板、没有节奏、没有感情起伏的匀速运动。语言生动形象，集中表现在语言规范，表达准确，绘声绘色，抑扬顿挫，节奏感强，幽默诙谐，语音手势恰到好处，常伴随着贴切的比喻、形象的故事、感人的情节，以及脍炙人口的诗歌、寓言和谚语等。这是教学艺术的一项基本功，也是教师的一项重要业务素养。

2. 讲解语言与直观教具密切配合

教师在演示教具时，通常要配合语言教授进行讲解。演示教具时，教具应该有足够的尺寸，放在全体学生都看得到的位置。在讲解时教师的语言不是用来说明教具，而是指导学生观察和引导学生思维。教师用教鞭指示教具的有关部分时，要准确地指出"点""线""面"，再配合教师的讲解。不要使学生停留在事物的外部表象上，而要通过教师语言的启发，尽快让学生的认识上升到理性阶段，形成概念，掌握事物的本质。

3. 层次分明，合乎逻辑

基本概念有层次，基本原理也有层次，生物学科本身就是一个具有严密结构、层次分明的科学知识体系。讲解每一节课，每个知识点，都要分清层次，但又不能把内容割裂成孤立的、毫无联系的知识点。学科的内容有其自身的逻辑体系，要抓住逻辑线索，把前后层次连贯为有机联系的整体，用严密的逻辑性引导学生思维。这是把理论讲透彻，让学生准确地掌握理论观点的关键。

4. 避免讲解内容与教材内容差距太大

在处理教材时，不要与原教材有较大的差距，否则会造成学生课后难以复习。学生个体存在差异，他们的认知水平、知识理解能力不同，教师应以大多数学生为对象，适当照顾基础较差的学生，兼顾基础较好的学生。教师应重点培养学生学习知识、掌握知识的方法和能力。

5. 避免夸大讲解的作用

很明显，一味地言语讲解，不易调动学生的主动性、积极性和创造性。学生主体性的缺失，在课堂教学中主要表现为讲解教学的过分滥用。科学概念、公式、定律、原理的讲解通常是抽象枯燥的。讲解教学在提高课堂效率中的作用也不宜夸大。长时间的言语讲解易引起学生的心理疲倦、听觉疲劳。讲解者的种种性格、能力缺失又会加剧这种疲劳，使信息接收率、保持率不尽如人意。

根据美国人约瑟·特雷纳曼的研究测试，讲解 15 分钟，学生记住讲解内容的 41%；讲解 30 分钟，学生能记住讲解的前 15 分钟内容的 23%，而讲解 40 分钟，学生只能记住前 15 分钟内容的 20%。也就是说，一个单位的讲解所持续的时间越长，讲解的保持率就越低，而且在这个时间段后的讲解往往无法保证接收率。

行动 3～5. 微格训练—录像回放—重复训练

本部分内容详见专题 1 第三节"微格教学的行动训练模式"中的行动 3～5。

主题帮助二：应用讲解技能的一些技巧

编写教案过程中，教师要善于体现讲解技能的启发性，努力做到以下几个方面。

1. 紧扣教学目的和内容，突出重点

在生物学教学中，讲解的内容范围可能比教材的内容更为广泛和丰富，但必须紧紧扣住教材基本内容和教学目标要求，切忌信口开河，任意地讲解。必须围绕基本观点选用材料，不要盲目堆砌，要突出重点。教学重点是本节课核心知识网络中的主线，把它当作轴心网织教学内容，展开讲解。

2. 少用长段文字描述

当教材有大段的文字描述时，讲解不应采用大段的文字描述，而应将其分解为几个小问题，抓住其中的联系点，化整为零，逐步深入，一一加以解释。随着小问题的解决，原来的问题便得以解决。通过教师的引导，学生可以分层理解，步步深入，符合学生的认知规律，使知识点既容易被理解又便于被接受。然后再串零为整，通过有逻辑性地总结归纳，使学生得到领悟。

3. 例证典型、准确

能用来说明和论证理论观点的生物学客观事实材料是极为广泛的，而课堂讲解的内容和时间是有一定限制的。不能把教师所有的材料不加选择地都搬上课堂，只能根据需要，选择能反映事物本质的、可概括出生命科学理论观点的、富有说服力的典型材料用于课堂教学。而且这些材料不宜超过学生的理解能力，应尽量选用学生可以理解的材料。

4. 不要照搬教材

一些教师不考虑学生的内在需要，只是一味原原本本地照搬教材，照本宣科。有的教师还生怕脱离教材，唯恐所教的内容与教材有差异。实际上，照搬教材是学生最反感的事情，一个好教师在讲解的过程中要能够开放式地处理教材，不仅要把教材的内容讲清楚，更能挖掘教材中隐含的科学本质，也就是要讲清楚教材的内涵和外延，学生才能真正理解教材的"弦外之音"。

行动 6. 评价反思：行动过程的监控与评价

在各行动过程中，涉及多次的评价和反思，讲解技能评价和反思的项目如表 2-2 所示。小组可以参考以下评价项目，在各行动环节中对学员进行评价，学员也可根据表 2-2 进行自我评价和反思。

表 2-2　讲解技能评价记录表

课题：　　　　　　　　　　　　　　　　　　　　　　　　执教：

评价项目	好	中	差	权重
1. 讲解的知识信息内容正确，并与本课题内容密切联系	□	□	□	0.15
2. 讲解描述时能创设情景，提供丰富清晰的感性认识	□	□	□	0.10
3. 突出重点，繁简得当，揭示生物科学本质	□	□	□	0.10
4. 启发学生思考，激起学生兴趣，培养思维能力	□	□	□	0.10
5. 讲解时条理清晰，逻辑性强，引用例子深入浅出	□	□	□	0.10
6. 讲解内容、方法符合学生实际水平与认知规律	□	□	□	0.10
7. 用词准确，声音清晰、洪亮，语速适中，有感染力	□	□	□	0.10
8. 讲解用词规范化、符合生物学科要求	□	□	□	0.10
9. 与其他技能配合，面向全体学生，注意情感交流	□	□	□	0.10
10. 注意来自学生的反馈，并及时反应调整	□	□	□	0.05

对整段微格教学的评价：

思考与练习

1. 讲解技能有什么特点？如何发挥讲解技能的优点，克服其缺点？

2. 讲解技能主要分为哪两个类型？在内容和方式上有什么区别？分别找一个教材内容进行撰稿并试讲练习。

3. 观看一段优秀教师的讲解视频，分析讲解技能是如何与其他技能配合运用的，并分析其中的讲解特点。

4. 运用讲解技能时应注意什么问题？

5. 选择本专题提供的一个片段，仿照课例的教学设计和教学视频，在充分备课的基础上独立设计教案，尝试进行微格教学实践，重点实践讲解技能。

专题 3　用黑板还是用屏幕——板书技能

【学与教的目标】

识记：板书技能的内涵与外延；板书技能的理论基础及其类型、作用等。

理解：板书技能的特点和组成要素。

应用：掌握板书板画技巧；结合生物学教学的特点，掌握并灵活应用提纲式、总分式、表格式、发展式、图文式、问题式板书等常见的设计方法编写教案；融合讲解技能进行板书技能的片段教学试讲练习等。

分析：运用板书技能的方法与技巧；运用板书技能的原则。

评价：评价板书技能教案编写质量，评价板书技能试讲练习的效果，并提出纠正的措施。

第一节　板书技能基础知识学习

一、黑板板书会被多媒体屏幕取代吗

19 世纪 60 年代，洋务运动时期创办的京师同文馆是中国最早的新式学堂。从那时起，板书教学就开始走进课堂。无论时代如何变迁，物质条件如何变化，板书教学始终与课堂教学紧密联系在一起，迄今已有 150 多年的历史。20 世纪 90 年代以来，伴随着现代信息技术在各领域的广泛应用，现代化多媒体教学设备逐渐走进课堂，成为各级各类学校的重要教学手段。有着 150 多年历史的板书教学会被只有约 30 年历史的现代化多媒体屏幕取代吗？大力普及推广现代化多媒体教学的同时，是否应该对传统板书教学的地位、作用或不可替代性加以突出和强调呢？[①]

1. 简单的板书包含了深刻的内涵

板书是教师在精心钻研教材的基础上，根据教学目的、要求和学生的实际情况，经过精心设计，把文字、数字及线条、箭头和图形等有组织地排列在黑板上，向学生呈现教学内容、认知过程，使知识概括化、系统化，帮助学生正确理解、增强记忆、提高教学效率的一类教学行为。板书能够清晰地体现教学意图，使所讲内容按顺序逐次展开，层次脉络一目了然、教学重点突出、直观性强，便于梳理、思考和巩固记忆。板书以其简洁、形象、便于记忆等特点深受教师和学生的喜爱。板书是教师进行教学的基本功之一。板画是板书的一种特殊形式，以图画为主，也叫黑板画，是教师在传递教学信息的过程中，以简练的笔法，将事物、现象及其过程描绘成生动形象的特殊板书。板画能突出事物或现象等的本质特征或示意过程。板画是以线条、一笔画、简笔画、漫画、素描等方法绘制的形象画、模式图或示意图等图画

---

① 郭晓光. 2014. 多媒体教学与板书教学的再认识. 中国教育学刊, (2): 71-74

形式来代替抽象的文字符号。板画能反映事物的关系和结构，具体形象，便于学生理解较复杂和抽象的内容，也有利于培养学生的逻辑思维。因此，教师不仅要学会如何设计板书，也需要掌握板画的基本技巧和方法。

在教学过程中，教师将教材内容的要点、难点、重点等依次逐步边讲解边书写，或引导启发，或提问回答，或眼神交流。这样的教学过程中实际包含了人的认知规律和心理学特征。结构层次清晰、字迹工整、板画优美的板书，直观、停留时间长、整体性强，更有利于学生形象记忆。人们对客观事物的认识始于感知，而感知的获得源于直观形象。形象的事物易于人们记忆，符合人们认识客观事物的规律。学生凭借板书的形象记忆，获得知识和技能。直观形象的板书，映射的是教学内容的精华，配合循循善诱的启发引导，激发了学生探求知识的兴趣。

2. 板书教学的特点

1）目标明确，计划性强

板书、板画是为一定的教学目标服务的，偏离了教学目标的板书和板画，无论外形有多优美，都毫无意义。生物学教师在设计板书之前，必须认真钻研生物学课程标准和教材，明确教学目标，在达到预期教学目标的前提下，精心设计板书内容。板书应体现教材的重点、难点及教学内容各部分之间的关系。在应用时，对板书的位置、顺序也应周密计划，何时写板书，何时画板画，都应做到胸有成竹。只有这样，教师在生物学课堂教学过程中才能真正做到有的放矢，学生通过板书、板画就能了解所学知识点的网络、结构。教师不可以既无目的、又无计划地在黑板上随性乱写乱画。

2）语言正确，科学性强

板书语言是留在黑板上的，因此对其用词的准确性及科学性要求更高。在板书中出现的生物学名词概念、图表公式等必须准确、规范、科学。例如，人为地将精子与卵细胞结合称为人工授精，而在自然条件下精子与卵细胞结合称为受精。"授"与"受"，表达不一样的意思。板书时务必正确、清晰，保证学生能看得懂，必要时还需进行强调。

3）重点突出，条理性强

生物学科的教学内容本身就有其内在的层次性和逻辑性，而板书、板画是学生把握教学重点、全面系统地理解教学内容的主线之一。因此，与其他技能相比，板书技能具有更强的条理性，主要表现在重点突出，详略得当，条理清楚，层次分明，可以使学生在有限的课堂时间内纵观全课、了解全貌、抓住要领。

4）形式多样，示范性强

板书是一项直观性很强的活动，形式多种多样，有提纲式、表格式、总分式、图示式等。通过视觉刺激，学生在潜移默化地接受新信息的同时也感受到了学习的乐趣。另外，心理学认为，使学生获得每个动作在空间上的正确视觉形象（包括其方向、位置、幅度、速度、停顿和持续变化等），对许多动作技能的形成是十分重要的。在学生看来，教师的板书就是典范，具有很强的示范性。所谓"为人师表"，教师的一举一动都可能在一定程度上影响学生。同样，教师在黑板上的一笔一画也会影响学生的书写习惯及思维发展。

3. 多媒体教学与板书教学的反思

多媒体教学作为现代化的教学手段引入课堂教学中，一定程度上改变了教育教学手段，符合素质教育、创新教育的现代教育教学观。它的大容量、直观性、信息存储、人机交互等特点都远远优于传统教学。板书教学被归为传统教学，它同其他的传统教学方法和手段一样，是广大教育工作者经过长期的教学实践和研究所总结出来的，因其行之有效的教学效果，历经百年而不衰，未来仍然可以预见其将广泛存在。

中学阶段是学生扩大知识面，建立知识体系，养成独立思考、勤学多问习惯，培养分析问题、解决问题能力的学习阶段。板书教学和多媒体教学各具千秋，应相互配合，取长补短。板书教学最大的特点在于它的讲解和书写是逐次展开的，重点突出，便于学生记忆与掌握知识。教师对知识结构的梳理归纳，以及分析问题、解决问题的方法和步骤，还有与学生的互动和交流，对学生有潜移默化的作用，有助于学生逻辑思维的形成，也有助于教师了解学生掌握所教课程的程度，做到及时反馈，因人施教，因材施教，有助于教师对教学进程的掌控，提高教学质量。特别是一些复杂的生物学原理、过程和方法的推导在黑板上逐步演示讲解，比多媒体演示更形象、更直接、更生动、更有逻辑性、更利于思考。当然，对于比较抽象、难以理解的一些现象、概念及一些探究知识的学习，就要更多发挥多媒体教学的优势。板书呈现和多媒体呈现的有机结合，会取得更好的教学效果。

此外，板书教学更具有中国传统文化教育的特点。多项调查和相关报道显示，人们对板书教学留有极其深刻的印象。特别是教师的讲解和书写，言语、眼神、举手、投足、落笔，数学的画图、语文的字体，时时能够使学生回忆起来，魅力无穷，甚至影响他们一生，使其受益匪浅。课堂上，学生需要通过教师给予的静默时间进行知识的内化。当教师在黑板上写板书时，也意味着给予了学生记笔记并在脑海中思考记忆的缓冲时间，这远比囫囵吞枣般地观看大屏幕上快速翻过的一页页 PPT 更具实效。

多媒体有较强的表现性，但若使用不当，也容易产生不利因素，影响学生的学习。例如，教师的讲课受到多媒体课件的约束，失去课堂的生成性；过多的文字、图片、动画、声音，分散了学生的注意力，抓不住教学重点，学生的思维受到限制，不利于学生想象力的发挥；把整节课的所有内容都搬上屏幕，以计算机完全代替教师，拉大了教师与学生的距离，使教师不能及时得到教学反馈；课件在制作上没有留给学生足够的思维空间，把所要讲述的知识点全都演示出来，给予学生的只是一个固定的思维定式。长此以往，将影响学生逻辑推理能力的训练和培养等。

因此，传统板书教学有其无法取代的价值。在使用现代化多媒体教学与传统板书教学时，应遵循教育教学规律，从学生的身心特点出发，从课程特点出发，以服务教学为目的，将多媒体和板书有机结合。

对于新教师来说，掌握好板书教学有着更为重要的现实意义。不少学校招聘教师时，要求应聘教师试讲过程不使用多媒体辅助教学，全凭板书展示教师的基本技能。

二、板书技能的构成要素

板书是课堂教学中所必需的教学手段，作为一种无声的、形象的书面语言，板书是书写绘画、内容安排、结构布局和时间掌握等相关要素按照一定规律组合而成的。这些组合使得板书不仅能加深学生从有声语言中获得的影响，而且能创设课堂审美情境与和谐氛围，使学生在掌握知识的过程中获得美的体验，产生"此时无声胜有声"的教学效果。

1. 书写绘画

文字是板书的重要组成部分，板书中的文字大多取自教材，但却不是教材的简单照搬，而是教师对教学内容精心分析和设计后的精粹表达。书写和绘画的质量对学生审美能力和书写能力的提高起着潜移默化的影响。好的板书是一门艺术，板书时应注意以下几方面：

（1）字体要大小适当、明晰可辨。字体太大会受黑板限制，只能呈现少量的内容，从而影响板面的利用率；字体太小会导致学生看不清，失去板书作用。一般认为，字体的大小以后排学生能看清为标准。

（2）文字要正确，字体要工整，笔画要清晰，笔顺要规范。

（3）板书符号规范，格式正确，布局匀称，图形标准，掌握学科教学基本的绘图要求。总之，对于板书符号，教师要根据板书内容、年级的不同恰当地予以运用，使符号起到强化板书效果的作用。

（4）板书时教师尽量不要长时间背对学生，身体也尽可能不挡住学生的视线，书写姿态要自然顺畅。最好能一边板书一边讲解，将有声语言和无声语言有机地结合起来。

（5）板书内容较多时，教师要提前设计、进行取舍，保留在教学过程中的重要内容。例如，前面讨论的结果是后面问题的重要依据，应有意识地保留讨论的结果，便于讲解时回忆和简化语言叙述。保留较为复杂的分析过程，以帮助理解较慢的学生跟上教学进程，也便于总结时运用板书，给学生一个完整清晰的印象，增强记忆。

2. 内容选择

板书内容应根据教学内容及学生的接受能力进行精心设计，使学生认识达到更高的层次。内容选择应遵循教学的逻辑顺序，把握教学内容的重点和难点。一般来说，板书内容应抓住以下重点内容：

（1）能引导学生思路发展的内容，如必要的标题、问题的衔接和核心点。

（2）能引导学生由形象思维向抽象思维过渡的内容。

（3）能引导学生产生联想、便于记忆的内容，如对知识结构的提炼等。

3. 结构布局

结构是指内容安排，包括标题的设计、板书类型的选择、板书内容出现的先后次序、各部分之间的联系等。布局是指各部分板书在黑板上的空间排列，以及语言与其他教学媒体的合理搭配等。掌握板书的结构布局要注意以下操作要点：

（1）板书内容要整体设计。一面黑板要写多少字，写多大字，文字是否简洁而不失意义，图表是否能有效地传递教学等问题都需要在教学设计中很好地解决。在教学过程中需要教师用板书很好地承载并展开教学内容。

（2）板书布局要安排合理。一般来说，按照教学内容的重要程度和作用，应将板面分出若干区域，如标题区、正板书及副板书。标题区通常位于左侧上端，字写得比较庄重、醒目。正板书一般应体现一节课的教学课题和主要教学内容，往往要反映教学的重点、难点和核心知识概念，反映生物学基本事实、科学思想，以黑板的中央或偏左为宜。副板书对正板书起辅助和补充作用，是根据课堂教学的需要及学生反馈随机出现的板书，通常靠右。

（3）主次要分明。准确地把板书内容的主次在黑板上体现出来，才能使学生明确重点，便于理解和记录。需要分层次时，应正确使用层次序号。

（4）与其他媒体有机整合。板书作为一种书面语言，必须与讲解紧密结合，与其他教学媒体紧密结合，与教学活动紧密结合。

4. 时间掌握

板书必须注重时间的把控。一方面，板书作为书面语言，是对教学口头语言的强调与补充，因此必须与讲解配合，与其他教学活动相协调，才能使有声语言与无声的"板书语言"密切配合，充分调动学生的视觉、听觉感官，加深学生对知识的感知印象，更好地传递教学信息。书写板书有先写后讲、先讲后写、边讲边写几种选择，根据教学活动的需要选择合适的板书时间，需要板书的地方一定要及时书写，配合多媒体展示时更要把握好时机。另一方面，板书时书写、绘画速度要适宜，不能太慢，要做到简、快、准。在准确的前提下力求迅速，从而协调好教学活动。

三、板书技能的作用

《基础教育课程改革纲要（试行）》中明确地阐述了基础教育课程改革的具体目标："改变课程过于注重知识传授的倾向，强调形成积极主动的学习态度，使获得基础知识与基本技能的过程同时成为学会学习和形成正确价值观的过程"。课程的功能由传统的精英主义教育和以升学为目的，转向关注"人"的全方位发展，这些变化对于新课程的教学也提出了新的要求。板书作为课堂教学的有机组成，也是教学技能的重要体现，适应新课程理念的课堂板书具有以下重要功能。

1. 概括要点，便于理解记忆和复习

教师板书反映的是一节课的内容，它往往将所教授的材料浓缩成纲要的形式，并将难点、重点、要点、线索等有条理地呈现给学生，有利于学生理解基本概念、定义、定理，并当堂巩固知识。教师板书的内容往往就是学生课堂笔记的主要内容，这无疑对学生的课后复习起引导、提示作用。

中学生思维以形象思维为主，教学必须遵循直观性原则。富有直观性的板书，能代替或再现教师的演示，启发学生思维，增强记忆。好的板书能用静态的文字，引发学生积极而有效的思考活动，有利于学生掌握教师讲授的内容；好的板书也是一篇好的讲稿，它有利于学生做听课笔记，为课后复习提供方便。

2. 突出教学重点与难点

生物学教师要根据课程标准和教学的内容要求设计板书，板书的内容通常为教学的重点、难点，并且在关键的地方做标识，如用不同颜色的笔书写和绘画。特别是一些抽象难懂的知识点，更应充分发挥板书、板画的作用。有的教师在讲解生物遗传计算时，边讲解边在黑板上运算，虽然比直接在投影屏上放映麻烦，但是就因为教师的这种"手把手"教学，让

学生懂得计算遗传频率的思路，将这一难点渐渐突破，化难为易，化抽象为具体。

3. 有助于集中学生的注意力，激发学习生物学的兴趣

板书、板画把学生的听觉刺激和视觉刺激巧妙结合，避免了由于单调的听觉刺激导致的疲倦和分心，兼顾学生的有意注意和无意注意，引导和控制学生的注意力。有的教师在讲植物受精过程中，顺手就用粉笔在黑板上勾勒出雌蕊的纵剖模式图，进而勾勒出整个受精过程；在上生物实验课时，几笔就能勾画出科学家所用的仪器和步骤等；在讲动植物的生活特性时，能画出花鸟鱼虫。学生在赞叹佩服之余，往往会聚精会神地听教师讲解，从而激发其对生物学的浓厚兴趣。

4. 指导观察，引导实验

板书、板画在生物实验教学中也起着重要的作用。教师在设计实验课的板书时，应着重体现学生实验的过程和结果，训练学生实际操作的能力。例如，在"检测生物组织中的还原糖"的教学中，为了引导学生操作，教师边板书边组织学生实验（表3-1），然后将学生反馈的实验结果填在绘制的表格中，进行比较归纳，最后得出结论。这样既突出了重点，又训练了学生的逻辑思维能力。

表 3-1 "检测生物组织中的还原糖"板书

步骤	待测样品	梨	胡萝卜	甘蔗	马铃薯
加入待测组织样液	样品剂量	2mL	2mL	2mL	2mL
加入斐林试剂	斐林试剂剂量	1mL	1mL	1mL	1mL
温水浴加热 2min					
实验现象（最终颜色）					
实验结论					

四、板书和板画的训练技巧

1. 粉笔执笔方法与写字姿势

1）粉笔执笔方法

粉笔执笔法与钢笔执笔法有区别。粉笔执笔时，拇指、食指与中指前端三面相对捏住笔头约1厘米处，无名指和小拇指靠住中指，起辅助作用，使手腕的力量平衡。粉笔字写得好坏关键在于手腕。书写时也应注意"指实掌虚"，所有关节应向外突出，不要用指肚执笔，而要靠近指尖执笔，以便于指端用力，劲注笔端。粉笔与黑板的倾斜角度可依笔画粗细而定，一般为70°～80°。由于粉笔的构造特殊，如果执笔不当容易折断，因此执笔部位不可过高，也不可过松或过紧。书写过程中，要不停地转动笔头，保持最锋利的笔头书写黑板，这样才能笔锋有力。

2）写字姿势

粉笔字主要用于板书，姿势多用立式。由于是当众书写，因此要求写字姿势既要正确，

又要端庄大方。具体要求如下。

（1）头平：就是头部保持平正，眼睛距板面 40 厘米左右，头部不要左歪右斜，这样才能保证视线平正，书写横平竖直，行款整齐，否则写出的字可能变形，行也可能上斜。书写时如高于头部，面可略仰，低于头部，面可略俯，但基本上应保持平正。

（2）身正：就是身体要保持正直，不要左右偏斜。当然，在书写过程中，身体要随着文字的书写不断平移，平移不及时，容易造成文字呈现"上坡"或"下坡"。

（3）臂曲：右手手臂应弯曲向上，使臂、肘、腕、指的力量均衡地到达笔端，但不能弯曲无度，以致造成手臂乏力。左手或持书拿本，或轻按黑板，或微曲下垂。

（4）足稳：两脚要分开站稳。若两脚平行，可同肩宽；若两脚前后分开，步幅大小要视能否站稳而定。可踮脚，也可屈膝，但都要保持身体平直，不可弯腰、驼背、撅臀。板书横行要匀速，与手写位置保持一致，不能手动脚不动，导致书写位置向下倾斜。

2. 文字、符号的书写

板书主要由文字、符号和图形组成。文字的书写要规范，具体要求是：笔画清楚，笔顺正确，字体工整，无错别字，使用标点符号正确，行款格式符合要求，条目安排得当，注意整体效果。生物学有关符号的书写更要规范，既要格式正确，又要章法匀整。

3. 生物图的基本画法

生物学教学中涉及大量的图，有时需要在黑板上画一些简单的模式图或结构图，应注意以下几个方面：

（1）图中各组成部分的比例适当、布局合理、位置适宜，留好标题和图注的位置，力求平衡、稳定和美观。图的右侧可引出水平线注明结构名称。

（2）黑板画不建议先画轮廓，再经多次修改最后完成。一般情况，应通过多次训练一笔成型，从而提高教学效率。

（3）黑板画应符合生物学特性，可以不完整，但不可以出现科学性错误。例如，画细胞结构示意图时，不可以把细胞核直接用线圈起来，然后涂黑，而应该用打点的方式显示细胞核区，即用圆点衬阴，表示阴暗与颜色深浅。

（4）黑板画下笔应均匀流畅，线条光滑无分叉，粗细匀称，按顺手的方向运笔，两笔的接合部要圆滑，一般不要重复描绘。

五、板书技能的类型及案例分析

根据教学目标、教学内容、学生年龄特征及学习特点，教师可以选择不同类型的板书，选择适当的板书类型是增强教学效果的重要一环。结合中学生物学教学的内容和特点，板书类型可分为提纲式、总分式、表格式、发展式、图文式、问题式等。

1. 提纲式

提纲式板书是运用简洁的重点词句，分层次地列出教材的知识结构提纲或内容提要。这类板书适用于内容比较多、结构和层次比较清晰的教学内容。如图 3-1 所示，提纲式板书具有条理清楚、从属关系分明等特点，这类板书给人以清晰完整的印象，便于学生对教学内容和知识体系的理解和记忆。

案例 3-1："细胞中的糖类和脂质"板书（图 3-1）

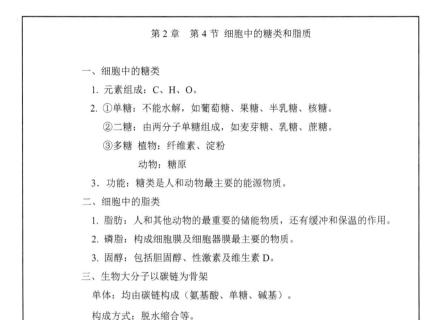

图 3-1 "细胞中的糖类和脂质"提纲式板书

2. 总分式

总分式板书能抓住知识的主干，从而"挈领"式地分支出各个知识内容之间的"总分"关系。如图 3-2 和图 3-3 所示，总分式板书具有概括性强、条理分明、从属关系明确清晰的

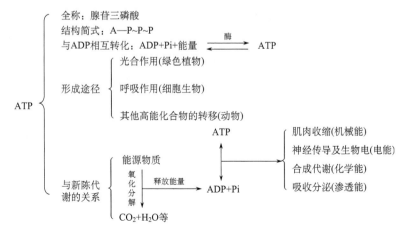

图 3-2 "细胞中的能量通货——ATP"总分式板书

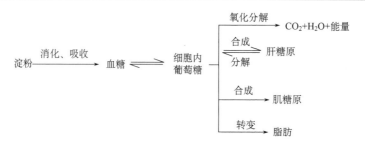

图 3-3 "糖代谢的过程"总分式板书

特点。这类板书给人清晰完整的印象，有利于学生理解和掌握知识结构。总分式板书不仅能清晰地展示教学内容各部分间的纵向联系，而且按照"总分"的形式进行课堂教学，能在一定程度上保证教学过程的条理性。

3. 表格式

表格式板书是将教学内容的要点与彼此间的联系以表格的形式呈现。教师根据教学内容可以明显分项的特点设计表格，由教师提出相应的问题，让学生思考后提炼出简要的词语填入表格，也可由教师边讲解边把关键词语填入表格，或者先把内容有目的地按一定位置书写，归纳、总结时再形成表格。如表 3-2 和表 3-3 所示，表格式板书能将教材多变的内容梳理成简明的框架结构，增强教学内容的整体感与透明度，也可用于区分和对比相关的内容，从而加深对事物的特征及其本质的认识。

表 3-2 "DNA 与 RNA 比较"板书

核酸	相对分子质量	存在部位	糖成分	碱基种类	结构	功能
DNA	$10^6 \sim 10^{11}$	主要在细胞核内，是染色体的成分	脱氧核糖	A、G、C、T	双螺旋	为遗传物质
RNA	1.5 万至数十万	主要在细胞质中	核糖	A、U、C、T	单链	与翻译蛋白质有关

表 3-3 "物质出入细胞的方式"板书

	自由扩散	主动运输
出入方向	顺浓度梯度	逆浓度梯度
载体	不需要	需要
能量	不消耗	消耗
举例	H_2O、CO_2、甘油等出入细胞	K^+进入红细胞等

4. 发展式

如图 3-4 所示板书是发展式板书。发展式板书是按照知识本身发展演变的方向、过程，或探求理论问题的途径与过程，用线条、箭头、文字等元素将其前因后果、来龙去脉展示出来，帮助学生厘清发展方向和逻辑关系的一种板书形式。这种板书形象直观，指导性强，能引起学生的注意，便于回忆和记忆。主要表现在抓住重点，运用线条和箭头等符号，把教学内容的结构、脉络清晰地展现出来。

案例 3-2："人体的消化和吸收"一节的教学（图 3-4）

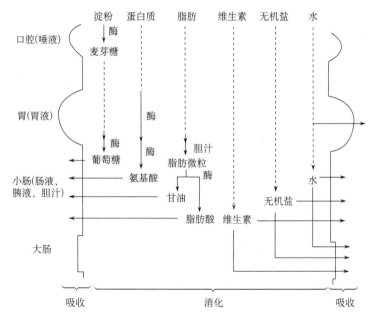

图 3-4 　"人体的消化和吸收"发展式板书

该板书是在授课过程中配合讲述内容逐渐完成的（板书六种营养物质，板画消化道简图，板书消化道主要器官及所含消化液、消化过程、消化概念、吸收过程、吸收概念）。两侧轮廓表示扩大了的消化道纵切面简图。"——→"表示被消化的过程，"- - - -→"表示没被消化的过程

5. 图文式

在生物学教学中，教师常使用图文式板书，在讲解的过程中把教学内容所涉及的事物形态、结构等用单线图画出来（包括模式图、示意图、图解和图画等），形象直观地展现在学生面前，如图 3-5～图 3-8 所示。这种板书图文并茂，容易引起学生的注意，激发学习兴趣，较好地培养学生的观察能力和思维能力。图文式板书的类型又可分为多种，如挂图式、循环式、发散式及发展变化式等。

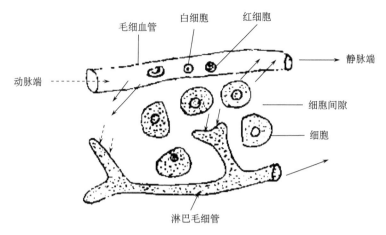

图 3-5　"淋巴形成"图文式板书（挂图式）

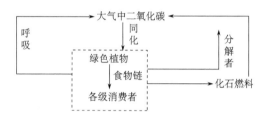

图 3-6　"碳循环过程"图文式板书（循环式）

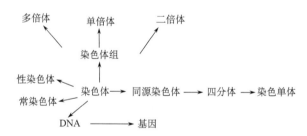

图 3-7　"与染色体有关内容"图文式板书（发散式）

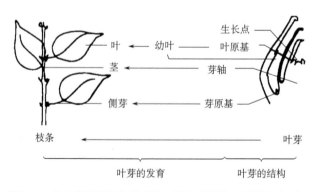

图 3-8　"叶芽的结构和发育"图文式板书（发展变化式）

6. 问题式

对于教材中理论性较强的知识，可以问题的形式书写并形成板书。如图 3-9 所示，在板书中展示一系列问题，以引起学生的注意，便于复习巩固知识，提高学习效率。

案例 3-3："叶的蒸腾作用" 的板书设计（图 3-9）

> 1. 什么是蒸腾作用？
> 2. 蒸腾作用是怎样进行的？
> （1）证明叶片具有蒸腾作用的实验
> （2）蒸腾作用主要通过气孔进行
> （3）保卫细胞控制气孔的开闭，调节水分的蒸腾
> 3. 影响蒸腾作用的外界条件主要是什么？
> （1）光照（2）气温
> 4. 蒸腾作用对植物的生活有什么意义？
> （1）降低叶片温度，保护植物体
> （2）促进植物体内水分和无机盐向上运输

图 3-9   "叶的蒸腾作用"问题式板书

当然，在真实的生物学教学中，有时仅用一种类型的板书无法很好地体现主体，因此也可利用综合式板书，将几种基本的板书类型进行综合，将文字、图画、图表等融为和谐的整体。

所谓"板书无定法"，在实际应用中，教师对课程标准和教材的理解与处理会有差异，板书的设计也会有差异。教师在使用板书时不必拘泥于某种形式，可以根据需要使用其他形式的板书，力求创新，敢于改进，但无论哪种类型都应紧扣教学内容，适合于学生的学习。

第二节   板书技能行动训练

行动 1. 示范观摩：观摩示范视频，体会板书技能

对板书教学技能有了初步的感性认识之后，如何将这些理论知识体现在教学实践中呢？请观看并分析以下视频课例，判断教师运用的板书或板画类型，体会板书技能的运用方法、技巧及有关原则。

课例 301：分泌蛋白的合成和运输

教学课题	分泌蛋白的合成和运输（细胞器——系统内的分工合作）			
重点展示技能	板书技能	片长	11 分钟	上课教师	卢丹红
视频、PPT、教学设计二维码	V301—分泌蛋白的合成和运输			

续表

内容简介

　　本片段从细胞器的结构和功能入手，探究细胞器之间的协调配合。首先引导学生复习旧知识，结合教师语言讲解复习细胞器的主要结构与功能，温故知新引出新课。讲解新课时，通过任务驱动引导学生自主学习解决问题，然后重点结合板书、板画进一步讲解本节知识点，图文结合，最后归纳、小结本节知识，强调科学技术在生物学研究中的重要作用。

点评

　　1. 教师采用启发式谈话法、直观教学法——板书和板画，通过边讲边写或边讲边画、设疑解难、步步深入，启发学生由此及彼、由表及里地进行积极思维。同时能够起到集中学生注意力，促进学生对知识构建的作用。

　　2. 教师设计了图文式板书，板书内容选择精准、结构布局合理，有助于突出教学重点，突破教学难点。图文对应，在课内利于学生听课、记笔记，在课后利于学生复习巩固、进一步理解和记忆。

　　3. 教师的板书书写工整，笔画流畅，板画美观。艺术化的构图能引起学生积极的认知情绪和其他一系列积极的心理活动，激发学生的认知兴趣和智慧能力。

初看视频后，我的综合点评：

关于板书技能，我要做到的最主要两点是：

1.

2.

课例 302：细胞膜的功能

教学课题	细胞膜的功能（细胞膜——系统的边界）				
重点展示技能	板书技能	片长	10 分钟	上课教师	王钊
视频、PPT、教学设计二维码	V302—细胞膜的功能				

续表

内容简介

以学生已有的知识经验为基础，通过复习细胞膜的成分导入新课。讲授新课时，运用各种直观手段（演示实验、板画等）讲解细胞膜的功能，层层深入引导学生思考。最后引导学生归纳总结细胞膜的功能，认同细胞膜作为系统的边界及其对细胞作为生命系统的重要意义。

细胞膜的功能包括：①将细胞与外界环境分隔开；②控制物质进出；③进行细胞间的信息交流。

点评

1. 根据学生的学习经验，从复习"细胞膜的成分"导入细胞膜的功能，符合学生的认知发展。教师采用直观教学的手段将教学语言与板书、板画相结合，通过边讲、边写、边画步步深入引发学生思考，有助于学生集中注意力，激发其兴趣，促进学生对知识的构建。

2. 教师在本节教学中设计了提纲式板书与板画相结合的综合式板书，有层次、有条理地概括了本节知识要点，板书凸显了教学的重点和难点，以书面语言的形式简明扼要地再现事物的本质特征，深化教学内容的主要思想，有助于学生理解把握学习主要内容，明确细胞膜的功能。

3. 教师优秀的板书技能配合讲解技能、提问技能、演示技能和语言表达技能等多种教学技能，使整堂课生动而不枯燥，丰富而不单调，体现了教师较高的基本素养。

4. 教师将传统的板书与多媒体教学结合起来，合理利用，实现了优势互补，产生了"1+1＞2"的效果。既体现了多媒体图文并茂、活泼有趣的特点，又充分运用了板书、板画培养和训练学生的科学思维。

初看视频后，我的综合点评：

关于板书技能，我要做到的最主要两点是：

1.

2.

板书技能更多视频观摩见表 3-4。

表 3-4　板书技能视频观摩

视频编号	课题名称	点评
V303	物质跨膜运输的实例：渗透作用（杨诗颖）	通过板书、板画再现物理性渗透装置，运用问题引导学生主动建构知识。从扩散入手，分析渗透作用的实验现象，深入浅出地阐述了渗透作用的基本原理、条件。教师边讲边画、设疑解难、步步深入，启发学生由此及彼、由表及里地进行积极思考。教师板书工整，字体均匀。板书、板画设计精美，笔画精湛，字迹清晰，不拖泥带水。板书的内容科学、布局合理、造型直观、系统完整、严谨巧妙、图文并茂，富有启发性。

续表

视频编号	课题名称	点评
V304	细胞与内环境的物质交换（许毅真）	根据学生的学习经验，从复习"细胞外液的成分"导入细胞与内环境的物质交换。教师采用直观教学法将板书与教学语言相结合，边讲解边板书，充分调动学生的学习积极性，引导学生自主归纳细胞与内环境进行物质交换的过程。 教师在本节中设计了形成性板书，充分利用板画讲解本节课的主体知识。板画绘图清晰，颜色分明，重点突出。板书、板画书写规范，书写时机契合讲解内容，板书过程有条理，层次分明，符合学生认知规律。 教师语言科学严谨，声音洪亮，教态自然、大方，面带微笑，具有较好的教师基本素养。 教师以板书、板画为主开展教学，PPT 提供相关文字及图片信息，两者有机结合，相辅相成，有效达成教学目标。
V305	精子的形成过程（庄丽萍）	减数分裂是微观、动态、连续变化的过程，内容较抽象，减数分裂中染色体的行为复杂，除了具有有丝分裂中出现的染色体复制、染色体与染色质的周期性变化、姐妹染色单体分离等行为外，还出现了同源染色体联会、非姐妹染色单体交叉互换、同源染色体分离、非同源染色体的自由组合等特殊行为。教师利用以下策略实现难点突破： （1）自制教具演示配合精心设计的板书、板画，把学生的听觉刺激和视觉刺激巧妙结合，激发学生的学习兴趣。独特的单手画圆、标准化的演示教具、简洁的语言说明使教学风格精练、清晰，富有条理性。 （2）巧妙的设计染色单体和染色体教具，将模型教具、教师讲解、板书文字有机结合，使图像、语言、文字密切结合，发挥多种符号的作用，帮助学生理解，强化概念教学。 （3）自制教具演示减数分裂过程中染色体的行为变化，模拟同源染色体联会、非姐妹染色单体交叉互换等过程，化复杂为简单，化微观为宏观，化静态为动态，使生物现象直观化，实现教学难点的突破。

主题帮助一：优秀的板书共有的特征

观摩示范板书技能的视频时，可依据优秀板书的共有特征进行讨论和点评。

1. 目的明确、集中、合理

明确，是指板书中为什么服务、为谁服务、怎样服务等内容能具体明白、正确鲜明；集中，是指板书目的单一，"高度集中"地为一个教学目标服务；合理，是指板书目的定位合理、方向明确，符合教学总目标、总要求，不游离于整体教学之外，书之有理。以上是板书设计者始终要考虑的问题。

板书就其目的来说，应该包括以下两个方面：其一为学生学习服务，板书是学生学习的"导游图""行军图"，是学生学习的"钥匙""门窗"，应起助学、导读作用；其二为教师讲课服务，板书是教师授课的"微型教案"，是教师反映教材的"屏幕"，是联系师生感情的"纽带"，应起辅教、帮授的作用。

2. 板书正确、简洁大方、提纲挈领

教学板书不仅反映教学内容，更是教学内容的高度概括和浓缩。有的教师教学事无巨细，不分主次，整段照抄教材内容，迫使学生被动抄写，无法积极思考。这不仅没有必要，而且不利于学生思维发展。有经验的生物学教师常采用图文式或表格式板书，既提高了学生的学习效率，又利于课后的复习巩固。

板书的文字，教师要做到正确规范，不写错别字、繁体字，不随意简写生物学专业术语，不使用非标准计量单位，不使用不当符号，不使用已经废弃的生物学旧名称等；文字清楚、简洁，概括精练，不拖泥带水、不啰唆重复；书写端正、美观大方，不潦草，给人以美的感受。

3. 内容科学、完整、系统，富有启发性

科学是指板书表达的知识正确无误，揭示的内容客观，并且能深刻地体现施教者的思想情感。完整是指板书内容全面，体现内容的整体性，同时突出重点，做到整体性与重点性的统一。系统是指板书内容内部联系紧密、系统有序、条理分明、逻辑性强。板书内容的系统性对学生把握教材的整体结构、了解编者的编辑思路、培养系统整体思维有重要作用。

如图 3-10 所示，教师在比较人体衰老和细胞衰老的特征时，随意将"提高""降低""增大""减小"用"↑""↓"表示，甚至"体积"写成"V"。不规范的板书不利于学生对知识的掌握。因为学生往往会将板书记录下来，时间长了，学生也就不知道这些箭头和字母代表的含义了。

图 3-10　"人体衰老和细胞衰老特征比较"板书

板书还应追求启发学生思维发展，在内容的设计上可以进行一些特殊的安排。教师常根据知识本身的逻辑结构安排板书层次，有时也可以依据思维的过程进行特殊设计。例如，"植物对离子的选择吸收"板书（图 3-11），该板书从影响根吸收矿质离子的内部因素进行分析，进而得出在农业生产上的一些具体应用实践，符合思维的实际过程，有利于学生理解和掌握。

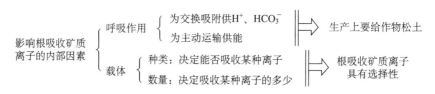

图 3-11 "植物对离子的选择吸收"板书

还可以依照知识的探索、获取的顺序设计板书。例如，"生长素的发现"板书（图 3-12），把一些"散乱"的知识串联成整体，使学生在了解生长素发现过程的同时掌握有关经典实验的原理和方法。

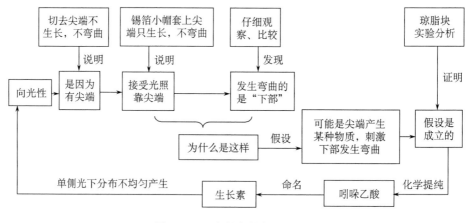

图 3-12 "生长素的发现"板书

4. 布局合理、造型直观、严谨巧妙、图文并茂

教学板书的合理布局是指对在黑板上要书写的文字、图表、线条做出严密周到的安排，既符合书写规范要求，格式行款讲究，又能充分利用黑板的有限空间，使整个板书紧凑、匀称、谐调、完整、美观、大方。合理的板书布局可以增加内容的条理性和清晰度，避免引起学生视力过早疲劳，获得良好的教学效果，也有助于培养学生的审美能力等。常见的教学板书布局有中心板、两分板、三分板等。据研究，人对处于不同位置内容的观察频率是不同的。对位于左上方的内容观察频率最高，其次是左下方，右下方最低。所以，如果教学板书不多，则应放在中间偏左的位置；如果教学板书较多，根据板书各部分的重要程度，依次适宜地安排在左上、左下、右上、右下的位置。但无论如何进行板书布局，都应力求主次分明。主体部分设置在黑板的中心，辅助板书可分布在黑板的两侧，如书写或勾画难以理解的字、词、术语、符号、简图等。

板书的造型是指板书形式的安排，是体现板书教学功能的主要手段。它要求板书图示的排列和组合在准确体现内容的前提下，力求直观、严谨、巧妙。教学板书造型应当依据生物学科特点、教学内容、教学情景、学生实际、教师个性而定。直观是指板书造型具体可感、形式可视，富有趣味性；严谨是指板书结构层次清楚、布局合理、构思严密，内在联系缜密而富有逻辑性；巧妙是指板书结构造型符合教学规律和教师风格，符合教学进程的安排。

生物学教学内容中有很多是生物的形态、结构知识，这些知识如果以简笔画的形式表现在黑板上，远比烦琐的语言或文字更能强化学生对知识的理解。

例如，有关植物气孔的结构、植物茎的结构、人体红细胞的形态等知识都可以充分利用图文并茂的方式表现成板书。即使是很多生理活动或生理功能方面的知识，有时也可以采用直观的方式加以表达。水螅的运动方式、变形虫吞噬细菌的过程、绿色开花植物的双受精过程等知识也可以依靠简笔画的表现方式呈现为板书。

5. 风格独立、认真、务实

板书是由内容到形式等特点的有机体现，即为板书的风格。板书是每位教师根据自己对教材的理解进行的创造，是个人教学个性魅力的独特折射，因人而异，不可能是一个模式，它是一个教师教学技能走向成熟的重要标志。教师的板书不要刻意模仿，要结合自身的兴趣爱好、个性特长及对教材的不同理解，设计出渗透自己审美情趣且独特、新颖的板书风格。总之，教师的板书应当体现多样性、创造性和个性。

板书是对教材的一种提炼，是课堂教学的重要手段。要求教师进行认真务实的设计和创作。板书书写不可"龙飞凤舞"，缺乏美观；板书活动不可随心所欲，没有计划；板书形式不可过于标新立异，缺乏实效；板书内容不可简单照抄、盲目搬用，没有设计；板书格式不可千篇一律，毫无个性。

行动 2. 编写教案：手把手学习教案编写，突出板书技能要点

板书技能贯穿教学全过程，适合与讲解技能、演示技能等结合在一起进行训练。根据板书技能的特点及要求，仿照板书技能的设计案例，选择中学生物学教学内容中的一个重要片段，完成板书技能训练教案的编写，尤其做好板书的设计。

课例 301："分泌蛋白的合成和运输"教案

姓名	卢丹红	重点展示技能类型	板书技能
片段题目	分泌蛋白的合成和运输		
学习目标	1. 简述分泌蛋白的合成和运输过程。 2. 通过分析细胞内细胞器分工协作过程，概述细胞是一个开放的生命系统。 3. 通过分析细胞内细胞器分工协作过程，认同结构与功能相适应的生命观念。		

教学过程

时间	教师行为	预设学生行为	教学技能要素
复习旧知识，引起注意（2分钟）	一、复习旧知识 　　细胞的结构和主要细胞器的功能。 细胞结构模式图 注：边板画边解说"细胞是一个基本的生命系统"。细胞作为一个基本的生命系统，以细胞膜为边界，以细胞质中分工合作的若干细胞器等共同实现系统功能，以细胞核为信息中心对其代谢和遗传进行控制。 复习提问： 　　1. 与细胞核相邻的由膜连接而成的网状结构是什么？它有什么功能？ 　　2. 附着于内质网上执行蛋白质合成功能的细胞器是什么？ 　　3. 对蛋白质进行加工、分类、包装的具有膜状结构的细胞器是什么？ 　　4. 作为生命系统——细胞的动力车间的细胞器是什么？		书写和绘画 　　在讲解的同时结合板书、板画绘制细胞器等细胞结构。 　　细胞作为一个基本的生命系统，其系统功能是通过各组分间相互协作实现的。通过板书、板画与教学语言配合，把学生的听觉刺激和视觉刺激巧妙结合，有助于集中学生注意力，领会知识之间的逻辑关系，激发学习兴趣。
主动探索获得知识（6分钟）	二、引导资料分析活动 　　分泌蛋白的合成和运输过程。 【质疑】核糖体、内质网、高尔基体都与蛋白质合成有关，它们之间有什么关系吗？科学家是怎样研究这个问题的呢？ 　　概念①：分泌蛋白是指在细胞内合成后，分泌到细胞外起作用的蛋白质，如消化酶、抗体、部分激素等。其中，常见的消化酶有胃蛋白酶和胰蛋白酶。	思考回答： 1. 内质网；蛋白质加工和脂质合成的车间。 2. 核糖体。 3. 高尔基体。 4. 线粒体。 　　以合作学习小组为单位阅读教材第48页的资料分析，并思考讨论资料提出的三个思考题。	

续表

时间	教师行为	预设学生行为	教学技能要素
	【资料分析】介绍科学家对"分泌蛋白合成和运输"的设想、采用的科学方法及实验研究全过程。 　1. 实验材料：豚鼠的胰腺腺泡细胞。 　2. 实验方法：同位素标记法。 　概念②：同位素标记法。用示踪元素（一种用于追踪物质运行和变化过程的同位素）标记的化合物，其化学性质不变，但具有放射性，然后对有关的一系列化学反应进行追踪的科学研究方法称为同位素标记法。 　本实验用 ^3H 标记亮氨酸，从而标记蛋白质。因为氨基酸是合成蛋白质的基本单位，标记亮氨酸就可以追踪到蛋白质合成和变化的过程。 　3. 实验过程： 　图 1：3 分钟　图 2：17 分钟　图 3：117 分钟 　注：红点表示被标记的蛋白质。 　（1）3 分钟时，被标记的蛋白质出现在哪里？ 　（2）17 分钟时，被标记的蛋白质主要出现在哪里？ 　（3）117 分钟时，被标记的蛋白质出现在哪里？ 【教师引导】引导学生根据实验现象概括出分泌蛋白合成、加工、运输的整个过程。 　首先，蛋白质是在内质网的核糖体上由氨基酸合成肽链。 　接着，肽链进入内质网后，还要经过一些加工，形成具有一定空间结构的蛋白质，即为未成熟蛋白质。 　然后，内质网出芽形成囊泡，囊泡包裹着蛋白质转移到高尔基体，与高尔基体膜融合，把蛋白质输送到高尔基体腔内进行再加工，形成成熟蛋白质。同样，高尔基体以出芽的形式形成囊泡，把蛋白质包裹在囊泡里，运输到细胞膜，囊泡与细胞膜融合，把蛋白质释放到细胞外，形成分泌蛋白。	学生认同科学发现的必要条件：科学技术的发展。 倾听，获取科学研究的过程和方法的程序性知识。 学生回答： （1）附着有核糖体的内质网中。 （2）高尔基体。 （3）靠近细胞膜内侧的运输蛋白质的囊泡中，以及释放到细胞外的分泌物中。 学生在教师的引导下，根据实验现象概括出分泌蛋白合成、加工、运输的整个过程。	书写和绘画 　板书设计的色彩搭配应合理，用红点代表被 ^3H 标记的带有亮氨酸的蛋白质，根据红点出现的位置不同，判断被标记的蛋白质出现的不同位置。 内容的编排 　呈现高度概括的条理化、结构化的知识内容，采用板画、教学语言讲解、文字书写有机结合来呈现分泌蛋白的合成、加工和运输路径图。 时间的掌握 　板书速度适中，与讲解分泌蛋白的合成和运输过程协调一致，做到边讲边写。

时间	教师行为	预设学生行为	教学技能要素
总结归纳 （1分钟）	在分泌蛋白的合成、加工和运输过程中，需要消耗能量。这些能量的供给来自线粒体。这就是分泌蛋白由合成到分泌至细胞外的整个过程。 注：边讲解边板书。 从中我们可以看出科学家能如此成功地揭晓分泌蛋白的合成和运输过程，不但需要他们的探索精神和理性思维，最主要的是科学技术的进步，同位素标记法在本实验中起到了关键的作用。 三、总结归纳 （引导学生总结） 小结：强调细胞作为基本的生命系统，正是通过细胞中各种结构的相互联系、在功能上的协调配合而形成的统一整体，进而完成各种生命活动。	形成科学研究的成功离不开探索精神、理性思维和科学技术相结合的观念。 认同细胞是一个基本的生命系统，其生命活动是通过细胞器之间的协调配合完成的。	板面布局 呈现主板书，以简洁、明快的文字和符号概括要点，便于学生理解记忆和复习。板书总体布局应合理，图文并茂。
板书设计	第 2 节　细胞器——系统内的分工合作 二、分泌蛋白的合成和运输 		

本片段内容是高中生物学"细胞器——系统内的分工合作"一节中的资料分析，该资料分析是本节的难点。教师从学生已学过的细胞结构和主要细胞器的功能入手，探究细胞器之间的协调配合。

本片段中，教师根据教材内容、学生特点及自身的教学风格，设计启发式谈话法、直观教学法——板书和板画，通过边讲边写或边讲边画、设疑解难、步步深入，启发学生由此及彼、由表及里地进行积极思维。同时能够起到集中注意，促进学生对知识建构的作用。该片段教学中，教师善于将课堂教学语言与板书、板画完美地融为一体，教学过程分为 3 个部分：①复习旧知识"细胞的结构和主要细胞器的功能"；②引导资料分析活动"分泌蛋白的合成和运输过程"，此部分是本片段的重点；③总结归纳，引导学生总结，认同细胞是一个基本的生命系统，其生命活动是通过细胞器之间的协调配合完成的。

主题帮助二：板书内容需要锤炼

板书是课堂教学内容的逻辑主线，是学生记学习笔记的主要依据。编写板书技能教案时应注意板书的应用，特别是在文字设计、符号线条规划、图形图表设计、协调色彩及巧设"布白"等方面应加以关注。

1. 锤炼语言文字

语言文字是板书的第一要素。文字包括汉字、数字及其他国家文字，是板书语言的主要内容，也是板书的工具、媒介，教材的内容、教师的意图都由此表达。因此，板书文字要做到正确规范，即不写错字、繁体字、异体字、被废的简化字，要做到端正清楚，不潦草难辨，不影响学生学习。叶圣陶曾说过："实用的写字，除了首先求其正确外，还须清楚匀整，放在眼前觉得舒服，至少也须不觉得难看。"这就要求板书文字漂亮优美，给人以艺术享受。生动的教学板书语言要求整齐、对称、流畅、富有乐感，表现语言的音乐美。锤炼语言时，可使用对偶、排比、押韵、比喻等修辞手法。

同时，教学板书的语言应做到：准确，语言能表情达意、没有语病；精练，板书语言要言而不繁，具有高度的概括性。在板书中为了追求简练，经常使用简称、缩略语等。

2. 借用符号、线条

文字也是符号，是完整而系统的符号。除文字之外，教学板书还可使用标点符号、数学运算符号、气象符号、速写符号、批改符号、箭头符号、外文字母、商标、代号、记号等。另外，教学板书也常运用线条与文字、符号、图形配合，借以表情达意、教书育人。线条有直线、曲线，有实线、虚线，有横线、竖线、斜线，有单线、复线等。在生物学教学中，常用的是直线式和曲线式板书，其中曲线可以为不规则曲线、波纹线、抛物线等，也可以为封闭式的曲线，如圆和椭圆等。

3. 创造图形，制作表格

科学实验证实：形象帮助记忆、直观加深印象，特别是生物学科的内在知识大多为抽象、潜在的。例如，对于刚接触生物学科的学生来说，细胞是抽象的物质。因此，在生物学课堂中，教师免不了要充分使用挂图、图片等。而在教学板书中则使用图形示意，化抽象为形象，以取得良好的教学效果。板书中常见的图形包括示意图、简笔画、板画、板贴等。有些学者把板画又划分为平面图、剖面图、解剖图、示意图、综合图等，这有一定的参考价值。板书图形应依据生物学科特点、教材特色、教学情景、学生实际、教师个性，做到直观、新颖、优美。直观是指板书造型具体可感、形式可视，富有趣味性；新颖是指板书造型新鲜别致、独特新奇，富有创造性；优美是指板书造型符合美学规律、审美原理，符合审美取向，富有强烈的艺术感。有的板书如表格式板书，还应借助表格。一般来说，表格可分为竖表与横表两种，其共同要求是概括精要明了、格式整齐端正、对比强烈鲜明，让人一目了然。

4. 协调色彩

板书应该突出重点、难点，一节课的教学重点和难点在板书上要一目了然。重点内容板书通常比较详细，字体工整且一般字号较大，有必要的话还可以用红色、黄色等彩色粉笔圈注。下课后学生只要看看黑板，这节课的重点、难点就"尽收眼底"。

心理学研究表明，色彩能引起知觉，唤起味觉，兴奋大脑皮层，促进自主神经活动，和谐心理发展。因此，在板书设计中，也应考虑色彩搭配是否合理，尽量做到恰当、蕴藉、和谐。恰当是指板书色彩搭配合理，有强调作用，白色外施加其他颜色可以突出重点、难点、疑点、要点、特点。蕴藉是指板书色彩含义深刻，富有象征意味，起表情达意作用。和谐是指板书色彩搭配谐调，有审美价值。色彩使用以白色为主，和谐配以其他颜色。研究表明，彩色可增强对人视觉的刺激，因而彩色粉笔在板书中能起到画龙点睛的作用，有利于突出重点，便于学生分清主次，加深印象。实践证明，在白色的基础上，巧妙、适当地配以红、绿、蓝、黄等不同颜色，可收到意想不到的艺术效果。

好的板书要同时满足语言文字规范、线条符号使用得当、充分使用图形表格，也要注意色彩的搭配及协调，可以说好的板书是一种艺术。由于生物学科的特点，生物教师应充分掌握好板书技能，使学生在学习到生物学知识的同时，还得到美的享受。

5. 巧设"布白"、促进思考

在板书中设置一些空白，适当地给学生留下自觉思维的空间和知识内化的机会，可使学生加深对知识的理解和掌握，从而促进学生积极思考。

（1）在重点难点、关键处设置空白。在课堂讲授中，对于知识的难点和重点，往往不直接灌输，而是精心设计教学方法，在已有知识的基础上，分层次、有梯度地向学生逐步讲解，同时配以相应的布白，教师加以引导，让学生思考、探索、归纳、总结，得出正确的结论。在重点和难点问题上，通过板书设计，布置恰当的布白以督促学生快速进入角色，定向适宜解惑，突破难点，强化重点，把握关键，从而掌握主要内容。

案例 3-4："自然选择"板书（方框内为布白内容，图 3-13）

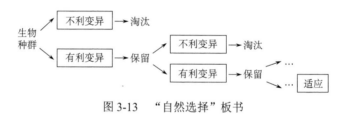

图 3-13 "自然选择"板书

（2）在比较处设置布白。比较法是生物学教学常用的一种方法，板书应深刻挖掘出生物学教材中的可比较因素，让学生分析、比较，形成系统的认识。

案例 3-5："基因的复制、转录和翻译"板书（比较内容为布白，表 3-5）

表 3-5 "基因的复制、转录和翻译"板书

项目	复制	转录	翻译
场所	细胞核内	细胞核内	核糖体
模板	DNA	解旋一条有意义 DNA 链	信使 RNA
原料	四种脱氧核苷酸	四种核糖核酸	氨基酸
产物	一分子 DNA 转变为两分子 DNA	mRNA、tRNA、rRNA	蛋白质

行动 3～5. 微格训练—录像回放—重复训练

本部分内容详见专题 1 第三节"微格教学的行动训练模式"中的行动 3～5。

主题帮助三：运用板书技能的基本原则

1. 计划性原则

要使板书艺术化，首先要做好周密计划，这是前提。备课时认真设计板书的内容，使其体现教材的重点、难点、精华及教学内容各部分之间的关系，通过板书就能让学生了解所学知识点的网络、结构。此外，板书的位置、顺序及美的造型也要周密考虑，即何时板书，板书什么，在何处板书，都应做到胸有成竹，这也是板书技能所具有的一个鲜明的特点。切忌无目的、无计划地乱写乱画。

2. 科学性原则

科学性是生物学教学板书设计的根本原则。只有符合科学性原则的板书，才能准确无误地传输生物学信息。生物学教学板书的科学性是以文字正确表达生物基本知识、基本概念、基本原理为基本内涵，是从教材中提炼出来的精华，要求脉络清晰，高度概括。这就必须对板书中的字、词、符号，甚至一个箭头都精心琢磨，反复推敲，认真筛选，确保准确、精练。只有结构严谨、内容科学的板书才能有利于学生形成科学的概念，培养其科学态度。

3. 简洁性原则

教学板书的语言应是经过精心提炼的语言，符号与图像也应是精当节省的；教学板书的语言应既概括精练，又准确适当，能够深刻地反映教学内容的本质。简洁的板书一方面可以培养学生简练的学习风格，另一方面也节约了时间，提高了教学效率。如果板书时不分主次，洋洋洒洒一黑板，那就影响了学生的思维，使之紊乱而无条理。

4. 教育示范性原则

教学板书具有很强的教育示范性特点，好的板书对学生是一种艺术熏陶，起到潜移默化的作用。教师在板书时的字形字迹、书写笔顺、推理步骤、解题方法、制图技巧、板书态度和习惯动作等，往往成为学生模仿的对象，给学生留下深刻的印象。

5. 条理性原则

板书设计要使各个知识点结构严谨，有主有次，一条红线贯穿始终。做到横成线，纵成片，横平竖直，泾渭分明。切忌横写竖写，似蚂蚁出洞；东写西画，像满天繁星，影响学生视觉。条理性还表现在编号准确、合理，常用的编号方式有："一、""（一）""1""（1）""①"。

6. 同步性原则

教师教学时讲解与板书、讲解与板画同步进行，边讲边写边画，这样能使整个课堂结构紧凑，而且能调动学生用多种器官参与教学过程，事半功倍。当然，有些教师喜欢上课前就把大部分的板书写好，这未尝不可。成型的板书对学生来说也有帮助，能够让学生立刻了解这堂课需要学习的内容，讲到具体问题时再配以详细的板书或图解。应视教师个性、习惯和教学内容而定，不可千篇一律。

行动 6. 评价反思: 行动过程的监控与评价

在各行动过程中, 涉及多次的评价和反思, 板书技能评价和反思的项目如表 3-6 所示。小组可以参考以下评价项目, 在各行动环节中对学员进行评价, 学员也可根据表 3-6 进行自我评价和反思。

表 3-6 板书技能评价记录表

课题: 执教:

评价项目	好	中	差	权重
1. 板书设计与教学内容紧密联系, 有效为教学目的服务	□	□	□	0.15
2. 板书结构布局合理, 清晰简洁	□	□	□	0.10
3. 板书能抓住重点, 突出难点, 富有概括力	□	□	□	0.15
4. 板书大小适当, 便于观看	□	□	□	0.10
5. 板书和板画时机适当、速度适宜, 配合讲解	□	□	□	0.15
6. 板画比例适合, 美观, 能激发学生的思维和兴趣	□	□	□	0.15
7. 文字书写规范	□	□	□	0.10
8. 应用了强化手段, 突出重点(如彩笔、加强符号等)	□	□	□	0.10

对整段微格教学的评价:

思考与练习

1. 什么是板书技能?

2. 板书技能有什么特点?

3. 常见的板书设计类型有哪些?

4. 应用板书技能时应注意哪些原则?

5. 如何提高板书技能应用技巧?

6. 选择本专题提供的一个片段, 仿照课例的教学设计和教学视频, 在充分备课的基础上独立设计教案, 尝试进行微格教学实践, 重点实践板书技能。

专题4 提问是一种教学方法，更是一门艺术——提问技能

【学与教的目标】

识记：提问技能的来源、含义；提问技能的作用及当前生物学课堂提问存在的常见问题。

理解：提问技能的构成要素；课堂提问的过程。

应用：结合中学生物学课堂教学的特点，掌握并灵活应用回忆型提问、理解型提问、运用型提问、分析与综合型提问、评价型提问五种常见的设计方法编写提问技能教案；提问技能的片段教学试讲练习等。

分析：运用提问技能的方法与技巧；运用提问技能的要求和注意事项。

评价：评价提问技能教案编写质量，评价提问技能试讲练习的效果，并提出建设性意见。

第一节 提问技能基础知识学习

一、你了解提问技能吗

提问技能是指教师在教学过程中，根据一定的教学需要，针对具体教学的内容，以提出问题的形式，设置特定的教学情境，启发学生思考、回答。通过师生之间的交流，起到检查学习、促进思维、巩固知识、修正错误、运用知识、促进学生学习的作用。课堂提问是一种教学方法，更是一门艺术。提问技能适用于课堂教学的各个环节，在导入、讲授、实验、练习及结束时都可以运用。提问不仅是为了得到一个正确的答案，更重要的是让学生掌握已学过的知识，并利用知识解决问题，或使教学向更深层次发展。

1. 提问技能的来源

提问是一项具有悠久历史的教学技能，其渊源可追溯到我国古代教育家孔子。孔子常用富有启发性的提问进行教学。他认为教学应"循循善诱"，运用"叩其两端"的追问方法，做到"不愤不启，不悱不发"，引导学生从事物的正反两方面去思考、探求知识。同样，苏格拉底通过不断地提问，让学生回答，从中找出学生回答的缺陷，使其意识到自己结论的荒谬，通过反思，学生最终得出正确的结论。整个过程仿佛产婆帮助孕妇生产下婴儿一样，故又称"精神产婆术"的教学方法。

法国教育家卢梭对提问教学作了如下阐述："你提出他能理解的问题，让他们自己去解答。要做到：他们知道的东西，不是由于你的告诉而是由于他自己的理解。"苏联教育家赞可夫曾经说过："在教育教学中要教会学生思考，这对学生来说，是一生中最有价值的本钱。"美国教育学家杜威认为，人类在日常生活中，若遇到困难或问题时，便开始运用自己的思想，设法解决这些困难或问题，这就是思想的起点。也就是说，问题是思维活动的起点，也是探求真理、创造发明的起点。在课堂教学中设计一个巧妙的提问，通常可以一下子打开学生思

维的"闸门"，使他们思潮翻滚，奔腾向前，起到"一石激起千层浪"的效果。

教师以提问的手段教书育人，是教学的重要手段和教学活动的有机组成部分。美国教学法专家卡尔汉认为："提问是教师促进学生思维、评价教学效果以及推动学生实现预期目标的基本控制手段。"可以肯定地说，教师都把提问当作教学环节中的重要部分。

2. 提问技能的作用

1）集中注意，激发兴趣

教师提问，实际上是给学生一个刺激，往往会使学生的注意力处于高度集中的状态，思维处于异常活跃，甚至亢奋的状态，学生愿意调动所有的脑细胞来找到问题的答案。如果教师能提出一个具有启发性或一定趣味性的问题，就能够引发学生的好奇心，激发学生学习和思考的兴趣，唤醒学生的心智，或独立思考，或相互讨论。

2）启发思维，调控课堂

问题往往具有启发性，启发性的提问无疑对学生思维能力的提高具有非常重要的作用，能让学生在获得知识的同时，不断地开发和培养自我的思维意识，提高思维的广阔性、深刻性、独立性、批判性、灵活性、逻辑性和概括性等品质。在课堂教学中，应该适时地提问，可以是教师提问，也可以是学生提问。学生提出一个问题比解决一个问题更为重要，提出问题是站在一个新的角度，从新的角度去看旧的问题，更富有想象力、创造力。

教师的提问还可以起到课堂调控的作用，当学生思维出现偏差、错误或课堂出现冷场、沉闷的时候，教师就要善于提出调控性的问题，及时引导学生的思维和行动的转移，促使学生紧跟教学进度，保证教学活动的顺利进行。

3）沟通情感，获取反馈

生物学课堂的教学活动是师生之间的双边活动。它不仅仅是教师在讲台上讲解和演示的过程，更重要的是学生的积极参与和师生之间的互动，因此师生之间的交流就极为重要，提问正是有效解决师生交流的重要方式之一。通过提问可以促进师生之间、学生之间的互动。同时，教师对学生回答做出的回应，如肯定、表扬、鼓励等更是架起沟通思维和情感的桥梁。这些情感交流又促进了学生积极参与学习，让学生能充分展示自己的思维品质、知识、才华。学生所表现出来的积极性和创造性反过来也有利于教师的教，达到教学相长的目的。

教师恰当的提问还可以及时检查教学成效，获得积极的教学反馈，及时了解学生掌握知识的情况，据此对教学进程做出相应调整，提高教学的针对性。

4）复习巩固，以旧带新

根据艾宾浩斯的遗忘曲线，应该在尚未急速遗忘时及时给予强刺激，以提高保持率，减少遗忘。因此，及时地、经常性地提问，不仅能锻炼学生的语言表达能力，而且可以帮助学生采取合理的记忆方法，强化刺激，达到巩固知识的目的。生物学科的知识存在密切联系，教师通过适当提问，对学生已掌握的知识进行纵横分析，抓住新旧知识之间的内在联系，引导学生运用知识的迁移，使提问成为通向新知识的大门。通过提问，配合教师的点拨、讲解、归纳和小结，把新知识纳入学生原有的认知结构之中。

二、提问技能的构成要素

教师有效的提问一般包括以下几个构成要素。

1. 提问框架

一个完整的提问应该有其完整的系统结构，而不是一个孤零零的问题，更不是几个毫无关联、毫无意义的问题堆砌。这就要求教师在课前充分地熟悉、研究教材内容和学生的认知实际，统观全局，确定教学活动中的核心问题，把握知识的重难点，以系列化问题的方式构成一个连续的教学讨论的框架。系列问题的编排顺序、逻辑结构、递进关系、终极目标，以及问题与教学目标之间的内在联系等就构成了问题的系统结构。为形成这一系统结构，教师必须提供一些教学信息，如资料、图片、实验方法，并有效地使用板书和图示，刺激学生对问题做出适当的反应，形成系统的、全面的认识。同时，还要注意在系统结构中形成问题情境，让学生在良好的智力背景中开展有效的思维活动。只有建立提问的系统结构，教师才能在课堂教学活动过程中统领全局。

2. 语言措辞

有了提问的整体结构之后，教师要用语言把问题表述出来。于是，提问的措辞便构成了提问技能的第二要素。教师要注意问题的语言组织，恰当的措辞才能达成预期的教学效果。首先，要指明提问的前提和思考方向，指导学生在教师设置的问题框架中思考讨论。其次，要符合学生的年龄特征和大多数学生的能力水平，使多数学生能参与回答。尤其对低年级学生最好采用学生的语言来提问，问题的语句要简明易懂，过于冗长而凌乱的语言使学生不能明确问题的任务，容易造成学生回答的负担。最后，要注意问题的明确性，问题措辞的字面意义应与要表达的意义一致，不能使学生对问题的理解有多种可能，不能含糊不清。总之，不要使学生产生误解，如果学生不能明确问题的含义究竟是什么，就难以给予准确回答。

3. 分配和指导

为了调动每一个学生参与教学活动的积极性，教师对于提问必须要有计划、有目的地进行适当地分配和指导。根据对问题的理解程度和回答的积极性，可将课堂中的学生分为四类：理解能力强，能积极回答；理解能力强，被动回答；理解能力弱，被动回答；理解能力弱，积极回答。教师可应用提问的分配和指导分别引导这四类学生。

1）分配

让理解能力强、能积极回答的学生起到带头作用。让学习相对有困难的但愿意积极回答的学生先回答比较简单的问题，并在提问过程中不断地给予鼓励和帮助。例如，可以说，"某某同学对如何回答这个问题还是清楚的，如果不紧张的话，他会回答得更好"。在以后的课上，教师应给予他回答正确的机会，调动他的学习积极性。

2）指导

指导主要是对被动回答学生的指导。在进行课堂提问时，总有一些学生不愿参加讨论，这时教师可以提出一些没有威胁的问题，引导他们参加活动。如果他们做出了回答，则应给予表扬和鼓励，并且把他们的答案引入讨论之中，使他们看到自己的价值。如果他们不能回答，也应给予鼓励和提示，或者将问题更改一下再让其他学生回答，以不损伤他们的自尊心。教师对提问的指导还表现在对学生回答的控制。例如，提问时把目光停留在不愿参加交流的学生身上，即有所指向地望着某个学生，促使他思考，但不一定要他回答。教师不要轻易接受和鼓励学生七嘴八舌喊出来的答案，以免使提问和教学都无法控制，造成教师不能发挥主导作用。

4. 停顿和语速

教师在进行提问时，还应有必要的停顿。适当的停顿，可以使学生有足够的思考时间，让学生做好接受问题和回答问题的思想准备，提高回答的正确率，增强学习的自信心和积极性。因而，发问后要给全体学生思考的时间，尽量使每一个学生都做好接受问题和回答问题的思想准备，切忌匆匆指定学生。

停顿对于师生都有一定的意义。对教师而言，提出问题后可以环顾全班，观察学生对提问的反应，这些反应一般都是非语言的身体动作或情绪的反应，教师可以从他们举手的动作、面部表情、眼神的变化来获取提问后的初步反馈信息，并迅速分析、判断，决定下一步行动，如请哪位同学回答较为适宜；停顿对学生也提供了一定的信息，停顿时间长短表明了问题的难易程度，停顿期间也就是让学生思考和组织答案的时间。这段时间内教师应保持沉默，不要干扰学生的思维，更不要催促和解释。如果忽略了必要的停顿，匆匆叫起学生，学生会因考虑不周，措手不及而回答不出或回答不完全，不仅耽误时间，还会挫伤学生的积极性。

提问的语速应该由提问的类型决定。一般来说，低级认知提问的语速可以快些，高级认知提问的语速缓慢些，而且重点的词语还需重复、强调，使学生对问题有清晰的印象。如果以较快的节奏提出比较复杂的问题，学生很可能听不清题意，造成思维混乱或沉默。

5. 反应与探询

在学生对问题做出回答之后，教师应该立即做出准确而迅速的判断，这对于激发学生学习积极性是十分重要的。正确的答案，教师应给予肯定或鼓励，并适当重复答案要点；错误的答案，应给予明确地纠正，或在有必要时，请另一名学生进行补充，有时需要进一步提出相关的较高层次的问题，使学生掌握的知识更深刻。教师还可以分析学生回答问题的思路和正确程度，分析个别学生的回答与其他学生的补充有什么关系，与其他学生的理解有什么不同或联系等。

探询是引导学生更深入地考虑他们最初的答案，更清楚地表达自己的思想，其目的是发展学生的评论、判断和交流的能力。在探询过程中，教师要注意这几个问题：对于因思考不深入、视野狭窄、概念错误或不完全而导致的错误应答，通过探询使其明确哪里错了以及为什么错了，从而改善应答；引导学生从不同的角度或从多方面考虑问题，通过左思右想把应答与已学知识联系起来，使问题重点突出；引导学生明确应答的根据，通过再思考修正答案；引导学生根据他人的回答谈自己的想法，说明他的思考与他人想法的异同，对他人的应答进行修正和补充。

三、课堂提问的过程

提问看似简单常用，但细分其过程，可发现提问过程分为以下几个阶段。

1. 引入阶段

先创设问题的情境，在即将提问时，教师用不同的语言或方式表达这一问题，让学生对提问做好心理上的准备，形成精神上的紧张，并迅速地集中思维，做好将注意力集中到教师将要提问的问题上的准备。因此，提问前要有一个明显的界限标志，提示学生将由语言讲解或讨论等转入提问。例如，"同学们，下面让我们共同考虑这样一个问题……""好，通过上面的分析请大家考虑一个问题……"等。

2. 陈述阶段

在引起学生对提问注意之后，教师需对所提问题做必要的说明，引导学生弄清问题的主题，或使学生能承上启下地把新旧知识联系起来。例如，"你们还记得我们已学过……的知识吗？""请利用……原理来说明……。"此外，在陈述问题时，教师应清晰准确地把问题表述出来。在提示方面，教师可预先提醒学生有关答案的组织结构，如提示以时间、空间、过程顺序等作为回答的依据："请注意，在回答这个问题时应注意以下几点……""对于这个问题的叙述要注意发生顺序"等。

3. 介入阶段

在学生无法自己作答或回答不完全时，教师可以帮助或引导学生回答问题。首先了解学生是否听清题目，必要时重复所提问题。然后考查学生是否明白问题的含义，学生对题意不理解时，可用不同词句重述问题。当学生还不能够很好地正确回答，教师就应该逐步地将问题分解成为几个小而逐渐深入的问题，对不明确的问题加上限制性条件，使答案控制在某一范围内，引导学生做出正确的反应，最终得出所要的结论。只要学生还有继续回答的意愿，教师就不可以由于时间来不及或者其他原因随意终止学生的回答，这会影响学生参与教学互动的积极性。

4. 评价阶段

在学生做出回答后，教师应该迅速做出分析判断，并表现出应有的反应：表扬、鼓励抑或批评等。然后以不同的方式来处理学生的回答，可有以下几种：当学生回答正确，教师可以重复学生的答案或以不同的词句重述学生的答案并表示肯定；根据学生回答中的不足，追问其中要点，引导学生对原有答案进行补充与完善；纠正错误的回答，给出正确的答案；依据学生的答案，引导学生思考另一个新的问题或更深入的问题；就学生的答案加入新的材料或见解，扩大学习成果或展开新的问题；检查其他学生是否理解某学生的答案或反应，促进课堂的交流。

学生回答问题后，会非常在意教师的评价。因此，要调动学生学习的积极性、主动性，教师尽量用发展的眼光看待学生，善于发现学生自身的闪光点，在精神上以鼓励为主进行评价。但对于一些明显的知识性错误，应当明确指出，不要牵强或因为要鼓励而不予以重视。

四、提问技能的类型及案例分析

在生物学课堂教学中，需要学生学习的知识是多种多样的，有事实、现象、过程、原理、概念、法则等。这些知识有的需要记忆，有的需要理解，有的又需要分析和综合运用。按照布鲁姆教育目标分类（认知领域）的相关理论，结合学生思维活动的认知目标及中学生物学课程标准中对"学生学习分类水平"的界定，可将提问技能分为以下几种。

1. 回忆型

回忆型问题要求学生对已学的知识进行再现或确认，通过回忆事实、概念、形态、结构功能等内容，对相关联的新旧知识进行衔接、比较和互补，以达到对新授知识的巩固掌握。回忆型提问往往应用在课堂的导言部分或复习课中，起到承上启下的作用。

案例4-1："通过神经系统调节"一节课中的教学片段

根据初中所学过的有关知识与"通过神经系统调节"相关知识的内在联系进行层层设问以旧驭新，循序渐入，可设计如下问题：

（1）神经系统的组成成分有哪些？

（2）神经元的结构有哪些？

（3）神经调节的基本方式是什么？

（4）完成反射的结构基础是什么？

回忆型的提问通常是根据记忆来回答的，仅要求学生回答是与否，或对事实及其他事项做回忆性的重述，所回答的内容一般跟教材的内容相差不大。这种问题限制了学生的思考，没有提供机会让他们表达自己的思想。但这类提问可使学生回忆学过的概念、规律等知识，为新知识的学习提供材料，还可以考查学生对一些简单的陈述性知识的掌握情况。

温馨提示

记忆水平的提问一般多考查学生对相关生物学知识的记忆，教师发问的用词一般为"是什么""哪个部位""什么时间"等。在课堂上不应该过多地把提问局限在这一等级上，但是并不意味回忆型提问不能用。

---

2. 理解型

理解型提问即要求学生对已知信息进行内化处理之后，再运用自己的语言进行表述。学生回答这些问题，必须对已学过的知识进行回忆、解释或重新组合，而不是简单地复述，因而是较高级的提问。理解型提问多用于对新学知识与技能的检查，了解学生是否理解了教学内容，而且还能训练他们语言的表达能力，便于教师做出形成性评价。

案例4-2："光与光合作用"一节课中的教学片段

学习光合作用基本知识后，为了测试学生的理解程度，可提出以下问题：

（1）请叙述光合作用的过程。

（2）请说说光合作用的实质。

（3）请比较光反应和暗反应有什么不同。

一般来说，理解型提问包括3种情况：第一种为一般理解型提问，要求学生用自己的话对事实、事件等进行描述，如问题（1）；第二种为深入理解型提问，要求学生用自己的话概括原理、法则等，以了解学生是否抓住了问题的实质，如问题（2）；第三种为对比理解型提问，要求学生对现象、过程等进行对比，区别其本质的不同，达到更深入的理解，如问题（3）。

温馨提示

　　理解型提问要求学生能够用自己的语言表述所学的知识，能比较所学同类知识的异同，能把一些知识从一种形式转变为另一种形式。教师发问词一般多用"叙述""阐述""比较"对照"等。

3. 运用型

　　运用型提问是考查学生对生物学概念、原理、法则及生物学实验设计方法的运用能力。它要求学生能够分析已知信息，并结合已内化的知识，通过加工整理解决实际问题。运用型提问能提高学生分析问题、解决问题的能力，属于高阶认知提问。运用型提问能使学生对知识透彻理解和系统掌握。教师可通过创设一些与生产生活实践相关的问题情境，让学生用所学知识，对现实生活中的现象或争议提出自己的见解，培养学生的科学思维和分析解决实际问题的能力。

案例 4-3："呼吸作用与光合作用"一节练习课中的教学片段

　　可安排学生根据所学的关于呼吸作用与光合作用的相关知识，从提高作物产量、采取适当储存方法的角度讨论经济大棚蔬菜的生产、运输、销售过程的经济最大化。例如，引导学生思考"中耕松土可促使根呼吸作用增强，有机物分解增多，这会不会造成作物减产？你能够应用光合作用、呼吸作用原理，解释新疆的哈密瓜甜又大的原因吗？根据这个事例你能否提出一些提高作物产量的方法？"

温馨提示

　　在运用型提问中，要求学生能够把所学的生物学知识用于生产和生活实际，解决实际问题或模拟问题。教师发问词一般用"应用……""举例说明……"等。

4. 分析与综合型

　　分析与综合是一个事物的两个侧面，从教学目标分类的角度来看，属于同一分类水平，但又有各自的特点。

1）分析型

　　分析是把一个对象或现象分解为各个部分或各个方面，找出其间的相互关系的思维过程。分析型提问要求学生识别条件和原因，或者找出条件之间的因果关系。由于分析型提问属于高阶认知提问，它一般不具有现成的答案，所以学生仅仅靠阅读教材或记住教师所提供的材料是难以回答的。这就要求学生组织自己的思想，寻找证据，进行解释或鉴别。

案例 4-4："植物体的结构层次"一节课中的教学片段

在学生理解了植物的根和茎的概念后，教师提问学生："你能不能说一说土豆为什么是地下茎而不是根？白薯为什么是贮藏根，而不是地下茎？"学生需分析地下茎与根的区别，并找出土豆与地下茎的关系、白薯与根的关系，才能回答好这个问题。

对于分析型问题，尤其是年龄较小的学生，他们的回答往往是简短的、不完整、不全面的，需要教师给予指导、提示和帮助。在提出分析型问题之前，教师应先用一连串简单的问题予以铺垫，在提出问题后，要予以鼓励，根据需要给予必要的提示和探询。最后，教师还应根据学生的回答进行分析、总结，使全体学生留下完整的学习印象，逐步学会分析问题的方法。

> **温馨提示**
>
> 在分析型提问中，教师通常用"为什么……""如何证明……""……是什么原因"等关键词来发问。

2）综合型

综合型提问要求学生在头脑中把事物的各个部分、各个方面、各个特征结合起来思考并做出回答。这类问题能激发学生的创造性思维，培养学生的想象力和创造力，问题的答案是多元的。对综合型提问的回答，是学生以自己的知识经验、智慧技能为基础，迅速地检索与问题有关的知识，对这些知识进行分析综合，得出新的结论。这有利于能力的培养，更体现个人认知策略的风格。

综合型提问一般又分为分析综合与推理想象。

分析综合是要求学生对已经得到证明的结果进行分析，从分析中得出总体的解决方案。

案例 4-5："爱护植被，绿化祖国"一节课中的教学片段

"森林对人类有什么意义？""破坏森林会造成什么后果？"要求学生结合前面两章的知识，分析树木的光合作用能给人类提供氧气，保持大气中二氧化碳含量的平衡，根对于土壤有保持水土的作用，森林与人类生活的关系等，从而预见到破坏森林可能给人类带来的恶果。

推理想象是要求学生根据已有的事实推理，想象可能的结论，也就是由已知推未知。

案例 4-6："物质跨膜运输的实例——渗透作用"一节课中的教学片段

教师引导学生阅读教材中"问题探讨"，并思考：

（1）"渗透装置经过一段时间之后漏斗内的液面的变化？"（液面上升）。

（2）"漏斗内的液面为什么会发生这样的变化？"（烧杯中的清水进入漏斗内）。

（3）"漏斗内的蔗糖溶液中含有水分子也可自由通过半透膜，为什么漏斗的液面还会上升？"（进入漏斗的水分子更多，从漏斗中出来的水分子更少）。

（4）以生活中的扩散实例引导学生思考："为什么进入漏斗的水分子更多？"最终得出渗透作用的概念。

随着这些综合型问题的解决，学生分析问题、解决问题的能力得以提高，同时这些既有科学性又有趣味性的提问能深深地吸引学生，激发他们学习的兴趣，引起他们求知的欲望，促进课堂教学活动的顺利进行。

温馨提示

> 在综合型提问中，提问表达形式一般用"根据……你能想出问题的解决方法吗？""为了……我们应该……？""如果……会出现什么结果？"等总结、预见的口吻来发问。

5. 评价型

评价型提问要求学生运用准则和标准对观念、作品、方法、资料等做出价值判断，或者进行比较和选择。对于这一类提问，学生需要通过认知结构中对各类模式的分析、对照和比较进行评价判断或选择判断，才能进行作答。它需要学生运用所学的内容，综合自己已有的认知和经验，融进自己的价值判断，进行独立的思考才能回答。

案例 4-7："基因对性状的控制"一节课中的教学片段

教师提问："DNA 仅在细胞核中复制吗？""细胞质 DNA 能否如核 DNA 那样复制呢？""核 DNA 可与蛋白质结合形成染色体，细胞质 DNA 可以吗？"这些评价型问题能使学生认清事物间的区别和联系，达到加深理解和掌握知识的效果。

回答这类问题须先设定标准和价值观念，以揭示事物或现象的共性和个性，并据此对事物进行评价或选择，有利于学生通过回答认识它们各自的特征，找出彼此间的细微变化、区别和联系，加深对知识的理解和记忆。

温馨提示

> 评价型提问需要学生运用智慧技能和认知策略才能回答，通常在讲解、演示和小结时进行评价型提问。通常用"判断""评价""你对……有什么看法"等关键词来发问。

第二节　提问技能行动训练

行动 1. 示范观摩：观摩示范视频，体会提问技能

在理论上对提问技能有了初步的感知后，如何将这些教学理论应用到教学实践中呢？请观看并分析以下视频课例，体会提问技能的运用方法与技巧、要求及注意事项。

课例 401：传染病

教学课题	传染病			
重点展示技能	提问技能	片长	11 分钟	上课教师	唐梦娇[①]
视频、PPT、教学设计二维码	V401—传染病			

内容简介

该内容主要介绍传染病的概念。先通过了解传染病的传播过程，知道传染病的传播需要病原体、传染源、传播途径、易感人群四个条件，再比较得出传染病具有传染性、流行性、免疫性三个特点，从而自下而上建立传染病的概念。

教学过程

1. 复习旧知，引入概念

从上节课所学的流感导入，流感会在人群中传播是一种传染病，提问问题：传染病的传播过程是怎样的？传染病有哪些特点？

2. 创设情境，形成概念

启发回忆，提问学生：你们知道的传染病有哪些？然后以流感为例，创设情境：班里一位同学得了流感，并把流感传染给了同桌。通过提问是什么使该同学得了传染病，引出病原体的概念；通过提问病原体是如何从传染源传到另一位同学的，得出传播途径的概念；再通过提问为什么有些同学被传染了但是有些同学没有被传染，引出易感人群的概念。之后，教师总结传染病的传播过程，总结得出传染病的概念。

3. 深入学习，完善概念

提问学生癌症是否是传染病？如何区分传染病和非传染病？和学生一同归纳总结得出传染病的几个特点，深入巩固对传染病概念的认识。

点评

1. 本节课开头，教师利用提问设疑导课，让学生带着本节课的核心问题进入课堂，激发学生的学习兴趣，提高注意力；课中利用问题串的形式，引导学生理解传染病的传播过程，自下而上建立传染病的概念；最后利用提问引导学生深入思考传染病的特点，培养学生的科学思维和科学探究核心素养。

2. 在问题的设计上，问题有启发性、针对性。所提问题对授课学生而言难度适中。能联系情境或学生生活经验进行提问，启发学生思考。同时，问题紧紧围绕教学重点和难点内容，针对本节课的重点和难点内容进行提问，有针对性。

3. 有效地利用了分割式的提问方式。将传染病的传播过程这个大问题分割成若干小问题，化整为零，各个击破。

初看视频后，我的综合点评：

关于提问技能，我要做到的最主要两点是：

1.

2.

---

①浙江师范大学 2015 级本科生

课例402：噬菌体侵染细菌的实验结果分析

教学课题	噬菌体侵染细菌的实验结果分析（DNA 是主要的遗传物质）			
重点展示技能	提问技能	片长	11 分钟	上课教师 曾薇
视频、PPT、教学设计二维码	V402—噬菌体侵染细菌的实验结果分析			

内容简介

该内容主要介绍赫尔希和蔡斯噬菌体侵染细菌的实验过程，引导学生体验科学分析实验结果，从中进行科学推理能力训练，在获得科学知识的同时，体验科学发现必备的科学精神和科学态度。

教学过程

1. 设计问题

以分析"噬菌体侵染细菌实验"的结果，得出结论的推理过程为内在逻辑线索，设计层层递进的问题串，引发学生思考，从中进行科学推理能力训练，在获得科学知识的同时，体验科学发现的过程、方法和必备的科学精神及科学态度。

2. 提示与变换

启发回忆，回答问题：①作为遗传物质应具有的特点有哪些？②该实验分别用什么元素标记 DNA 和蛋白质？为什么？教师通过提问创设本节内容的背景知识，帮助学生突破思维障碍，导入新课教学。

3. 课堂提问

引导学生阅读，回答问题：③两组实验离心物的放射性检测结果如何？针对实验结果是否呈现代际的连续性、是否呈现指导蛋白质的合成，引导学生分析问题；④两组检测结果分别说明了什么？

4. 总结提升

综合两组放射性同位素示踪实验结果，引导学生思考回答问题：⑤分析该实验结果可得出什么结论？归纳得出结论，DNA 是遗传物质。

点评

1. 教师通过讲述科学发现过程中技术的运用及科学家的科学精神和态度，使学生认同科学精神、科学技术在科学发现过程中的动力作用。

2. 领会该实验中的实验设计方法，包括变量的控制，实验原理、方法、步骤，以及对实验结果的分析和讨论等。

3. 教师注意到提问技能构成要素中的提问框架。设计的问题串具有系统性和完整性，描述问题的语言简明易懂，层层递进且富有逻辑，步步深入具有引导性。

4. 教师提出的问题具有一定的深度，问题串围绕教学目标展开，需要学生深入思考和分析，易于培养学生的生物学科学思维和科学探究核心素养。

5. 教师在具体的教学实践中还应加强语言的流畅性，提出问题后若适当地进行追问和总结强化，教学效果将会有进一步的提升。

初看视频后，我的综合点评：

关于提问技能，我要做到的最主要两点是：

1.

2.

提问技能更多视频观摩见表 4-1。

表 4-1 提问技能视频观摩

视频编号	课题名称	点评
V403	达尔文的向光性实验（刘思言）	内容主要介绍达尔文向光性的探究历程。教师通过具有逻辑的问题串，引导学生体验科学家探究的过程和科学知识形成的过程，领悟科学家是怎样发现问题、寻找证据、在严密推理的基础上做出正确判断的，从而提高学生的生物学核心素养。 以科学实验探究的步骤组织讲解顺序，根据学生的认知规律和已有的知识，设计层层递进的问题串，补充关于胚芽鞘尖端的结构等知识，启发学生步步解答所设计的问题，构建知识框架的同时培养了学生的分析能力。 教师注意到编写提问技能教案应注意的几个方面。例如，先问后提；在重点、难点处提问；创设良好的提问环境。所设计的问题具有条理性、启发性、准确性、有效性、新颖性等。
V404	细胞核的功能（张淑铭）	"细胞核的功能"属于高中生物学必修一教材内容，是在学习过细胞核及细胞器结构之后，对细胞核功能的进一步讲解。该片段既是知识的教学，又是一次科学思维及科学探究的素养培养。通过引导学生分析资料中的实验过程，培养学生设计实验、分析结论的科学探究能力，训练学生归纳与概括的科学思维，并为后面学习遗传学知识打下基础。 教师以"展示教材资料—指导分析—综合概括"为内在教学线索，教学内容围绕"细胞核功能的实验探究"主题，使学生获得科学探究的一般步骤设计及分析归纳实验结论的训练。 该片段以教材的四则材料为教学情境，两两组合分别设置问题串，激发学生自主分析资料，引导学生综合概括实验结论。教师能应用各种教学语言与学生交流，并适时介入给予学生一定的指导，控制教学进程，获得学生反馈，实现有效教学。 教师普通话标准，语调自然，富有亲和力。教态自然大方，手势指示到位。教学语言科学严谨，简洁明了，使学生易于理解。
V405	伴性遗传（刘怡娴[①]）	"伴性遗传"内容选自浙江科学技术出版社出版的高中生物学必修二《遗传与进化》第二章第三节"性染色体与伴性遗传"。它是基因分离定律和自由组合定律在性染色体上的应用、拓展与深化。 在本片段教学中，教师运用提问技能，创设解决皇室"血友病"的问题探究情境，以任务驱动的形式开始本节课的"闯关"学习，迅速吸引了学生注意力，激发了学生的学习兴趣。 十分钟左右的时间内，教师用富有感染力的语言，以问题串的形式，通过"血友病遗传系谱图有怎样的特点?""控制血友病基因是位于 X 染色体还是 Y 染色体?""控制血友病的基因是显性基因还是隐性基因呢?"等问题层层递进，激励学生不断思考，参与课堂探究。学生在教师提问的引导下，尝试基于生物学事实运用归纳概括、推理论证等方法解决问题情境中的问题，从而达成学习的目标，突破了学习的重点、难点。 若教师能进一步完善问题的分配和指导，讲解更为自然，则教学效果更佳。

①华中师范大学 2016 级本科生

续表

视频编号	课题名称	点评
V406	核酸是遗传物质的证据 （曾方心怡①）	该内容主要引导学生跟随科学家的脚步，了解肺炎双球菌转化实验的过程，探索肺炎双球菌的遗传物质。在过程中，发展学生科学推理、设计实验、分析结果、形成结论等科学思维能力。教学中，教师设计了以下教学环节： 　　1. 设计问题。在实验证明活的 R 型细菌和死的 S 型细菌都无法杀死小鼠的前提下，将两者混合注入小鼠体内却会导致小鼠死亡。引发学生思考，猜想产生这种现象的原因，体验发现问题、提出猜想的过程。 　　2. 深入递进。通过问题串层层递进：①S 型细菌转化产生毒性说明了什么？②为什么转化因子没有和 S 型细菌一起被"杀死"？③所有的 R 型细菌都被转化了吗？④该实验有没有证明 DNA 是遗传物质？该实验的结论是什么？教师通过适当引导，一步步帮助学生突破自我，深入思考问题。 　　3. 设计实验。实验思路：⑤转化因子可能是什么呢？在确定转化因子的实验中，关键的设计思路是什么？你会如何设计这个实验，并预测实验结果？ 　　教师结合科学史，让学生化身科学家，自己进行提出疑问、进行假设、推理判断、得出结论等过程，引导学生体验科学探索中的科学精神和态度。教师设计"爬楼梯"式的问题串，在为学生搭建逻辑阶梯的同时，控制问题难度逐步上升，一步步深入递进。引导学生自己提出实验关键思路：将 DNA、蛋白质、多糖等各部分逐个去除，从而控制变量，证明转化因子是 DNA。 　　教师提出的问题具有一定的深度，且全部围绕教学目标展开。学生自己推理得出结论，可以加深他们对这些知识点的理解。

①浙江师范大学 2013 级本科生

主题帮助一：课堂提问的方法与技巧

1. 先"问"后"提"

提问的效果，最好是能启发多数学生的思维。针对不同水平的学生提出难度不同的问题，使尽可能多的学生参与回答。有的教师先叫名字再提问，致使其他同学认为"反正和我不相干"而不去思考，并且对被叫者也是一个"突然袭击"，学生容易"卡壳"。又如，有些教师按照日期的尾数依次发问，或者依照点名册上的名次发问，这种机械的发问方法，虽然可以使发问的机会平均分配给全体学生，但其弊端等同于先提名后发问的情况。

2. 提问语言

1）表述清晰

发问应简明易懂，只说一遍，尽量不重复，以免养成学生不注意教师发问的习惯。若某个学生没有注意到教师所提问题，可以指定另一个学生代替老师提问。如果学生不明白问题的意思，教师可用更明白的话把问题重复一遍。

2）适当停顿

教师发问后，要稍作停顿，留给全班学生充分思考、交流的时间。不可为了节约时间，问题提出后立即叫学生回答，否则容易使被点名者思维混乱，手足无措；其他学生则觉得与己无关而袖手旁观，达不到调动全体学生学习积极性的目的。

3. 提问态度

1）提问应以学生为中心

在课堂教学中，教师的任务不是直接向学生提供现成的答案，而是通过问答甚至辩论的方式揭示学生认识中的矛盾，经由教师的引导或暗示，学生自己得出正确的结论。有的教师经常自问自答，有的教师在学生回答不出时，干脆提供正确答案，这种喧宾夺主、越俎代庖的做法不利于学生思维的发展。另外，教师应该通过提示、探究、转引、转问、反问等手段引导学生积极思考，得出问题的答案。教师有时以学生的口吻来提出问题，学生会更容易接受。

2）保持谦逊和善的态度

提问时教师的面部表情、身体姿势、与学生的距离、在教室内的位置等，都应使学生感到自信和鼓舞。如果教师表现出烦躁，甚至训斥、责难的态度，会使学生产生抵触、回避的情绪，阻碍问题的解决。

3）善于倾听学生的回答

教师不仅要会问，而且要会听，要成为一个好的倾听者。"听"是一门综合艺术，它不仅涉及人的行为、认知和情感等各个层次，而且还需要心与心的理解。

教师的倾听和鼓励会给学生无穷的力量。当学生回答问题时，教师要将自己的全部注意力都放在学生身上，给予对方最大的、无条件的、真诚的关注，表现出对学生的尊重和兴趣。如果教师表现出不耐烦、目光游离、坐立不安、在教室里走来走去，或将目光转向窗外或看其他学生的小动作，学生回答问题的积极性就会受到影响。对一时回答不出的学生要适当等待，启发鼓励；对错误的或冗长的回答不要轻易打断，更不要训斥这些学生；对不做回答的学生不要批评、惩罚，应让他们听别人的回答。

4）正确对待提问的意外

课前，教师应做好充分的提问准备，包括问题的设计及对学生回答情况的预计。学生的回答有时会出乎意料，教师可能无法把握意外答案的正确性，无法及时应对处理。此时，教师切不可妄作评判，而应实事求是地向学生说明，待思考清楚后再告诉学生或与学生一起讨论。当学生纠正教师的错误回答时，教师应该态度诚恳，虚心接受，与学生相互学习，共同提高。

4. 做好归纳总结

学生回答问题后，教师应对其发言做总结性评价，对错误的给予纠正，正确的给予肯定，并明确给出正确的答案，给学生贯穿以完整的印象，使他们的学习得到强化。必要的课堂归纳和总结，知识的系统与整合，认识的明晰与深化，对学生良好思维品质与表达能力的形成都具有十分重要的作用。

行动 2. 编写教案：手把手学习教案编写，突出提问技能要求

根据提问技能的特点及要求，仿照提问技能的设计案例，选择中学生物学教学内容中的一个重要片段，完成提问技能训练教案的编写。编写教案时要注意提问技能的应用，突出提问技能的要求。

课例 401："传染病"教案

姓名	唐梦娇	重点展示技能类型	提问技能
片段题目		传染病	

学习目标	1. 说出传染病的概念。 2. 能够区分一般常见的传染病和非传染病。 3. 知道传染病的传播过程。

教学过程

时间	教师行为	预设学生行为	教学技能要素
导入 （30 秒）	一、复习旧知，引入概念 　　流感病毒会引发流感，流感会在人与人之间传染，因此流感也是一种传染病。生活中，我们对传染病并不陌生，但传染病有什么特点？传染病的传播过程又是怎样的？		设计问题 　　以分析一个流感传播的案例为内在逻辑线索，思考讨论传染病的传播过程。利用分割式的方法将大问题分割成若干小问题，化整为零，各个击破。运用比较提问，比较传染病和非传染病，加深学生对传染病概念的理解。
新知识教学 （10 分钟）	二、创设情境，形成概念 【问题 1】同学们知道的传染病有哪些？ 　　情境创设：班级有位小 A 同学得了流感，然后把流感传染给了小 B 同学。 【问题 2】是什么导致小 A 同学得了流感？ 　　学生回答，教师总结：那么像流感病毒这样可以让人或者其他动物得传染病的生物称为病原体。而像小 A 同学这样携带病原体并能将病原体传播出去的个体称为传染源。 【问题 3】除了病毒，病原体是否可能是其他生物？ 　　教师引导，联系生活广告"得了灰指甲，一个传染俩"，灰指甲是一种传染病，由真菌引起。所以，真菌也可以是病原体。综上，引起传染病的病原体有病毒、细菌、真菌和寄生虫等。 【问题 4】流感病毒是如何从小 A 同学体内传播到小 B 同学体内的？ 　　学生回答，教师总结：流感病毒离开小 A 同学体内通过飞沫到达小 B 同学。像这样病原体离开传染源到达健康人所经过的途径称为传播途径。流感的传播途径是飞沫传播，不同传染病的传播途径可能不同。 【问题 5】为什么小 A 同学的另一位同桌小 C 同学没有被传染，而小 B 同学却被传染了？ 　　学生回答，教师总结：像小 B 同学这样对某种传染病缺乏免疫力而容易感染病的人群称为易感人群。	学生结合上节课所学，思考并回答： 1. 疟疾、流感、肺结核等。 2. 流感病毒。 3. 疟疾是由疟原虫引起的，肺结核是由结核杆菌引起的。所以寄生虫和菌都可以是病原体。 4. 通过飞沫传播。 5. 小 B 同学免疫力比较弱，身体不太好，容易被传染。而小 C 同学可能身体比较好，不容易被传染。	提示与变换 　　注重问题的启发性与针对性。 　　问题难度适中，具有启发性。尽可能联系学生的实际生活、课堂创设的情境，或者基于刚刚所学的知识进行巩固提升。例如，问题 1 与学生生活相关，学生先自己思考回忆生活相关的知识进行回答，然后教师可以在学生原有的知识

续表

时间	教师行为	预设学生行为	教学技能要素
	综上，传染病的传播要具备四个条件，病原体、传染源、传播途径和易感人群。 【问题6】流感除了可以在人与人之间传播，还可以在人与其他动物或者动物与动物之间传播吗？ 　教师总结：传染病是由病原体引起的，能够在人与人之间，动物与动物之间或人与动物之间传播的疾病。 三、深入学习，完善概念 【问题7】癌症是传染病吗？如何区分传染病和非传染病？ 　学生回答，教师总结：传染病的第一个特征就是传染性。 　在春秋季节里，是流感高发时期，大家可能会感受到旁边有很多人都得了流感。但是像一些非传染病，比如说癌症，这类病就不会在某一区域或者某一段时间内出现很多人患病。所以，传染病的第二个特征就是流行性。即在适宜条件下可广泛传播，使一定区域内同时出现较多患者。 　传染病第三个特征就是免疫性。人体在患过某种传染病痊愈后，常会对该病产生不同程度的抵抗力。	6. 可以。例如，猪流感就可以在猪之间传播，也可以在猪与人之间传播。 7. 癌症不是传染病，因为癌症不会在人群之间传播。	上进行建构。问题具有针对性，提问紧紧围绕传染病的传播过程和特征，围绕重点、难点进行提问。 课堂发问 　在学习了传染病的传播过程，得出传染病的概念之后，提问"癌症是否是传染病"，启发学生思考，进一步深化对传染病概念的认识。
课堂小结 （30秒）	四、提出问题，课后思考 　本节课学习了传染病的传播过程，知道了传染病有传染性、流行性、免疫性三大特征。那么，当传染病出现时，我们该采取哪些措施来预防传染病呢？这个问题留给同学们课后思考。		
板书设计	传染病 　　　　　　┌ 病原体：细菌、真菌、病毒、寄生虫等 　　　　　　│ 传染源 传播过程 ┤ 　　　　　　│ 传播途径 　　　　　　└ 易感人群 　　特征：传染性、流行性、免疫性		

温馨提示

　选取的教学片段应尽可能符合提问技能的要求，突出提问技能的特点。所选片段常体现科学思维和科学探究，如"光合作用的探究历程""一对相对性状的杂交实验"及"基因在染色体上"等。

主题帮助二：设计问题的一般要求

巧妙地设计并在课堂施以有效提问，能够增强师生之间、生生之间的互动，是实现有效教学的必要环节。达到有效提问，应满足以下设计问题的一般要求。

1. 有效性

问题设计应服务于教学目标和教学内容，要有利于突破教学重点、难点，这是实现提问有效性的关键。此外，问题的设计应能起到集中学生注意力，活跃课堂气氛的作用。同时，教师应充分了解学情，据此设计有针对性的问题，避免带有暗示性的或过于简单的问题，造成课堂表面上的热闹而掩盖学生的真正无知，或是提出过于深奥的问题挫伤学生的积极性。

2. 准确性

问题的准确性是指问题具有明确的思考方向。准确的问题设计可以引发学生积极思考，引导学生应用已学过的知识回答，并能明确从哪些方面回答。例如，复习物质代谢时，若提问"消化道由哪几部分组成？"问题显然太容易；若问"消化道各部分的结构如何与功能相一致？"内容太广，不宜个人短时回答；将问题改为"米饭中的淀粉如何被人体所吸收？"问题变得具体，学生经过思考能够结合所学知识解答。应用所学知识解决生活实践问题，能培养学生的实践能力。

问题的准确性还包括所问问题的答案是确切和唯一的。即使是发散性的问题，其答案的内容范围也应在预料之中。答案若不确定，将造成启而不发或答非所问的现象，失去了提问的价值。例如，下面这类问题就是不适宜的："看到此题，你联想到了什么？"学生不知从何联想，也就不好作答。

提问还要抓住知识的逻辑关系，所提的问题应丝丝入扣，不蔓不枝，切忌含糊不清、模棱两可。例如，在讲生态系统的能量流动时提问："能量是以什么方式流动的？"这样的问题就显得含糊不清，令学生无所适从。若改为"能量在生态系统中的流动具有什么特征"就显得明确且具体。

3. 启发性

提问要使学生具有质疑、解疑的思维过程，以提高思维能力。首先，提问的语言要带有启发性。例如，"叶绿体有哪些适应光合作用的特点？"这一问可改为"叶绿体为什么能顺利地完成光合作用而其他细胞器却不能？"尽管两者答案一样，但前问属复习性提问，缺乏启发性，后问则可引导学生思维，带有启发性。其次，要注重设计展现思维过程，强调学生说明理解分析的方法。例如，学生答完一题后，教师可再询问学生解疑的方法或思维的过程，培养全体学生的思维能力。

4. 新颖性

问题设计的新颖性是指提问的形式新、内容新，学生听后能产生极大的兴趣，有跃跃欲试的感觉。例如，"细胞有丝分裂各个时期有什么特点？"可改为：

（1）回忆显微镜视野中看到典型的细胞有丝分裂图像是怎样的？

（2）有丝分裂间期和分裂期前、中、后、末各个时期能构成哪几幅典型图像？

（3）细胞核、核仁、核膜、染色体各有什么变化？

（4）你能用语言把各幅图像准确地描述出来吗？

这样，学生既能有目的地回忆在显微镜视野中见到的图像，又能着重在图像中找出细胞核、核仁、核膜、染色体的变化情况，进而总结出细胞有丝分裂各个时期的特点。不难看出，前者设问方式过于老生常谈，易使学生从心理产生厌烦感觉；而后者设问方式富有新鲜感，使学生跟着教师的提问开动脑筋，在大脑回忆的图像中寻找细胞核、核仁、核膜、染色体等的变化规律，也容易用自己的语言对所学知识进行归纳、总结。

5. 实践性

生物学是一门以实验为基础的自然科学。教师在设计课堂提问时要注意实践性，要把教材上的知识与生产、生活实际、自然现象和当今生物科学发展的热点问题结合起来，使学生能运用所学知识解决日常生活中遇到的一些实际问题。通过对生物学知识的学习，培养学生的科学思维，形成健康、良好的生活习惯。

例如，在讲授"三大营养物质的代谢"时，可以根据日常生活的实际，设计以下问题：

（1）我们吃的食物中有哪些营养成分？

（2）它们对我们的身体有什么重要作用？

（3）我们为什么不能偏食？

（4）暴饮暴食对身体好不好？为什么呢？

（5）为什么饭后不宜立即进行剧烈运动？

把科学的原理同生活的实际结合起来，拉近了学生与教材之间、学生与教师之间的距离，激发学生学习热情，这就是实践性提问的目的所在。

6. 层次性

设计的问题并非是单个毫无关系问题的堆叠，而是根据学生的认知水平设计的由易到难、由简到繁、由已知到未知，前后彼此关联的问题串。

通过生物学知识的内在联系，以旧驭新，配合教师的逐步引导，层层深入，达到提问的目的和效果。

7. 多样性

不同类型的问题可用于培养学生不同的能力。研究发现，不同类型的教师倾向于不同类型的问题设计。新手型教师的问题设计倾向于低级认知水平，强调学生应记住的事实信息，且易忽略将问题放置在新的情境中，这样的提问会导致学生思考空间较小，不利于学生思维的发展。专家型教师侧重于设计有利于学生高级认知水平的问题，不同类型的问题搭配合理，有助于启发学生思维[1]。为了促进学生的全面发展，在提问时，教师应该兼顾各种类型、层次的问题，根据学生的实际情况来设问，以调动各个层次学生的积极性。

综上所述，问题设计应着眼于促进有效教学的有价值的问题，宁精勿滥，促进学生抓住课堂重点、难点，激发学生学习兴趣，引发学生积极思考，培养学生独立分析和解决问题的能力。总之，提问是中学生物学教学中提高教学质量的一个重要环节，是一门艺术。

---

① 邢斌.2013. 高中生物教师不同发展阶段课堂提问技能的比较研究.温州: 温州大学硕士学位论文

行动 3～5. 微格训练—录像回放—重复训练

本部分内容详见专题 1 第三节"微格教学的行动训练模式"中的行动 3～5。

主题帮助三：提问强调时机

1. 在教学过程的最佳处提问

教学的最佳处可以是以下几种情况：当学生的思维局限于一个小天地无法"突围"时；当学生疑惑不解、厌倦困顿时；当学生各执己见、莫衷一是时；当学生受旧知识影响无法顺利实现知识迁移时。在这些时候提问，可以激发学生的好奇心，促使学生认真研读教材，自己解决问题。

2. 在教学重点、难点处提问

教学内容能否成功地传授给学生，很大程度上取决于教师对本节内容重点、难点的把握。有教学经验的教师往往在备课时非常注意对重点、难点教学方法的选择，而在重点、难点的教学上恰当地提问则能起到事半功倍之效。当然，教师此时提出的问题应当是经过周密考虑并能被学生充分理解的。

3. 在教学内容的过渡处提问

在过渡处设疑不仅能起到对教学内容承上启下的作用，而且能激发并维持学生良好的学习状态。例如，在新课导入时提问，可以让学生调节自己的意识，集中注意力，激发学习兴趣，进入新课。教师应该在教学过程中用自己敏锐的眼光捕捉学生生活的信息，抓住契机，巧妙设疑，及时提问。把教材的内容贯穿起来，有效地激发学生的学习兴趣，并在质疑、释疑中提高学生分析问题、探究问题和解决问题的能力。

4. 在学生发生思维障碍时提问

在课堂教学中，教师应该敏锐地发现，当学生不能正确理解某个知识点时、学生思维出现片面时、思维出现误解时、思维误入歧途时、思维缺乏深度时，教师通过提问，及时答疑解惑，进行纠正和导向，促进学生正确理解。尤其在学生无思维活动的时候更要提问，正确恰当的思维是创新的基础。

主题帮助四：生物学课堂提问存在的常见问题

（1）有些教师的提问只重视识记型的问题，轻视理解与评价型的问题。还有一些课堂提问与课程内容无关，仅仅是为了维持课堂秩序或提醒那些精力不集中的学生，如"你在想什么？""你为什么没有听课？"等。

（2）有些教师的提问缺乏必要的思维活动，学生仅凭记忆就可以回答，不少的问题是让学生回答"是"与"否"、"有"与"无"等极其简单的问题。

（3）有些教师的提问不能关注所有的学生。或者让举手的学生回答，或者故意让不举手或不遵守课堂纪律的学生回答，甚至先叫起一个学生然后再提问题。课堂上关注所有学生的观念，在选择回答问题的学生时难以体现。

（4）有些教师提出问题后，给学生思考、讨论的时间和空间普遍不足。有些教师能够提出一些学生感兴趣的、能引发学生积极思考的问题让学生讨论，但由于师生地位不平等、课堂教学任务重、时间紧等，学生无法进行充分的思考和讨论。

（5）教师所提问题中具有挑战性、创新性、鼓励性的少，相反带有测试性或威胁性、调控性的比例过高。

课堂提问所面临的问题，究其原因是因为过分强调基础知识和基本技能的传统教学观念，对课堂提问的功能认识不足，缺乏科学提问的理念和意识，表现在大部分提问仅停留在测试基础知识或维持课堂纪律方面。

行动 6. 评价反思：行动过程的监控与评价

在各行动过程中，涉及多次的评价和反思，提问技能评价和反思的项目如表 4-2 所示。小组可以参考以下评价项目，在各行动环节中对学员进行评价，学员也可根据表 4-2 进行自我评价和反思。

表 4-2　提问技能评价记录表

课题：　　　　　　　　　　　　　　　　　　　　　　　　执教：

评价项目	好	中	差	权重
1. 提问的主题明确，富有启发性，与课题内容联系密切	□	□	□	0.15
2. 提问紧扣教材重点、难点，难易程度适合学生认知水平	□	□	□	0.15
3. 问题设计包括多种水平，促进学生思维	□	□	□	0.10
4. 提问有层次，循序渐进	□	□	□	0.10
5. 能注意提问方式多样化	□	□	□	0.10
6. 提问能把握时机，促使学生思考	□	□	□	0.10
7. 提问后稍有停顿，给予学生思考时间	□	□	□	0.05
8. 对学生的回答能客观分析、评价，善于引导	□	□	□	0.10
9. 提问过程介入及时，启发提示，点拨思维	□	□	□	0.10
10. 提问能得到反馈信息，促进师生交流	□	□	□	0.05

对整段微格教学的评价：

思考与练习

1. 试述提问在生物学课堂教学中的作用。

2. 在设计问题和提出问题时应遵循哪些原则和注意事项？

3. 提问的有效性应如何把握？请根据实例说明。

4. 选择本专题提供的一个片段，仿照课例的教学设计和教学视频，在充分备课的基础上独立设计教案，尝试进行微格教学实践，重点实践提问技能。

专题 5 直观教学的重要手段——演示（实验）技能

【学与教的目标】

识记：演示（实验）技能的概念、特点及作用。

理解：演示（实验）技能的类型及其教学规范；演示（实验）技能的教学设计。

应用：结合中学生物学课堂教学的特点，掌握并灵活应用不同演示内容的操作规范及其教学设计、不同演示过程的演示实验设计；演示（实验）技能的片段教学试讲练习等。

分析：运用演示（实验）技能的方法与技巧；运用演示（实验）技能的原则。

评价：评价演示（实验）技能教案编写质量，评价演示（实验）技能试讲练习的效果，并提出建设性意见。

第一节 演示（实验）技能基础知识学习

一、你了解演示（实验）技能吗

生物学教学中常需要通过教师演示活的生物、标本、模型、图像，以及实验过程、实验现象等，把生命的形态、特点、结构、性质或发展变化过程展示出来，并指导学生观察、分析和归纳，以促进学生获得知识、理解知识、培养能力及情感体验等。教师的演示技能属于直观教学法的范畴，即利用演示生物学教具，达到提高学习效率或效果的一种教学方式，也可称为演示教学法。

教师演示根据不同对象可以分为两类：①演示直观教具，包括活的生物、标本、模型、图像等；②课堂演示实验。演示实验是指教师在课堂上进行有关生物学实验的操作，配合讲授或课堂讨论，让学生观察实验操作、实验过程，并对实验结果展开分析和讨论的一种直观教学手段，可用于加深学生对课堂教学内容的认识。有些生物学实验操作较复杂，有一定难度，或者有些实验受教学时间和实验设备的限制，不可能全部由学生自己动手做，这时就需要教师通过课堂演示的方式进行。

演示（实验）技能在生物学教学中具有重要的作用，是一项重要的教学技能。演示课堂实验和演示直观教具在原理、方法和要求上是一致的，都具有演示教学的一般特点。

1. 演示（实验）技能的特点

1）灵活性

一般演示对象比较简单，操作方便，可塑性强。教师可根据教学需要改进、增加或调整演示教学的进程，以达到更好的教学效果。例如，在教学过程中可以采用边演示、边讲述或边演示、边谈话的方法进行，也可以先演示后讲解，或是先讲解后演示；可以演示全部过程，也可以演示其中的一部分。有些演示实验需要较长时间，可以依据教学需要只演示实验开始的几个步骤，或只演示实验的最终结果。

2）短时性

课堂演示对时间要求比较高，应尽可能在预定的教学时间内完成，而且占用时间一般不能太长。生物学实验过程有时可能需要等待，这种等待不应放在课堂演示时间中，因为太长的等待既浪费课堂时间，又会消退学生的兴趣。教师可以事先做好同一个实验的不同时间段现象，分别演示，能让学生观察到完整的实验过程，以加深学生对实验内容的理解。

3）简洁性

课堂演示不包含复杂的操作过程、复杂的实验操作技巧和设备仪器，也不要求学生有复杂的知识背景。演示的目的往往是验证生物学理论知识或探究新知识。由于课堂教学的时间限制及环境的限制，演示在设计上必须要精巧，演示结果要一目了然。有些教师把学生分组实验简单地搬到课堂作为演示实验是不适当的。

4）直观性

课堂演示不同于普通的实验课教学。多数情况下，演示实验由教师在课堂上操作完成。因此，无论是设计演示实验方案，还是进行演示实验操作，都应考虑到保证全班学生能够观察到演示实验操作的全过程，同时实验的结果应该清晰、明了，体现演示实验的直观性。

2. 演示（实验）技能的作用

演示教学是最直观、最有效的教学手段之一，做好课堂演示是生物学课堂教学成功的关键。课堂演示在生物学课堂教学中具有重要的作用，主要体现在以下几点。

1）集中注意，激发兴趣

在教学过程中，演示以特有的直观凝聚学生的注意力。学生在观察演示的过程中，充分调动视觉、听觉，思维也得到启发，课后能保持联想，加强记忆。演示还可以活跃课堂气氛，吸引学生的学习兴趣，让学生以轻松愉快的心情认识多姿多彩的生物世界，增强学生对生命科学的好奇心和探究欲望，形成持续的学习兴趣。兴趣是一种特殊的意识倾向，是求知欲的源泉，思维的动力，更是树立信心的保证。例如，在解答"鱼为什么吞水"的现象时，教师在鱼嘴边滴一滴墨水，让学生观察水是被吞进肚里还是从鳃盖出来，由此说明鱼吞水的目的。形象生动的演示结果，让学生产生强烈的认识冲动，摆脱被动学习的心理状态，有利于学生迅速掌握知识，培养思维能力。

2）促进理解，巩固掌握

科学研究表明，人们从语言形式获得的知识大约能记忆 15%，而同时运用视觉、听觉则可接受知识的 65% 左右。教师在授课过程中，若结合辅助教学的图像、幻灯片、实验等真实、鲜明、生动的感性材料传授生物学知识，能使知识具体化、形象化，有助于学生将具体现象与抽象思维结合起来，加深对生物学概念、原理的理解，使学生尽快深入教材实质并迅速巩固在记忆中。例如，在讲述血红蛋白特性时，教师可用一块新鲜的猪血来演示说明。将猪血放置在盘中，暴露在空气中的部分表面呈鲜红色，与盘接触的一面因缺氧而呈暗红色。学生在观察中不仅很快掌握了血红蛋白的特性，还能更好地理解动脉血、静脉血的概念。

3）端正态度，规范操作

良好的科学态度教育不仅能使学生对生物和生物学知识有正确的理解和掌握，还能为形成科学的世界观奠定良好的基础。教师在演示实验教学中本着严肃认真的科学态度，规范正确地进行实验操作和演示，学生在观察教师的实验表演和示范操作的同时，潜移默化中逐渐形成认真、科学、严谨的操作技能和方法。

4）创设情境，培养能力

演示实验能把学生在日常生活中看到的现象通过教师演示的方式再现出来，形成生物学教学特定的知识情境，激发学生产生良好的情绪和学习动机，让学生在观察现象中感悟生命科学的原理，进行思维活动，从而促进思维，获得知识，发展观察力、想象力和思维力。

二、按演示对象分类的演示设计

课堂演示是生物学教学的重要环节，直接关系到学生对生物学知识的学习和掌握。教师应根据课程的需要，正确选择、优化设计课堂演示，以求得最佳的教学效果。

1. 演示实验

教师在全班学生面前演示实验操作过程，并指导学生观察实验现象，理解教学重点、难点。演示实验既能实现理论与实际的结合，加深学生对知识的理解与掌握，又能起到典型的示范作用，还是教师人格魅力养成的重要方面。因此，演示实验必须顺利、成功。课前的周密设计和安排是保证演示实验成功的关键。

1）演示物品应放在具有一定高度的演示桌上

演示实验是做给学生看的，实验的操作过程、实验现象必须使全班学生都能清楚地看见。课前应做好预测和准备，可用箱子加高或用专门的木架平台提高演示的高度。

2）演示材料应有足够的大小，保证学生看得清楚

若生物个体过小，如水螅的运动，应使用投影仪放大或分组演示，事先把实验器具放置在实物投影仪上。

3）复杂的实验应事先准备过程图解

对于较为复杂的实验过程，教师应事先准备实验过程图解。例如，演示"光合作用需要光和叶绿素"时，可在投影片上画上演示的过程，投影在屏幕上：遮光→光照几小时→取叶→乙醇脱去叶绿素→加碘→遮光部分不变蓝。这样学生能更清楚地看到实验的过程，理解实验的实质，增强演示的直观效果。

4）引导学生观察并记下实验现象

演示时，教师首先要注意消除容易分散学生注意力的因素。演示桌上只能放与演示实验有关的材料和用具，不必要的东西应收起来。其次，教师应不断地利用讲解和谈话的方式组织学生进行观察。例如，演示前要向学生阐明实验目的、演示实验的主要过程和关键步骤；演示中引导学生观察实验现象，并尝试解释实验现象；演示结束后启发学生思考等。最后，教师要注意实验操作的精确性。为使学生观察好演示实验，教师必须正确地操作，强调关键步骤，消除学生不必要的疑问。例如，演示"种子含有水分"实验时，教师应事先交代种子和试管是干的，以免实验完毕，试管内壁上出现水珠时，学生产生"是不是教师在实验前把种子泡湿了""是不是试管本身带有水"等疑虑。

2. 演示实物

在生物学教学过程中，有些实物材料（包括活的生物、标本、切片等）难以获得，不能一一分发给学生观察。为使学生具体感知所讲授对象的有关构造和习性，以便获得知识和巩

固知识，可以由教师演示实物。演示实物的方法主要有以下几种。

1）在课桌间巡回演示

把演示材料拿在手中，巡回全班，可以采用边走边提示学生观察的方法，并询问学生是否看见，如演示"鸽子的外部形态特征"。

2）配合教具演示实物

先进行初步的演示，如讲授"葫芦藓"时，先演示葫芦藓的标本，然后指出"这种植物个体很小，肉眼不易看清，让我们用放大的图像来观察吧"，可以增强学生对葫芦藓的真实感。

3）橱窗中的演示

为巩固课堂所学知识，验证图像、模型的真实性，下课后可把实物放在标本室或楼道的橱窗里，让学生仔细观察，并在下次上课时，用提问的方式检查学生的观察质量。

4）个别观察

有些实物个体太小（如培养皿中的菌落），或者演示时间有限，或者原本就是一个学生比较熟悉的实物（如糖分子在水中的扩散），可以让个别学生进行观察，并让这些学生把看到的实物现象告知全班学生。一方面可以同样起到演示实物的效果；另一方面也检查和锻炼学生对实验的观察能力和思维能力。

3. 演示图像

生物图像是生物学课堂教学中最基本的教具，演示图像能帮助学生认识生命现象、规律及生命个体之间复杂的关系。随着信息技术的不断进步，丰富的生物数码图片可以通过网络或光盘轻松地大量获取，教师可将生物图片通过投影仪播放出来。演示图像时应注意以下几点。

1）演示图像的时间要恰当

一般情况，图像不在上课之前给学生观看，以免讲新课需要注意图像时缺乏新鲜感，反而不能引起学生的注意。

2）教师要对学生视图进行指导

让学生看图像时，先要对图像作总的说明，如图像和实物的比例、纵切还是横切等。演示图像要边讲边用教鞭指图给学生看，这对帮助学生的理解和巩固知识有很大的作用。指图的位置要准确，注意点、线、面的区别。用教鞭指示"点"要指示在"点"旁不动；指示"线"要沿着特定走向画出线条；指示"面"则要沿着它的轮廓边缘画一周，把"面"围出来。例如，指草履虫的核时，可指在核的边缘不动；指家兔的动脉、静脉时，教鞭应沿血流方向画线；指菜豆种子的子叶时，先用教鞭沿着子叶的边缘轮廓圈一遍，然后停在子叶上不动。切勿指图含混不清、摇摆不定。

3）要根据需要使用辅助示意图

图像中一些细小部分，坐在远处的学生可能不易看清。例如，"根尖的纵切面"图像虽然很大，但其中的细胞，特别是生长点的细胞，学生难以看清，此时教师可在讲授中临时在黑板上绘局部图，或拿出已绘好的图加以配合，帮助学生理解生长点细胞的特点。

4. 演示模型

模型也是生物学课堂教学中常用的教具，它能把实物放大或缩小，为学生建立立体概念，还能反映生物体或其局部的运动原理。演示模型通常有以下几种方法。

1）结合讲课进行展示

当模型小、数量多时可分发给学生，如碱基配对的教具；当模型大、数量少时可在课桌间巡回演示或边讲边用，如心脏的结构。利用模型教学时，应向学生指出它和实物的比例，它的颜色是实物的颜色还是表示色等。

2）课后展示

在课上学生不易看清的模型，可课后展示，让学生自由观察，帮助学生理解教学内容。

3）利用模型进行课堂复习

为使学生重视模型，提高观察模型的质量，教师在课堂复习提问时，可让学生指着模型来回答，不仅能考查学生的知识水平和表达交流的能力，也会促进全体学生重视今后教师演示的模型，帮助学生理解。

演示所用的教具多种多样，同一种知识对象可能有实物、模型、图像等，教学中如何排列应用呢？教师应根据实际教学需要加以科学排列和选择，最大限度地发挥这些教具的作用。例如，讲授人的心脏结构，最好演示猪或牛等大型哺乳动物的心脏实物或人的心脏模型（可装拆的），演示图像的效果就较差。但讲授心动周期时，演示心动周期的图像或黑板画的效果更好，心脏标本、模型则不起作用。教具的选择和排列方式要遵循系统化原则，一般有两种方式：一是把教具组成横的系统，即在讲授某一知识的同时使用几种教具。例如，教师在讲授"双子叶植物种子的结构"时，一方面让学生观察菜豆种子的结构；另一方面演示菜豆种子结构的图像或黑板画，几种教具取长补短地说明同一个内容，有利于提高教学效果。二是把教具组成纵的系统，即把教具分配在教学过程的不同环节中说明同一个内容。例如，讲授"根的结构"时，演示它的图像，课堂小结巩固时让学生观察它的模型，实验课时在显微镜下观察它的切片标本，从而达到帮助学生理解和强化的目的。

三、按演示过程分类的演示设计

1. 验证性演示实验——先授课后实验

验证性演示实验一般在讲授新知识后进行，用来巩固和验证所讲的知识，以达到加深理解、强化记忆的目的。此类实验教学是推理判断在前，实验论证在后，是一种从一般到特殊的认识过程。验证性实验有利于学生掌握概念和理解规律。

案例 5-1：呼吸作用

讲授"呼吸作用需要释放能量"时，教师可先列举一些生活实例，如将手伸入刚收取的潮湿谷子中，会感觉有一定的温度等，引导学生思考、讨论呼吸作用可能释放能量。在学生思考、讨论并获得一定知识的基础上，教师再通过演示实验加以验证。实验中，教师事先用甲、乙两个保温瓶分别装有等量的萌发种子和煮熟后冷却至室温的种子，各插入一支温度计，密封3~4小时后，让学生观察甲、乙两个保温瓶内温度的变化。学生会发现装有萌发种子的保温瓶温度比装煮熟种子的保温瓶温度高。这说明萌发种子进行呼吸时产生热量。通过这些现象，学生从感性认识上升到理性认识。

案例 5-2：食物中的营养成分

教师引导学生思考常见食物中的营养成分，在学生思考、讨论并获得一定知识后通过演示实验加以验证。演示中学生观察到加热干燥的小麦种子使试管内壁生成水珠，挤压花生的一片子叶在白纸上留下油迹，滴加碘液使大米变蓝色等，学生对食物中的营养成分有了更深入的认识。

2. 同步式演示实验——边授课边实验

教师一边做演示实验，一边进行新知识的讲授。

案例 5-3：眼球的结构

教师一边拆装眼球结构模型，一边指导学生观察、识别眼球壁的三层结构：由外到内依次是外膜（角膜与巩膜）、中膜（虹膜与脉络膜）、内膜（视网膜），取出眼球的内容物：晶状体、玻璃体。如此由外及里地展现眼球的形态结构，可很好地启发、引导学生观察、思考，并总结归纳出眼球的结构。

案例 5-4：种子的成分

首先向学生说明："种子是由许多成分组成的，其中之一就是水"。然后，教师把干燥的小麦种子放在试管中，摇动数次，使学生听到种子撞击管壁的声音，并没有看到种子贴在管壁上的现象，说明种子的表面并没有水，里面也是干的。把试管倾斜在酒精灯上慢慢加热。过了一段时间，试管上部的内管壁出现水珠，停止加热。教师指导学生观察并启发学生思考，得出结论："水从种子里蒸发出来，在上部冷的管壁上已凝成水珠，证明水是种子的成分之一"。教师再指出："种子的另一些成分中还有无机物，下面再做一个实验进行证明"……直到把种子的全部成分讲授完为止。最后指出不仅小麦种子如此，一切种子都有这些成分，只是含量不同而已。

3. 探究性演示实验——先实验后讲授

教师说明课题后，不告知实验结果，便开始进行演示实验。在实验进行中，教师引导学生观察实验现象，实验完成后，指导学生结合相关知识讨论和思考，引导学生自己得出结论，这种教学模式属于探究性实验教学。实验探究的一般过程包括：提出问题—做出假设—设计实验—实验研究—得出结论。

案例 5-5：种子萌发时吸收氧气

教师先进行演示实验，在甲、乙两个玻璃瓶中分别装有等量的萌发种子和煮熟后冷却至室温的种子，让学生观察蜡烛在甲、乙两瓶中的燃烧情况。当蜡烛放进装有活的种子的瓶中，蜡烛会立即熄灭；放进装有煮熟后种子的瓶中，蜡烛能继续燃烧。教师引导学生提出疑问并思考和讨论，得出萌发种子呼吸时吸收氧气，使蜡烛熄灭。通过演示实验，一方面使学生理解活细胞在进行呼吸作用时吸收氧气；另一方面引导学生探索知识，培养学生分析问题和解决问题的能力。

案例 5-6：植物的蒸腾作用

学生复习植物中的水分从土壤中而来，但是只有很少一部分留在植物体内，引导学生思考植物从土壤中吸取的水分的去向，从而引出演示实验。

（1）取生长状况良好、叶片数量相同、外形相似的两棵无土茉莉花植株放入两个烧杯内，一个剪去全部叶片，另一个不做处理。

（2）烧杯内倒入清水，并在水面覆盖一层液体石蜡，将两个烧杯分别放入较大的透明实验瓶内。

（3）将无水硫酸铜（白色）置入干燥玻璃管内，通过橡皮塞固定在实验瓶顶端，使玻璃管与实验瓶连通，将实验瓶密封。

（4）取白炽灯泡放在实验操作台前面，光照2小时。

（5）观察硫酸铜颜色变化。

实验结果可以观察到硫酸铜由原来的白色变成了蓝色。教师在演示过程中，通过问题引导学生思考无水硫酸铜的作用、清水上覆盖的液体石蜡的作用、白炽灯光照的作用；分别描述两组实验的实验现象并解释造成该实验现象的原因。教师引导、步步深入，从而引导学生探究，得出结论。

第二节　演示（实验）技能行动训练

行动1. 示范观摩：观摩示范视频，体会演示（实验）技能

在理论上对演示（实验）技能有了初步的感知后，如何将这些教学理论应用到教学实践中呢？请观看并分析以下视频课例，体会演示（实验）技能的运用方法与技巧、要求及注意事项。

课例501：人的ABO血型及其鉴定

教学课题	人的ABO血型及其鉴定				
重点展示技能	演示技能、教态变化技能	片长	11分钟	上课教师	黄婧怡
视频、PPT、教学设计二维码	V501—人的ABO血型及其鉴定				

内容简介

　　该内容主要介绍人的ABO血型及其鉴定原理，整个教学过程分为三部分。第一部分通过设问导入，抛出问题，导出新课；第二部分为新知讲解，介绍凝集现象、ABO血型系统及不同血型血清反应对照表，创设情境引导学生设计鉴定血型的实验，教师分析总结演示血型鉴定的模拟实验；第三部分归纳总结：实际医疗中应该如何输血？进而总结提升。

点评

　　1. 教学思路清晰，教学方法与教学内容相适应，与学生的年龄特征相适应。通过引导学生设计实验方案，在师生分析完善基础上规范演示模拟血型鉴定的实验，成功达到教学目标的要求。

　　2. 教师的课堂活而不乱，秩序井然，教师能及时掌握学生的反馈信息，并采取相应的调控措施进行教学，充分调动学生学习的积极性，使学生认真听讲，积极思考，大胆发言。

　　3. 教师教态变化大方，手势与身体姿势、眼神、表情等协调一致。教学语言清晰、紧凑、精练，既有严密的科学性、逻辑性，又能通俗明白。能正确地使用生物学术语，具有说服力和感染力。

初看视频后，我的综合点评：

关于演示（实验）技能，我要做到的最主要两点是：

1.

2.

课例502：染色体结构的变异

教学课题	染色体结构的变异（染色体变异）			
重点展示技能	演示（实验）技能	片长	11分钟	上课教师	林丹
视频、PPT、教学设计二维码	V502—染色体结构的变异			

内容简介

　　本片段内容主要介绍的是染色体结构的变异，是本章的重点内容之一。在本章的第一节，学生已经学习了基因突变和基因重组的知识。与基因突变这一分子水平上的改变不同，染色体变异可以通过光学显微镜直接观察到。染色体结构变异相对抽象。因此，教师通过演示模型变换的方式，运用自制的模型教具进行说明和演示操作，使学生在观察思考的基础上，将感性认识转化为抽象的理性认识，进而总结得出染色体结构变异的主要类型及其与基因突变的异同点，有助于学生对概念知识的理解。同时，在每种染色体结构变异类型的讲解过后都配以相应的患病实例，激起学生的学习兴趣，拓宽学生的知识面。

点评

　　1. 教师考虑到"染色体结构的变异"相对抽象，故采用演示模型的方式，化抽象为直观，建立动态变化模型，反映染色体结构变异的现象，佐以实证患病情况分析，如猫叫综合征、脆性 X 综合征、21 三体综合征等，加强学生对抽象概念的理解。

　　2. 通过染色体结构变异的模拟演示，学生观察各个染色体结构变异的类型，更好地理解染色体缺失、易位、重复、倒位等微观现象。通过创设问题情境，引导学生概述染色体结构变异的基本类型，并形成结构与功能相适应的生命观念。

　　3. 演示过程条理分明、演示大方、清晰可见。教师实物演示时，能先对演示对象进行解释和说明。

初看视频后，我的综合点评：

关于演示（实验）技能，我要做到的最主要的两点是：

1.

2.

　　演示（实验）技能更多视频观摩见表 5-1。

表 5-1　演示（实验）技能视频观摩

视频编号	课题名称	点评
V503	细胞大小与物质运输的关系（张佳岚）	本片段演示的是细胞增殖中的模拟实验，验证细胞的体积和表面积的关系，进而得出细胞不能无限制地增大。教师采用制胶模具制备琼脂块，利用"琼脂块—碘液"替代"酚酞—NaOH"使实验现象明显且可操作性强，具有创新性。教学过程紧密联系知识点，根据学情运用情境导入法、启发式教学法等教学方法启发学生观察演示实验的实验现象，并尝试从中得出结论。教学设计逻辑性强，演示实验规范严谨。 演示实验中，教师巧妙地做了以下三点设计：其一，由于琼脂块染色需要 10 分钟，为了节约时间，10 分钟前预先做了一套实验，跳过等待，直接开始切割测量；其二，由于琼脂块较小，切割完后，将其呈现给前排的学生进行观察和测量，并让这个学生告知全班观察结果；其三，将实验现象投影到 PPT 上，进行直观演示。
V504	检测生物组织中的还原糖（钟倩倩）	本实验是高中生物学的第一节实验课，对于激发学生对实验的兴趣，规范学生的实验操作方法，以及培养认真、科学、严谨的实验态度起着重要的作用。实验中涉及材料的选择问题，通过教师引导，让学生总结出还原糖检测的选材要点，领悟到选择正确的实验材料对于实验成功的重要性。 本片段教学演示操作标准，教师一边操作，一边根据实验现象与结果，引导学生思考，引导学生领悟生物实验的严谨性与科学性。教师事先设计好实验记录表格，及时记录实验结果。
V505	生物催化剂——酶（陈小娟）	该实验的目的是比较过氧化氢在不同条件下的分解。通过教师演示实验，一方面让学生领会酶反应的特征，包括酶具有高效催化作用、反应条件温和、酶具有专一性等；另一方面引导学生领悟本实验"控制变量"的实验方法。 教师在演示过程中有意地渗透"设置自变量、控制无关变量、检测因变量"的思想，帮助学生更好地理解如何进行变量控制。学生通过对实验的观察可直观地体会到"酶具有高效的催化效率"，对酶能降低化学反应活化能有了较好的感性认识。在能力培养方面，通过观察教师的规范实验操作，学生能在潜移默化中逐渐形成认真、科学、严谨的操作习惯，观察力和思维力也得到发展。 教师演示实验准备充分，实验过程流畅，实验现象明显。教师的实验操作示范科学、严谨大方，符合演示实验的操作规范，学生易于从实验观察中得到启发并逐渐养成认真、科学、严谨的操作习惯，领悟实验控制变量的科学方法，提高观察能力和实验分析能力。 教师的教学语言富有启发性，语言表达与实验操作协调同步。在教学过程中，通过创设问题情境，引导学生观察和描述实验现象，在师生问答中培养学生语言表达能力。

主题帮助一：演示（实验）教学的一般方法

1. 演示内容的确定

演示实验前，教师需思考以下几个问题：演示实验目的是什么？通过实验得出什么结论？培养学生哪些方面的实验技能？实验的重点、关键、主要现象是什么？哪些部分要引起学生注意？

演示（实验）教学符合教学目标，教师应根据教学目标设计演示实验。通过精心设计和安排，明确观察目的，激发学生学习兴趣。例如，在观察猪的心脏结构时，学生如果只是被心脏的形状所吸引，兴趣也只会停留在表面上。教师要通过提问来转移学生的注意力："心脏的四个腔壁厚薄相同吗？""左、右心室与什么血管相连？"通过这一系列的提问达到教学目的。

有许多生物学实验需要较长时间才能完成，不能迅速地让学生看到实验的全部变化过程。因此，教师可根据教学内容，选取实验中最有利于教学的一部分进行演示，或只演示实验所需的装置，也能起到很好的演示教学效果。例如，演示"光合作用需要光"这一实验，可让学生提前完成植株的"饥饿"，以及用遮光器对叶片进行遮光处理等步骤，在课上教师只需做"检验遮光叶与非遮光叶中是否存在淀粉"的演示实验。

2. 直接演示

对于现象明显的实验，可通过直接演示方法展示给学生，从而调动学生多种感官感知事物，丰富学生感性认识。例如，让学生触摸心室壁和心房壁的厚薄，感知心房和心室的结构与功能的统一；在"花的结构"课中，给每个学生发一朵菜花，让学生辨识花的各个结构。

3. 间接演示

对于效果不明显或者不易直接观察的实验，可以借助间接演示的方法。

（1）转换法：把不易观察到的现象转换成容易观察的现象，间接显示原来的实验效果。例如，验证植物光合作用产生氧气，可用带火星的木条的复燃来验证。

（2）模拟法：主要用于无法直接做实验说明的问题，或者由于现象发生的时间太短，无法形成整体效果的实验。例如，可以通过模拟"生态系统的组成"展示生态系统的基本结构；用自制教具演示有丝分裂染色体的形态和数量变化等。

（3）拍摄法：把变化过程中一些长时或瞬时的状态拍摄记录下来。由于不能将整个班级带到室外进行生物学实验探究或调查，教师可以拍摄课外兴趣小组探究实验过程中的关键环节，剪辑成一个完整的过程进行课堂演示，同样能起到很好的教学效果。例如，观察公鸡的绕道取食行为时，教师事先录制课外兴趣小组的探究实验过程。

4. 增强演示

（1）放大法：对于微小或反应不明显的实验现象，可以使用实物投影仪进行实时放大，如"菜豆种子的解剖"及"水螅、蕨类孢子囊弹射孢子"等演示实验。如果没有实物投影仪，也可用摄像机摄像，并把图像传到投影仪上。

（2）对比法：设计对比、对照实验本身就是生物学实验的重要原则，可以同类对照，也可以自身对照。例如，各种过氧化氢酶的催化作用、天竺葵叶片光合作用有淀粉生成等实验。

（3）衬托法：有的演示实验为了突出实验现象，应在演示材料的后面加上衬幕，使演示物与背景的色彩反差加大，使其轮廓和颜色清晰。例如，演示"光合作用释放二氧化碳"，应在装石灰水的试管后面衬以白纸，让学生更容易识别"澄清"或"浑浊"。又如，"渗透作用"演示实验，在蔗糖溶液中加入红墨水，可以增大反差，使实验结果更加醒目。

5. 配合演示

（1）实物配合：演示实物可以让学生具体感知所演示实物的有关构造和习性，以便更加形象地获得知识或巩固知识。教师可把演示实验的材料拿在手中，在课桌间巡回演示，如演示花的结构，鲫鱼、青蛙的外部形态特征等。

（2）图像配合：有些实验无法展示，或者实验结果比较模糊、不够清楚形象，可采用图像辅助演示。

（3）模型配合：如果在一些演示实验中需更好地反映生物体或其局部的运动原理，可采用模型辅助演示。

行动 2. 编写教案：手把手学习教案编写，突出演示（实验）技能要求

根据演示（实验）技能的特点及要求，仿照演示（实验）技能的设计案例，选择中学生物学教学内容中的一个重要片段，完成演示（实验）技能训练教案的编写。

课例 501："人的 ABO 血型及其鉴定"教案

姓名	黄静怡	重点展示技能类型	演示技能、教态变化技能
片段题目	人的 ABO 血型及其鉴定		
学习目标	1. 知识目标：举例说明人的 ABO 血型及其鉴定方法。 2. 能力目标：学会运用所学知识设计"血型鉴定"的实验。 3. 情感态度价值观：认同血型鉴定的重要性，关注安全输血。		
技能训练目标	1. 演示的内容与教学重点、难点密切相关。 2. 演示现象明显，结果准确，有效实现教学目标。 3. 操作演示动作规范，具有示范性。 4. 演示与讲解等其他技能较好结合。		

时间	教师行为	预设学生行为	教学技能要素
导入 （30秒）	17世纪时，医生为抢救大出血的患者，曾尝试给患者输他人之血。结果，有的患者起死回生，而大多数患者却出现了严重的不良反应，甚至死亡。这是为什么呢？	倾听、思考。	问题导入 　激发学生的兴趣和求知欲，提高学生的学习积极性。
新知讲解 （6~7分钟）	一、ABO血型系统 　奥地利科学家卡尔·兰德斯坦纳通过研究发现，在输入他人血液之后，大多数患者体内血液发生了严重的凝集反应（红细胞黏结成团，堵塞血管并出现溶血），进而导致死亡。 　人体的血液是由血浆和血细胞构成的。有关凝集反应进一步的研究发现，不同人的红细胞，其表面存在不同的结构，根据红细胞表面结构的类型特点，卡尔·兰德斯坦纳将人类的血液分成A型、B型、AB型和O型等血型；而且，不同血型的人的血浆中含有不同类型的血清，有A型血清和B型血清。 　凝集反应正是不同血型血液的红细胞与不匹配血型的血清相遇导致的。可见，安全输血，必须保证不发生凝集反应。因此，输血前应进行血型鉴定。 　表1为不同血型血清反应对照表，其中，"＋"代表发生凝集反应（沉淀），"—"代表不发生凝集反应（不沉淀）。	观察凝集反应的图片。	展示凝集反应的图片，使学生直观地理解血液的凝集反应会堵塞血管，危及生命安全。 　联系旧知识，介绍人类的ABO血型系统。 　介绍表1，明确"＋"和"—"的意义，引导学生从中获取关键信息，为设计模拟"血型鉴定"实验奠定基础。

表1 不同血型血清反应对照表

	A型血	B型血	AB型血	O型血
A型血清	－	＋	＋	－
B型血清	＋	－	＋	－

时间	教师行为	预设学生行为	教学技能要素
	二、血型鉴定 【创设情境】 　假如医院送来了四名大出血的受伤患者，分别是甲、乙、丙、丁，请同学们根据表1提供的信息，以4人为一个合作学习小组，设计方案，鉴定4位患者的血型，以便安全输血。	小组合作，拟订并展示实验方案。	创设问题情境，引导学生思考讨论并自行设计实验方案。

时间	教师行为	预设学生行为	教学技能要素
	我们要同时考虑被测血样遇到两种血清的情况。只有当血样遇到 A 型血清不产生沉淀且遇到 B 型血清产生沉淀才能确定是 A 型血；当血样遇到 A 型血清产生沉淀且遇到 B 型血清不产生沉淀的才能确定是 B 型血；当血样遇到两种血清均产生沉淀的为 AB 型血，均不产生沉淀的为 O 型血。 【演示模拟血型鉴定的实验】 　　用不同的化学试剂模拟不同血型的血液和血清，进行模拟血型鉴定的演示实验。 　　介绍实验试剂：甲、乙、丙、丁四个烧杯，分别装有患者甲、乙、丙、丁的血样；A、B 试剂瓶分别装 A 型血清、B 型血清。 演示实验一：患者甲血型鉴定 　　实验步骤： 第一步　　　　　　第二步  吸取被测血样，分别　吸取"A型血清"，　吸取"B型血清"， 往1号和2号试管中各　往1号试管中滴加10　往2号试管中滴加10 滴加10滴　　　　　滴，混匀　　　　　滴，混匀 　　实验现象：1 号试管中血样不产生沉淀且 2 号试管中血样产生沉淀，因此患者甲是 A 型血。 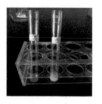 演示实验二：患者乙血型鉴定 　　实验步骤：同上 　　实验现象：1 号试管产生沉淀且 2 号试管不产生沉淀，因此患者乙是 B 型血。	第 1 组：  第 5 组： （表格） 　　观察、正确描述实验现象，判断四名患者的血型。	师生互动，分析讨论，完善实验方案，从而训练学生严谨的思维能力和实验设计能力，并以学生完善后的设计方案为基础，设计并演示模拟血型鉴定的实验，验证方案的合理性，以严谨的实验操作过程和显著的实验结果，说明血型鉴定的方法和结果。 　　观察演示实验结果，有利于学生理解凝集反应，认识同型血互输的原则。

时间	教师行为	预设学生行为	教学技能要素
总结 （30 秒）	 演示实验三：患者丙血型鉴定 　实验步骤：同上 　实验现象：1 号试管和 2 号试管均产生沉淀，因此患者丙是 AB 型血。 演示实验四：患者丁血型鉴定 　实验步骤：同上 　实验现象：1 号试管和 2 号试管均不产生沉淀，因此患者丁是 O 型血。 　提问：如果你是医生，你会给他们输入什么血型的血液来挽救他们的生命呢？ 　不同的血型互输可能会产生凝集反应，从而危及人体的生命安全。 　在日常生活中，我们要了解自己和家人的血型，清楚安全输血的原则，以备不时之需。	回答：输同型血。 　树立要了解自己与家人的血型的意识，认同安全输血的重要性。	强调血型与安全输血的重要性，渗透了情感态度价值观的教育。
板书设计	人的 ABO 血型及其鉴定 一、ABO 血型系统 二、血型鉴定		

本片段内容是初中生物学七年级下册"输血与血型"中"血型、安全输血"的内容，是本节的重点之一。该内容主要介绍人的 ABO 血型及其鉴定原理。教学设计在认真钻研教材的基础上，结合该年龄段学生的认知水平，创设问题情境引发学生兴趣，引导学生尝试设计实验方案，教师通过演示实验，使学生获得新知。采用合作探究的教学策略，结合谈话法、演示法等教学方法，引导学生运用所学知识合作探究，尝试设计实验方案，较好地完成了教学目标。

设计特色：

（1）通过创设问题情境，引导学生分组合作，设计实验方案，训练学生实验设计的能力；通过师生互动，分析讨论，完善实验方案，培养学生严谨的思维能力。

（2）演示模拟血型鉴定的实验，验证方案的合理性，以严谨的实验操作过程和显著的实验结果说明血型鉴定的方法和结果。

（3）渗透情感态度价值观教育，使学生树立要了解自己与家人的血型的意识，认同安全输血的重要性。

主题帮助二：演示实验教学改进设计案例分析

为了保证教师课堂演示实验的质量和时间，常需要对演示实验进行改进设计。下面以"渗透作用演示实验"为案例加以分析和讨论。

案例 5-7："渗透作用演示实验"改进[①]

一、实验材料的选用

选用鱼鳔作为半透膜，鱼鳔取材容易、操作方便。

二、实验设计方案

（1）选取一个鱼鳔，如图 5-1 所示剪取前室备用。取一个胶头滴管，去掉胶头并进行裁取，如图 5-2 所示。在广口端套上鱼鳔的前室并用细线扎紧，另一端套上乳胶管。最后，用吸管吸取加有红墨水的 30%蔗糖溶液适量，套上 0.5mL 移液管。

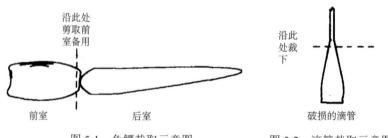

图 5-1　鱼鳔裁取示意图　　　　图 5-2　滴管裁取示意图

（2）按图 5-3 所示，利用铁架台，装配好所有的实验装置。

---

① 赵社斌，周红英. 2004. 渗透作用演示实验的改进. 生物学教学, 29(2): 29

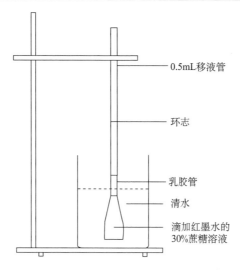

图 5-3 改进后的渗透作用装置

标签：0.5mL移液管、环志、乳胶管、清水、滴加红墨水的30%蔗糖溶液

（3）适当调整移液管中液面的高低，并标记液面的起始位置。

通过改进，实验装置不仅操作简单，实验现象明显，而且整个实验所需要的时间为 6～8 分钟，便于课堂的演示。教师课堂演示实验常需要改进，改进后的实验效果更能结合教学实际情况，有利于提高教学效果。

案例 5-8："渗透作用演示实验"改进[①]

一、实验材料的选用

半透膜选用生物性材料中的鸡蛋卵壳膜（简称"蛋膜"），鸡蛋来源方便，成本也不高。

二、实验设计方案

（1）用镊子在鸡蛋小头正上方凿出直径约 5mm 的小孔，用细棒搅拌蛋白和蛋黄，然后全部倒出，用清水冲洗干净。搅拌时细棒不宜插得太深，且用力要均匀，以免损坏蛋膜。

（2）将鸡蛋大头的一端朝下，放在盛有质量分数为 15% 的盐酸和体积分数为 95% 的乙醇混合液的小烧杯中，用玻璃棒均匀转动，浸泡约 5min，去除蛋壳。然后用清水冲洗，洗净残余的盐酸。

（3）在蛋膜上方孔洞处插入长颈漏斗玻璃管，用棉线将膜与玻璃管扎紧。从漏斗口处将质量浓度为 0.3g/mL（或更高）的蔗糖溶液倒入蛋膜内，为了标识方便，可在液面上方滴加数滴红墨水。需要注意的是，在加注蔗糖溶液时，要分几次慢慢加入（最好是将蛋膜放在清水中，用浮力支撑），否则会因为一次加入的溶液量太大而冲破蛋膜。在加入的过程中，可用手指捏挤蛋膜内的液体，将空气排出。

（4）把装有溶液的蛋膜小心放入盛有清水的烧杯内，用铁架台和试管夹等固定，注意蛋膜下方不要碰到烧杯底部（图 5-4）。

（5）先观察玻璃管内的初始高度，过 3～5min 后再观察，两次观察的差值即为液面上升的高度。

① 陈维. 2006. 对"渗透现象"演示实验的改进. 生物学通报, (9): 48-49

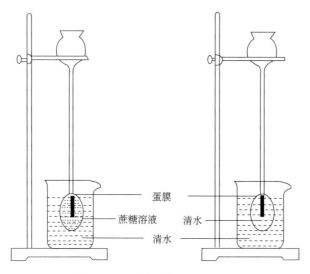

图 5-4　用蛋膜制作的渗透装置

三、实验装置的补充

为了让学生更好地参与相关问题的讨论，同时引导学生探究实验设计的基本原理与要素，在改进原有实验装置的基础上又做了一些补充，增加了空白对照组。装置的具体组成和半透膜的选取与前述一致，只是这一对照实验装置在蛋膜内放的是清水而不是蔗糖。需要注意的是，选择的两个膜大小要基本相同，要将两个膜内的液面调至等高。

教学时，教师可以充分利用此套装置，一边课堂演示，一边组织学生讨论如下问题：

（1）一段时间后，放蔗糖与放清水的膜内液面将如何变化？为什么？

（2）如果在蛋膜内外放的均是同样浓度的蔗糖，结果将会如何？

（3）如果将蔗糖与清水位置对调，将会有什么现象？

（4）如果将蛋膜换成纱布，两个膜内的液面将发生什么变化？为什么？

（5）上述装置中为什么要在另一个半透膜中放入清水？

（6）两套装置的相同点和不同点是什么？

利用这套演示装置，教师不仅可以由浅入深地层层引导学生探究渗透作用发生的条件和原理，而且通过对照实验的设计，还可以让学生自主构建"自变量与因变量""实验组与对照组"等实验变量控制的一般方法。当学生初步理解了这些原理和基本要素之后，教师还可以引导学生进一步探究。教师提出探究性实验问题，如"现有 A、B 两种蔗糖溶液，但不知它们之间的浓度大小关系，你能利用刚才的装置设计出一种方法进行鉴别吗""如果给你一个坐标轴，用时间表示横坐标，纵坐标表示蛋膜吸水后膨胀的体积，你能画出变化曲线吗"，使学生学以致用，将探究进行到底。

行动 3～5. 微格训练—录像回放—重复训练

本部分内容详见专题 1 第三节"微格教学的行动训练模式"中的行动 3～5。

主题帮助三：演示（实验）的基本方法和原则

一、做好预实验及相关准备

1. 确定演示实验的方案

确定演示实验的方案应注意以下几个方面。

（1）符合教学目标的需要。形式为目标服务。选择演示实验应服从教学目的，要以突出教学重点和难点为目标。例如，在"光合作用"一节中与教学内容有关的演示就很多，有的用于说明光合作用过程有二氧化碳的参与；有的用于说明光合作用过程中氧气的产生；有的用于说明光合作用过程需要光的参与等。用于光合作用演示实验的材料种类千差万别。教师必须从教学的实际出发，根据教学重点、难点，根据演示实验的目的和实际条件，对材料进行合理的选择。

（2）效果最佳。应选择效果、结果最佳的实验方案。为使实验现象更明显，更容易观察或者使实验设计更加合理，教师可以对现有的实验做必要的改进。例如，"植物进行呼吸作用"的实验之一"种子呼吸吸收氧"，实验装置是甲、乙两个广口瓶，分别装有萌发的种子和等量的未萌发的干种子，瓶口用橡皮塞或软木塞塞口。为了提高气密性，利用生物学实验室的小号动物浸制标本瓶，因其瓶塞是磨砂玻璃塞，涂上凡士林密封效果更好，实验成功率更高。

（3）装置简单。演示实验仪器的结构要简单，使用方便，教师容易装配，可以节约准备时间。否则，在课堂上准备时间过长，让学生等待，无事可做，结果会使学生的精神状态从兴奋到抑制，影响学生学习的积极性。

2. 反复练习

反复操作，直到操作熟练的地步，注重与教学进度紧密配合。例如，进行"肌肉收缩特性"的演示实验时，教师的操作必须做到手快、眼快，才能保证实验获得良好的效果。教师操作的熟练程度和准确性对学生将起到不言而喻的教育作用。另外，通过重复实验，能更好地把握和分析实验，做到对可能影响实验结果的各种情况心中有数。

3. 实验材料准备齐全

教师应认真做好实验器具、药品、材料和一些必备辅助教具的准备工作。例如，观察"血液成分"，教师应在实验前 2 小时备好猪血。临上课前还必须逐项检查是否齐备，避免实验时出现被动局面。准备材料时应考虑其季节性。例如，有关的教学内容正好安排在秋季，那么选择演示实验有关生物材料时，必须考虑秋季生活的（动植物）材料。同时还要考虑在不同季节、不同天气情况下，温度和光照不同对实验结果的影响，必要时可以通过加光（用灯光照射）或增温（使用恒温设备）来改善实验效果。若到陌生教室上课，教师在实验前要对教室的情况作周密了解，如电源位置、室内采光程度、实验桌的高低大小、有无必需的窗帘等，发现问题及时解决，以免给演示实验造成麻烦。

二、科学示范

教师的一举一动都会给学生留下深刻的印象，起到潜移默化的作用。由于学生喜欢模仿，因此教师演示不仅要熟练，还要规范，做到有条不紊，从容不迫，以严谨的科学态度影响学生。演示实验不仅是启发学生思维、解决疑难问题的一种重要方式，还是培养学生操作技能的标准示范。

1. 规范设计和操作

演示实验设计要正确无误，操作步骤要合理，时间安排要恰当。在设计演示实验时，要不断地改进实验仪器、实验材料和实验方法，使效果更加明显。要充分估计演示过程中可能出现的问题，对可能影响演示实验结果的各种因素都要进行分析，采取相应的措施以减少各种因素对演示实验结果产生的不利影响。

演示过程中，教师必须严格规范地操作。操作规范是指教师在使用仪器、连接和装配仪器及演示现象时动作要准确、标准，使学生在观看教师的演示后能了解正确的实验操作方法，如演示前要介绍所有仪器设备，展示动作标准，全体清晰可见；试管加热应倾斜，管口不对人；盖玻片应一侧先接触载玻片中的水滴，然后慢慢放下；点燃酒精灯后火柴不能随手乱扔，要放在专门的废物杯中等。

做完实验后，教师要将实验器具撤下，并安全地放到一边，切忌自始至终将实验器具放在讲台（桌）上，以免在后面的教学活动中分散学生的注意力。

2. 用语准确

在生物学演示实验中，教师要认真做好实验的解释说明，解说内容要紧密结合教学目标，突出实验重点，向学生指明要观察的内容和现象。

一方面，教师应注重语言的准确表达，阐述实验过程中的关键步骤，消除学生观察中产生的疑问；另一方面，教师语言要有启发性、指导性，根据学生情况和授课内容设置一些悬念，将学生的注意力集中在重要的观察内容上，减少学生在观察上的盲目性，积极引导学生获得感性认识。同时，教师应该及时把学生在观察中所得到的感性认识总结提高，使其形成概念或理论。

3. 演示及时、直观有效

演示实验要配合讲授的知识，及时出现，及时收起。演示桌上只能放置与实验有关的材料和用具，暂时不用的材料和用具应放在学生视野之外，以免分散学生的注意力。同时，实验过程和结果应该直观有效，有利于全班学生清楚地观察。一般来说，应注意以下几个基本要求：①演示物要有足够的尺寸，如果实物很小，要将其投影放大或者巡回让学生观察；②演示桌要有适当的高度，如果桌子不够高，可以垫高，演示物品所放的位置要居中，要照顾到全班学生；③光线足够，可适时衬以适当的背景；④教师在演示时要注意站立的位置，不要遮挡学生的视线，影响学生观察。

4. 正视失败

在操作过程中出现的意外情况一定要认真科学地对待，认真分析其原因，不要急于下结论。培养学生实事求是的科学态度，引导学生思考并找出失败的原因。找出原因后，重新演示。教师对科学一丝不苟、认真负责的态度，正是极好的言传身教。

三、巧妙引导，提高能力

学生能否自主地对演示实验过程及现象进行较为确切的描述和归纳，是对演示实验效果的最好评价。教师此时起着重要的引导作用，即组织学生对观察的现象或结果进行陈述或发表见解。例如，在讲解生物的拟态概念时，教师挂出"枯叶蝶拟态图"，图中枯叶蝶的背面观部分事先已用纸盖住。教师指图向学生提问："图中植物的枝上有什么？"学生会说："枯叶。"教师再请学生仔细观察图中的几片"枯叶"有什么差异。这时，学生的注意力全都集中在图上，观察一段时间后，教师请学生回答。当学生的答案被教师否定后，学生更有兴趣地认真观察图。如果学生观察到图中"枯叶"有差异，教师便可请学生进一步指图说明差异之处。然后，将盖住枯叶蝶背面观图的纸揭去，指明这片"枯叶"原来并不是什么叶，而是一只美丽的蝶。此时，教室里往往会哗然，学生急迫地想知道原因。教师在这个时候再讲解拟态的概念，恰到好处，学生获得深刻的印象，同时又培养了学生敏锐的观察力。

教师在教学中可适当采用"引导—观察—思考—迁移"的探索路径进行引导，学生主动发现，乐趣也将会越来越大。例如，演示"光合作用产物"的实验过程中，除了引导学生仔细观察实验过程，还可进行启发式提问："为什么这个实验要在光照下进行""实验为什么采用水生植物""你还有什么其他方法来收集气体吗""通过这个实验你得出了什么结论"。教师在上面观察分析的基础上进一步启发思考："植物中的有机物来自光合作用，那么农民种田时可采用什么方法提高产量？"如此一来，教师的演示过程就会转化为学生主动探索发展的过程，培养学生的思维能力。

四、确保演示实验安全

在实验教学中，如果发生实验事故，不仅造成教师和学生人身伤害，而且会给学校教学秩序带来影响。教师在演示实验时必须高度注意实验安全，尤其是在高温、高压、大电流的情况下，或者是接触易燃、易爆物质时，应格外小心仔细，并采取必要的安全措施。

行动 6. 评价反思：行动过程的监控与评价

在各行动过程中，涉及多次的评价和反思，演示（实验）技能评价和反思的项目如表 5-2 所示。小组可以参考以下评价项目，在各行动环节中对学员进行评价，学员也可根据表 5-2 进行自我评价和反思。

表 5-2　演示（实验）技能评价记录表

课题：　　　　　　　　　　　　　　　　　　　　　执教：

评价项目	好	中	差	权重
1. 演示的目的与本课题内容密切结合	□	□	□	0.10
2. 演示现象明显，能吸引全班学生的注意力	□	□	□	0.20
3. 能启发学生思维，指明学生观察的方向和顺序	□	□	□	0.15
4. 操作演示动作规范，具有示范性	□	□	□	0.15
5. 演示程序清楚，关键步骤能重复	□	□	□	0.05
6. 演示与讲解等其他技能结合好	□	□	□	0.10
7. 演示开始时能将仪器介绍清楚	□	□	□	0.05
8. 仪器装置较简单，易操作	□	□	□	0.10
9. 演示能确保安全可靠	□	□	□	0.05
10. 对演示结果能实事求是地解释	□	□	□	0.05

对整段微格教学的评价：

思考与练习

1. 什么是演示（实验）技能？它具有什么特点？

2. 选一段优秀教师演示实验的教学录像，说出在演示过程中，教师是如何指导学生观察分析的。

3. 选择本专题提供的一个片段，仿照课例的教学设计和教学视频，在充分备课的基础上独立设计教案，尝试进行微格教学实践，重点实践演示技能。在演示教学之前，应首先说明以下几个问题：

（1）应用了几种教学媒体？如何排序出现？依据是什么？

（2）说明演示的条件和过程，准备让学生观察什么、如何观察。如果是实验演示，说明仪器的名称、操作过程及实验将产生的现象和结果。

（3）注意演示的过程，按要求进行演示。

专题 6　教学语言也要设计——教学语言技能

【学与教的目标】

识记：教学语言技能的内涵与外延；教学语言技能的理论基础及其类型、作用等。

理解：教学语言技能的组成要素。

应用：结合生物学教学的特点，掌握并灵活应用导言的设计、新知讲授的设计、课堂提问的设计、课堂小结的设计、过渡语言的设计、评价语言的设计等方法编写教学语言技能教案；教学语言技能的片段教学、试讲练习等。

分析：运用教学语言技能的方法与技巧；运用教学语言技能的原则。

评价：评价教学语言技能教案编写质量，评价教学语言技能试讲练习的效果，并提出纠正的措施。

第一节　教学语言技能基础知识学习

一、你了解教学语言技能吗

教学语言技能是教师课堂教学中传递信息或给学生提供指导的一种语言行为方式。在生物学教学过程中，教师为了阐明教学内容、传授知识、激发学生学习兴趣等一系列课堂活动所运用的语言就是教学语言。语言技能伴随着课堂教学的每一个环节，任何一种教学技能的运用几乎都离不开语言技能，它是一切教学活动的最基本的行为方式[①]。专题 2 中的讲解技能和本专题的教学语言技能有联系、有交叉，都是通过教师的语言表达反映出来的一种技能。但研究的对象不同，讲解技能主要研究教师讲解的知识内容，倾向于对内容的处理；教学语言技能则主要研究教师的语言表达。

教学语言最基本的要求就是准确，语言表达的思想内容准确地反映教学内容。教师依据课程标准和教材要求，科学地组织教学语言，向学生传授知识，沟通情感。教师用语的语法、修辞、逻辑都必须经过推敲、斟酌而定。教师在课堂中正确、清晰地传递教学信息是教学语言的基本功能，对激发学生的生物学兴趣，以及培养创造性、逻辑性思维具有重要作用。

1. 教学语言技能的来源

关于教学语言，我国古代教育史上就有过精辟的论述。《礼记·学记》中说："善歌者，使人继其声；善教者，使人继其志。其言也，约而达，微而臧，罕譬而喻，可谓继志矣。"孟子也曾说："言近而指远者，善言也；守约而施博者，善道也。"（《孟子·尽心下》）。可见，语言是交流思想的工具，在教育教学中则是教学信息的载体，是教师圆满完成教学任务的行

---

① 崔鸿. 2013. 新理念生物教学技能训练. 2 版. 北京: 北京大学出版社: 19

为方式，对于教师职业来说尤为重要。教学语言是打开知识宝库的钥匙，是沟通师生心灵的桥梁。课堂既有空间的确定性，又有时间和对象的确定性，它要求教师的语言稳定清晰，在整个课堂的语言活动中，始终能积极、轻松、有序地表达，能"声声入耳，句句达心"。教师的教学语言要紧紧地围绕课程教学内容展开，不驰心旁骛，不拖沓累赘。因此，教师的语言修养直接决定教学效果和教育质量，直接影响教学结果的成败。

苏霍姆林斯基在谈到教师的素养时指出："教师的语言修养，在很大程度上决定着学生在课堂上脑力劳动的效率。"优秀的教师语言的魅力就在于它能够在教学过程中化深奥为浅显，化抽象为具体，化平淡为神奇，从而激发起学生学习的兴趣，引起学生的注意力和求知欲。有些教育学家认为，教师的教学语言应该融播音员的清晰、相声大师的幽默、评书演员的流利、故事大王的激情于一体。当然，这是教学语言的理想境界，不可能要求每一位教师都达到，但肯定是每一位热爱教育事业的教师所追求的境界。尽管随着科技进步，科技媒体语言愈显重要，但是课堂教学有声语言独具的情感特质仍然是无法替代的。

2. 教学语言技能的作用

教学语言技能结合其他教学技能所能实现的教学功能是广泛的。本书仅就教学语言的最基本特征谈其功能。

1）传递知识信息

语言是信息的载体。通过教学语言引导学生观察所研究的对象或现象背后最本质的内容，科学地、清楚地、有效地传递生物学知识信息。教学中大量活动需要通过语言的表达和交流来实现，教师使用规范的、准确的教学语言，才能使学生扎实地掌握基础知识。教学语言水平与教学效果是直接相关的。有研究表明"学生的知识学习同教师表达的清晰度有显著的相关"，教师的讲解如果含糊不清，也会直接影响学生学习的成绩。因此，准确、清晰地传递知识信息是教学语言的基本功能，也是对教学语言训练的基本要求。

2）组织课堂教学

使用恰如其分的语言可以明确学生思维的指向，集中学生的注意力；用鼓励性的语言可以激发学生的求知欲望，调动学习积极性；用激发强化的语言可以引起学生学习的兴趣，稳定课堂纪律；用发自肺腑的教学语言可以实现师生的情感交流。总之，通过丰富的语言表达可以恰当且有效地组织课堂教学。

教师可以利用语言的轻重缓急或者布置问题指引学生注意。例如，当有的学生注意力不够集中时，教师就说："我看见张三同学精神特别集中，眼睛一直看着老师，他一定能把功课学好。"或者说："老师这有一道难题，比一比看谁能做得又对又快。"这些语言都可以有效地组织学生学习。

3）激发学习兴趣

学习兴趣是推动学生主动和愉快地探求知识的巨大动力，是发明创造的源泉。教师可以巧妙地利用语言，促进学生情感迁移，培养学生热爱生物学的情感。教师要善于锤炼教学语言，富有趣味性、幽默性、艺术性的教学语言是激发学生学习兴趣的重要方面，生动活泼的教学语言往往能激起学生的学习热情。

4）发挥语言表达的示范带头作用

中学教育是学生成才发展的阶段，学习基础知识、基本技能，发展学生的思维，培养学生语言表达的能力。要教会学生用规范准确的语言表达自己的思想，用完整简练的生物学术语阐明概念，解释原理。教师的教学语言对于中学生是最具体而直观的示范，对培养学生的语言能力起着重要的作用。例如，2016 年全国生物学高考的第 29 题关于 "ATP、dATP 及噬菌体侵染细菌的实验" 的分析推理题，以及第 32 题关于 "果蝇的灰体和黄体" 的遗传实验探究题，考查的能力之一就是语言表达能力，考生需要运用相关知识组织语言分析解答。两题的得分率都不高，考后分析认为不能准确语言表达或者表述不完整是考生失分的重要原因。

教师语言的逻辑性直接影响学生思维的逻辑性和语言表达的条理性。很难想象一个语言条理不清、啰啰唆唆的教师，能培养出语言流畅、表达层次分明、条理清晰的学生。

具有较高教学语言技能水平的教师在教学中能对学生产生潜移默化的影响，使学生从自觉或不自觉地模仿教师，到自己灵活地表达，逐步提高语言表达能力。因此，教师加强教学语言技能的训练，提高教学语言的示范性是十分必要的。

5）实现情感交流

课堂教学是师生的双边活动，教师在传递知识信息的同时，必然伴随有师生的情感交流。教师的语调、节奏、语气的变化，或舒缓平稳，或慷慨激昂，或清心闲谈，或委婉动人，或欢快昂扬，或庄严郑重……凡此种种，均可有效地表达教师的情感、情绪，影响师生间的情感交流。在此基础上形成的师生间的心理联系，又反过来影响知识信息交流的效率。

著名教师于漪说："教师的语言要深于传情。语言不是无情物，情是教育的根。教师的语言更是应该饱含深情。带着感情教，满怀深情说，所教的课、所说的道理就能在学生中引起共鸣，从而心心相印。"

二、教学语言技能的构成要素

1. 语音和吐字

语音是语言的物质材料，是语言的基本结构单位，多种有意义音节信号的组合而构成语言。语音使得表达信息的符号——语言，能以声音的形式发出和被感知。在课堂教学中，对语音的基本要求是要规范，即用普通话语音讲话。

讲话要语音清晰，吐字清楚、坚实、完整。有人形容吐字不清是 "嘴里含个热饺子"，含糊不清，还常有尾音不清晰或者被吞掉，有头无尾或有尾无头，都使人听不清楚。造成这种现象的主要原因是发音器官在发相应的字音时不到位。音节是由唇、齿、颚、舌的不同动作产生的。有些所谓 "大舌头" 的人并非舌头大，而是发不出卷舌音。唇是字音的出口，对控制吐字的质量有明显的影响。例如，发音时唇向前突出，会使字音包在口中，给人以压抑沉闷的感觉，如果适当把唇收拢使唇齿相依，声音就会明朗许多。为使声音集中，还必须加强唇的收撮力，如果唇的收撮力弱，就容易使声音发散，不清晰。因此，唇在控制普通话的吐字发音中具有特殊意义。同时要注意，唇、齿、舌在发音中是一个整体，这三者相互协调才能完成准确、清晰发音的任务。只要认识到发音问题会对学生学习造成不良的影响，注意每一个音节的发音部位，有意识地矫正，并且经常练习，发育问题是完全可以解决的。在语音清晰、吐字清楚的基础上，再力求音色清脆、悦耳、圆润、流畅。

另外，还应十分注意生物学常用字的准确读音，许多生物学常用字的读音不同于习惯发音，如蔫蔫（niān）不能读成蔫 yān，两栖（qī）动物不能读成两 xī 动物，蜕（tuì）皮不能读成 tuō 皮，桡（ráo）骨不能读成 náo 骨，臀（tún）部不能读成 diàn 部，桧（guì）柏不能读成 kuài 柏。生物学教师应对易读错的字勤查字典，千万不能想当然，在教学中读错字是不应该的，有损教师形象，降低教师威信，从而影响教学质量。

2. 音量和语速

语音有音高、音强、音长和音色。音量是指语言的音强，它由发声时的能量大小决定。教学口语必须有合理的音强，才能使学生听得真切、清楚。

音量要适宜。音量过大，教室回音较大，衰减较小，高于 65 分贝，讲话本身就可能成为噪声，干扰学生思维。音量也不宜过小，低于 45 分贝就成了微语，学生听得很吃力而且不清楚，无法刺激学生保持注意力。一般上课的音量应在 45～65 分贝，新教师往往习惯于小声说话，初上讲台，应经过一定训练，掌握好音量。一般来说，课堂教学语言的音量可以控制在这样一种程度：使最后一排学生听得清楚，又不使第一排学生感到震耳。

教学时，讲话声音的底气要足，就是通过肺部的运动产生足够的发音动力，使声音有足够的底气和动力。少气无力，容易使学生的注意力分散，学习气氛懈怠，缺乏生气和活力。教学时应注意克服语尾弱化、虚化，最后一个字的字音消失，或者说长的句子时不能连贯和完整的毛病。有时，教师故意低声讲述，以调动学生的听觉注意力，但要做到低而不虚，沉而不浊，有内在的声音力度。

音量要有变化。教师在教学过程中，为了适应教学内容发展和师生交流情感变化的需要，就要善于变化音量、音高和音长。音量的变化又称为"控嗓"，是教师进行语言调控的常规手段，用以显示教师教学语言的层次感和声音的错落美感。

语言的速度是指讲话的快慢。人们听话的能力有一定的承受量，超负载则听不清楚，教师语速快慢是否科学合理，对教学效果有直接的影响。教学语言是一门专门的工作语言，不应该用日常习惯的语言速度讲课，而必须受课堂教学自身规律的制约。讲话的速度以平均每分钟多少字为适度呢？中央电视台播音员的语速为每分钟 350 字左右，中学课堂口语的速度要慢些，以每分钟 180～250 字为宜，过快或过慢都会影响学生听课效果。

一般来说，在学生注意力集中、精神饱满时，讲话速度可以快一些，声调可以低一些；学生思维疲劳、注意力分散时，讲话速度可以慢一些，声调可以高一些。

3. 语气和节奏

语气是指语句中的声音强弱、虚实的变化，用以表现不同的思想情感。例如，"坐下"一词，用不同的语气可以表示温和亲切、命令、生气、厌烦等不同的情感。苏联的彼得罗夫斯基在他主编的《普通心理学》中说："说话者在自己的语言中应当反映出各种不同等级的肯定语气、各种不同的问题形式，甚至是同一个'没有'这个词的发音，可能有不少于 90 种不同的语调，从其中每一种不同的语调中我们的交谈者便获得某种附加信息。"教师应当掌握"不同等级"的语气、语调变化，使所传达的教学信息更生动、更丰富，以此表达语言文字之外的附加信息。

语气修饰的训练，应首先明确教学内容和师生交流中有哪些情感需要，分析教学内容中哪些部分需要有疑惑感，哪些部分有郑重感、兴奋感、紧迫感等，这样才能使语气修饰符合教学内容的情感需要。在师生交流的过程中，尊重学生的人格，形成真诚、相互理解、相互尊重的良好课堂心理气氛。哗众取宠、自吹自擂的语言情感,有伤学生自尊心的讽刺挖苦、揭短等对人不尊重的情感,哄骗虚假的语言情感都是教学中所忌讳的。教学语言的形式美只有通过教师个人的思想修养,才能真正体现出来。

教学口语的节奏是指教师在一个相对完整的表述中,其语速的快慢、语音的强弱变化而形成的语流态势,它与教学内容表述的需要以及教师的情感流露密切相关。节奏与语速有联系,但不是一回事。语速是讲话的平均速度,并不意味着讲话中的每个字所占的时间一样长。有的字音长一些,有的字音短一些,句中、句间还有长短不一的停顿。这些由音的长短和停顿的长短所构成的快慢变化,伴随相应的语音强弱、力度的大小和句子长短的有规律变化,就产生了口语的节奏变化。加强口语表达的生动性,能有效地减轻学生听课的疲劳和紧张,提高听课效率。所以,教师应注意把握好教学口语的节奏变化,加强口语的动感,使其充满活力。

4. 语调

语调是指讲话时声音的高低升降、抑扬顿挫的变化。从所表达的内容出发,运用高低变化、自然合度的语调,可以加强口语表达的生动性。

美国耶鲁大学的卡鲁博士经实验发现,用低沉、稳健的语调讲授,比用那种高亢、热情、煽动性的语调,更让学生记得牢。有调查资料表明:教师用高亢型语调讲课的班级,学生容易出现烦躁、厌倦的情绪,作业平均正确率为 68%;在语调抑制型教师的班级,学生很快表现出精神冷漠,注意力不集中,作业平均正确率为 59.4%;在语调平缓型教师的班级,学生表情平淡迟钝,作业平均正确率为 81.1%;而在语调交换型教师的班级,学生精神亢奋,注意力集中,反应灵敏,作业平均正确率达到 98%。尽管这种研究还需要进一步检验和确证,但语调和教学语言技能在教学过程中的重要作用是很明显的。

5. 词汇和语法

教师应具备较丰富的生物学词汇量,熟悉生物学概念、原理中应用到的词汇,并能正确、熟练地运用于课堂教学中。生物学课堂教学的词的要求是:规范、准确、丰富。其基本做法就是回归课本概念、原理的语言表述。教学中还应注意用词的通俗化、口语化,但通俗化、口语化并不等于庸俗化。对于一些相似的、易混淆的名词、术语,要注意准确地解释和区别,如“脂类”和“类脂”、“肌体”和“机体”、“极体”和“极核”、“胚囊”和“囊胚”、“呼吸作用”和“呼吸运动”、“应激性”和“适应性”等。

语法是用词造句的规则,是人们在长期的语言实践中形成的。教师口语只有符合这种语法规则,学生才能听懂,违反这些规则就无法进行交流。与语法相关的还有逻辑性,即在组织一段语言时,思路要顺畅,要合乎语法、合乎逻辑规律、合乎逻辑语言才能连贯。

三、教学语言技能的设计及案例分析

教学语言的设计要强调语言表达的科学性,同时要具有严密性和逻辑性。一节生物学课的教学过程大体上可分为:导入新课、讲述新知、课堂提问、本节小结、课堂训练五个环节。备课时,精心设计好每一段教学语言,使得新课导入新颖、过渡自然、新知讲授重点突出、难点突破、小结精练，提问富有启发性，课堂训练具有针对性。

教师课堂教学语言的设计方法有以下几个方面。

1. 导言的设计

导言的设计对于激发学生对知识的求知欲，调动学生学习的积极性和主动性，帮助学生明确学习的内容，最终达到理解教材和掌握教材的目的，起着至关重要的作用。与"上节课我们讲了……这节课我们来学习……"的导入相比，一个谜语、一段故事、一句成语、一幅画、标本、模型和实物或以设疑提问开头，更能渲染课堂氛围，吸引学生的注意力，推动教学的进展。关于导言设计的内容详见专题7。

2. 新知讲授的设计

生物学新知的教学重在进行生物学概念、原理、实验的讲解，由于生物学名词、术语多且难记，教师更应该注意教学语言的设计。

（1）教师在教学中对新知科学概念的叙述和分析，要简明、透彻并富有条理性。对学科内容和生命现象及规律的描述，要具体、生动和富有启发性。同时要科学、准确地使用生物学名词和术语，切不可想当然。新教师一方面要注意回归课本语言，应用课本语言描述概念、原理和方法是基本的要求；另一方面，还要恰当地处理好通俗性和科学性的关系。对生物学概念、原理和方法不能"特创"，更不能"随意"，不要滥用习惯用语、口头禅来替代生物学概念。例如，我们平时习惯于把皮肤浅层的静脉叫作青筋，把鸟类的喙说成是嘴等，这些概念都是错的。

案例6-1：癌细胞的概念

师：细胞是有一定寿命的，但是有些细胞受到致癌因子的作用，细胞中遗传物质发生变化，变成不受机体控制的、连续进行分裂的恶性增殖细胞，这种细胞叫作癌细胞。一说到癌细胞，大家都会不寒而栗。为什么癌细胞对健康的危害极大呢？实质上，这与癌细胞的特征有关。首先，癌细胞的遗传物质发生改变，能无限增殖；其次，癌细胞的形态结构发生变化，影响细胞功能的正常运行；最后，癌细胞的表面糖蛋白等物质减少，容易在体内分散和转移。目前，引起细胞癌变的致癌因子分为三类……（介绍物理致癌因子、化学致癌因子和病毒致癌因子的分类知识及常见的致癌因子）

结论：癌细胞是受到致癌因子的作用，细胞中遗传物质发生变化，变成不受机体控制、连续进行分裂的恶性增殖细胞。

教学分析：案例中教学语言精练、言简意赅，能应用教材语言，科学准确地表达出对癌细胞概念内涵和外延的把握。语言组织条理清晰，从概念到特征，再到影响因子分析，最后得出结论，体现了思维的连贯性。

（2）新课中要善于用"数字"说话。通过列举数字讲解生物学基础知识，可以加强教学的直观性，有助于学生对抽象的、概括的知识有具体的理解，而不是简单的知识罗列。同时，这种方法还能激起学生学习生物学的浓厚兴趣，提高学习效果。

案例 6-2：消化与吸收

小肠：小肠是食物消化和吸收的主要场所，其表面积的大小直接影响小肠的消化吸收功能。小肠全长 5～6m，小肠腔面有许多由黏膜和黏膜下层向肠腔突出而形成的环形皱襞，皱襞表面有许多绒毛。用电子显微镜观察，可看到上皮细胞顶端的纵纹是细胞膜突起，称为微绒毛。每个柱状上皮细胞有 1700 条左右的微绒毛。由于皱襞、绒毛和微绒毛的存在，小肠的表面积比原来的表面积增大了 600 倍，达到 $200m^2$ 左右，大小接近一个排球场。

案例 6-3：血液循环的动力来自心脏

在安静时，成年人心脏平均每分钟收缩约 75 次，每次收缩输出血约 70mL，每分钟输出血约 5250mL。这样，一个健康人的心脏在 24 小时内所做的功，可以把 32t 重的物体升高约 0.33m。

以上两个案例通过列举数字，强化了生物学的科学性。同时，还对数据进行了类比，使教学内容更加生动有趣，化抽象为形象，化静态为动态，化深奥为浅显，化生疏为熟悉，给予学生直观的感受。

3. 课堂提问的设计

课堂提问是师生之间最重要的一项教学活动。通过课堂提问，教师可以吸引学生注意、引发学生思考、评价教学效果等。教师设计的问题要有启发性和针对性，提问的语言需要设计：题目不要太大，要能促进学生思维活动的开展；应当有一个难度梯度；问题应当紧扣教学内容等。此外，应当根据问题的难易程度和学生的认知水平设计提问语言，语言应当做到直白、准确，切不可问题过于晦涩、深奥或"绕圈子"。关于提问设计的内容详见专题 4。

4. 章节小结的设计

小结是教师针对一章或一节教学内容进行知识归类、整理和总结，语言表达要精练、准确，才能起到画龙点睛的作用。由于小结语往往是一些结论性的语言或对某一生命规律的总结，因此教师在做小结前一定要反复思考，精心编写好小结语，只有这样才能保证小结的权威性和准确性。

小结语又称课堂教学结尾语、断课语，是指教师讲完一部分内容或课堂结束时所说的话，成功的小结语会留给学生深刻的印象。一堂好课，不仅要有引人入胜的导入和环环相扣的讲授，还要有精致的结尾语。

1）归纳式结课法

用准确简练的语言，提纲挈领地把整个课的主要内容加以总结概括，给学生以系统、完整的印象，促使学生加深对所学知识的理解和记忆，培养其综合概括能力。这种结课方式是生物学课堂结尾最常用的方式。

案例 6-4：细胞的增殖

讲授有丝分裂的相关内容后，对有丝分裂的过程编写一段总结性的口诀："仁膜消失现两体，赤道板上排整齐，一分为二向两极，两消两现出新壁。"并对每句口诀做详细的解释说明。这样的结课设计，能让学生对复杂的有丝分裂过程熟记于心。

案例 6-5：DNA 分子的结构

总结 DNA 分子中四种碱基的互补配对原则时，可以编成一个顺口溜描述为"上尖对下尖（A 配 T），驼背对驼背（G 配 C）；嘌呤配嘧啶，绝对不错位。"这种方式的结课不仅幽默风趣，而且可以使学生对"A—T，G—C"这个碱基配对原则记忆深刻。

案例 6-6：　人类遗传病

上完"人类遗传病"这节课，可将遗传病特点总结为"无中生有为隐性，生女患病为常隐；有中生无为显性，生女正常为常显"。伴 X 染色体隐性遗传病："母病子必病，女病父必病"。伴 X 染色体显性遗传病："父病女必病，子病母必病"。伴 Y 染色体遗传病（显性或隐性）："父传子，子传孙，子子孙孙无穷尽"。这样的结课设计，做到了对本节课内容的概括和提炼，起到画龙点睛的作用，使学生记忆犹新。

2）悬念式结课法

结课时，教师可以巧设疑障，有意识地设置悬念，给学生创设一个有待探索的未知空间，激发学生探求新知识的欲望。好的结语在总结本节课内容的同时，也为下节课的学习埋下伏笔。

案例 6-7：孟德尔的豌豆杂交实验（一）

孟德尔通过对豌豆一对相对性状的研究，发现了基因分离定律，让我们充分领略到了假说-演绎法在科学研究中的重要作用，同时也让我们体会到了孟德尔勇于创新、敢于质疑、严谨求实的科学态度和科学精神。在发现遗传第一定律后，孟德尔并没有停下探索的脚步，他又开始继续探究两对相对性状的遗传规律。孟德尔对两对相对性状遗传的探究思路又是怎样的？两对相对性状的遗传又遵循什么规律呢？各位同学，且看下一节课，我给大家一一道来。

教学分析：以问题串的形式作为结语，有助于激发学生的学习欲望。学生为了探根究底，会自发地预习下节课的内容，为下节课的学习打下基础。这种悬念式的小结语起到承上启下的作用。运用小结语要注意教学语言：①忌拖沓：小结语若啰唆、杂乱，用语不简洁、不明确，必然让学生感到厌烦，影响教学效果；②忌仓促：临下课时慌慌张张地讲几句，草率收场，不能起到小结巩固强化的作用；③忌平淡：可根据教学目标与教学语境的需要变换小结语，如点睛式、引申式、含蓄式、检验式。[①]

5. 过渡语言的设计

过渡语又称课堂衔接语、转换语等，是指教学中从一个环节到另一个环节，由一个大问题到另一个大问题之间的过渡用语。巧妙的过渡语可以起到自然勾连、上下贯通、逻辑深化的作用。过渡语也是引路语，提示和引导学生从一个方面的学习顺利地通向下一个方

---

① 王达善. 2011. 浅谈生物课堂教学的结课艺术. 中学生物教学, (7): 20-22

面的学习。过渡语也是粘连语，它可以把一节课的内容衔接成一个整体，给学生以层次感、系统感。

过渡语的设计有以下几种方式：

（1）顺流式：是指上一个问题自然为下一个问题做了预备和铺垫。例如，"好，我们了解了根从土壤里吸收水分用的是渗透的方式。可是，植物根除了从土壤中吸收水分外，植物生活还需要什么物质呢？"用设问句的方式，引出"矿质代谢"这一命题的讲述。

（2）提示式：是指出上下环节或问题之间关系的过渡语。例如，"好，上面讲的这一切如果都成立的话，那么下面这种说法也能成立吗？"

（3）悬念式：是指运用前面问题推导的结果，制造一种悬念效应，巧妙引出下文的过渡语。例如，"同学们听到我讲的这些以后，一定感到很奇怪，真的有那么厉害吗？好，这个问题我们先放在这儿，一会儿就会明白的。下面，我们先搞清这样一个问题……"

总之，过渡语贵在自然、恰当、简洁，使整个教学浑然一体，同时注意艺术性和趣味性，让学生的思路能够顺利地由前者转入后者，而不至于感到突兀、费解。

6. 评价语的设计

教师的评价语应对学生的学习行为具有明确的指导性、启迪性和激励性。教师的评价语是学生了解自己学习情况的一面镜子，能反映学生学习过程中取得的进步和存在的问题，能衡量学生学习水平的高低，是学生学习的助推器，能激励学生学习，增强学生自信心。但是，教师的评价语是一把双刃剑，评价得好，可以激励学生，评价不好却可能会打击学生的信心和积极性，压抑学生的学习欲望，因此应该正确使用评价语。

课堂中教师常用的评价语方式有以下几种。

1）表扬和鼓励

表扬是对学生能力的认可。学习困难生更需要表扬，因为表扬可以使他们找回自信。不同年龄的学生对表扬的需求不同。随着年龄的增长，学生需要教师更具体地指出他们的长处，并指出努力的方向。教师的表扬用语要尽可能多样化和具体化。有些教师在课堂上毫不吝啬表扬的语言，本不为过，可是表扬的次数多了，甚至连学生照着书念答案也大力表扬，就会给学生造成一个假象，教师的表扬不值"钱"，得来不费气力的东西，学生是不会珍惜的，而且有些学生会把这种表扬看成是对他们水平的低估，甚至误以为是嘲讽。

"引用表扬"是一种间接的表扬方式。在陈述答案或总结问题时，教师若能引用学生的回答，则比教师直接表扬的效果更好，如"正像刚才李敏说的一样，植物细胞和动物细胞的主要区别是……"这种表扬方式会使受表扬的学生获得成就感和认可感，从而更加努力地学习。有调查表明，大部分学生比较喜欢教师表扬时采用"引用表扬"的策略。

当学生回答不准确或不会回答问题时，教师应适当鼓励和帮助，并给予暗示，切不可冷言相对，说一些挫伤学生自尊心的话语。

2）批评语

（1）批评语要客观公正，有针对性，就事论事，不要随便扩张。

批评语通常是在事情发生后出现的，教师一定要深入了解事实，调查情况，研究分析后对学生的思想行为做出实事求是的评价，给予公正合理的批评。客观公正是教师对学生做出评价的最基本要求。

（2）批评语要平等和气，尽可能委婉、含蓄。

批评学生时，教师应理智地控制自己的情绪，不要用训斥、威胁的口气，也不要用斩钉截铁的语气，那种瞪眼睛、拍桌子，大声叫嚷等发怒的形式会使学生产生对抗的逆反心理，也有损教师的形象。每个学生都有较强的自尊心，教师在批评学生时要用平等和气的态度，讲究委婉含蓄，考虑环境条件，如时间、场合等，设身处地为接受批评的学生着想。尽量不在全班同学面前点名批评某某同学，可以点事不点名，表明批评是对事不对人，这样既成全了被批评学生的面子，也起到教育其本人、同时教育大家的作用。教师满怀爱心，满怀理解，用平等和气的态度点明学生的错误，用真情感化学生，启迪学生的心灵，使之产生自我批评的意识。

（3）批评语要用词得当，言语由衷。

明智的教师，不随便批评学生，真要批评的时候能让学生感到教师是期待他改进的。批评语发自教师内心，用词得当、言语由衷，表达出对学生负责任的态度。这种批评语能"沁人心扉"，感化学生的心灵。

（4）批评语要侧重引导，灵活转化。

教师是学生的引路人，批评时要说明该做的事，指出改正的方向，让学生用积极的态度思考批评的问题。学生犯了错误，能认识到自己的错误，感到后悔，这时教师不须批评，而应给予关心和体贴，给予改正错误的机会。当学生犯了错误，通过教育有了正确的反应，接受教师的指点并积极付诸行动，改掉了错误的行为习惯，这时教师要善于发现学生的闪光点，及时加以赞许，恰当地给予表扬，批评转化为表扬，达到批评的最佳效果。

教师在工作中过多地使用批评容易造成学生消极悲观。为了避免无谓消极的批评，发挥批评的积极教育作用，少运用且善于运用批评才是上策。

总之，教学语言设计要以学生发展为本，要亲切、得体，并注意尊重学生的人格。我们经常看到因为教师的一句不经意的话伤害了学生幼小的心灵，学生可能一辈子都会记住，对其发展非常不利。教师不仅要传授给学生书本知识，还应当注意与学生通过语言进行情感交流，营造良好的学习氛围，只有这样才能真正地成为学生的良师益友。

第二节　教学语言技能行动训练

行动 1. 示范观摩：观摩示范视频，体会教学语言技能

在对教学语言教学技能有了初步的感性认识之后，如何将这些理论知识体现在教学实践中呢？请观看并分析以下视频课例，体会教学语言技能的运用方法、技巧及有关原则。教学语言技能是所有教学技能的根本，教学语言技能渗透于各个教学环节中。在一个片段教学中，无法将其完全剥离出来。因此，在学习应用教学语言技能时，重点体会教学语言的准确性、简洁性、清晰性及语音语调的一些变化的同时，也要将该片段的教学设计、各种教学技能的综合应用一并纳入学习、体会和模仿的范畴。

课例 601：基因位于染色体上的实验证据

教学课题	基因位于染色体上的实验证据（基因在染色体上）			
重点展示技能	教学语言技能、讲解技能	片长	11 分钟	上课教师	郑美玲
视频、PPT、教学设计二维码	V601—基因位于染色体上的实验证据			

内容简介

19 世纪初，萨顿提出了"基因位于染色体上"假说。摩尔根通过果蝇杂交实验尝试验证这个假说。在实验中，摩尔根发现白眼果蝇都是雄性，基于果蝇染色体的特点，遂提出控制白眼的基因位于 X 染色体的非同源区段上。本节内容就是关于摩尔根如何基于证据，提出该假说的推理过程。

众所周知，该部分知识蕴涵了重要的科学发现思想和方法。教师通过设疑解难，启发学生的思维。同时，让学生接受科学本质和科学精神的熏陶。通过思考、讨论，让学生以合作学习小组的形式分析证据，运用"做出假设工具表"，发展学生做出假设的能力。

教学过程

1. 从萨顿的假说入手，引入新课内容，承前启后。

2. 介绍摩尔根的生平，通过生动、准确的语言，指导学生了解科学家的故事，认同科学研究需要大胆质疑，激发学生对科学的热情。

3. 果蝇杂交实验：通过生动的教学语言，结合图片及教具，以视听结合的方式增强学生对遗传学实验常用材料果蝇的感性认识，认同选择实验材料的重要性。同时，引导学生分析果蝇杂交实验，提出值得探究的问题，在严谨推理的基础上大胆想象，做出假设。

4. 归纳、总结：强调敢于质疑、严谨推理、勤奋实践和大胆想象等因素在科学发现中的重要作用。

点评

1. "基因位于染色体上的实验证据"的内容是本节课的重点、难点之一。教师创设情境，步步引导，使学生重走摩尔根的实验探究历程，并领悟大胆质疑、严谨推理、创新和勤奋实践等在科学研究中的重要作用。

2. 教师运用"做出假设工具表"，通过层层深入的问题，引导学生分析果蝇杂交实验，进行严谨的推理，在此基础上大胆想象，做出假设，有效地提高学生做出假设的能力。

3. 教师的教学语言准确、恰当，能较好地应用教材语言。教态自然、大方，仪表得体，音色悦耳、流畅，语速拿捏得当。整堂课层次分明，合乎逻辑，教师思维缜密，讲解环节符合学生的认知特点。

初看视频后，我的综合点评：

关于教学语言技能，我要做到的最主要两点是：

1.

2.

课例 602：氨基酸及其种类

教学课题	氨基酸及其种类（生命活动的主要承担者——蛋白质）				
重点展示技能	教学语言技能、讲解技能	片长	11 分钟	上课教师	闫博
视频、PPT、教学设计二维码	V602—氨基酸及其种类				

内容简介

    该内容主要介绍氨基酸的结构及其种类。通过几张常见的食物图片作为导入，激发学生兴趣，引入新课。接着回顾初中化学知识引入，学习新知——氨基和羧基的结构特点，引导学生总结、归纳出氨基酸的结构通式。通过展示几种氨基酸的结构式，进一步加深学生对氨基酸结构通式的理解与运用。最后，结合生活实际讲解氨基酸的种类。课堂上，教师采用"提出问题—获取信息—解决问题"的教学模式，意在提高学生获取信息并综合运用的能力。

点评

    1. 教师将知识与生活实际相结合，使学生在学习过程中产生共鸣，强化学生对知识的理解和应用。

    2. 教师设计的问题层层深入，有助于引发学生思考。教学语言突出教学重点，注重学科间知识的交叉渗透，有利于提高学生的综合运用能力。

    3. 教师语言清晰、精练，既具有严谨的科学性，又通俗易懂。语音清晰，吐字清楚、坚实、完整；声音洪亮，底气十足；语言速度和节奏变化合理，语调抑扬顿挫，具有较强的课堂感染力；音色圆润、流畅，学生听得真切、清楚。

初看视频后，我的综合点评：

关于教学语言技能，我要做到的最主要两点是：

1.

2.

    教学语言技能更多视频观摩见表 6-1。

表 6-1　教学语言技能视频观摩

视频编号	课题名称	点评
V603	体液免疫（杨光梦凡）	本片段教学是在学习完体液免疫的大体过程之后，具体阐述体液免疫的定义、场所、重要的免疫细胞的工作流程，以及疫苗接种在实际生活中的应用等。 　　教师语言精练，语音清晰，吐字清楚，语调抑扬顿挫，具有较强的课堂感染力。音色圆润、流畅，学生听得真切、清楚。既具有严谨的科学性，又善于用通俗的语言、简单的道理，由浅入深地阐述或剖析生物科学中的深奥问题。尤其是体液免疫对于学生来说难度比较大，教师的语言形象、生动，才能吸引学生的注意力，提高学生的学习兴趣。 　　教师的提问层层深入，从体液免疫的定义、场所等较宏观的知识开始展开，再引向关键内容 B 淋巴细胞的作用机制，有助于帮助学生理解和提升综合运用的能力。 　　教师讲到疫苗接种问题时，善于将知识与生活实际相结合，使学生在学习过程中产生共鸣，加强学生对知识的理解和应用。另外，教师和学生的互动较多，这样能有效提升学生的课堂参与度。
V604	细菌的形态和结构（张珊珊）	细菌对于八年级的学生来说显得抽象，教师以学生回归童年的小游戏导入新课，引发学生的学习兴趣。通过观察模型、制作拼图，将抽象的细菌概念形象化、具体化，帮助学生建立科学概念。教师设计了形象生动的教学模型，通过构建细菌结构模型，在师生一问一答的互动中形成细菌结构的科学概念，并引出原核生物的概念。教师布置课后探究任务，以改编的"细菌之歌"作为结束语，在演唱过程中将重点内容通过歌词表达出来，精练、生动、有趣。 　　教师的教学语言亲和、得体，与学生年龄相符。教师善于及时对学生的学习活动予以评价，做出积极的引导。教态自然大方，抑扬顿挫，突出重点，使原本较为枯燥的细菌的形态和结构教学变得有趣生动。
V605	人类对真菌和细菌的应用——发酵（李珊）	通过实物引发学生思考馒头中的小孔如何形成，创设情境引出主题。现场进行酵母菌葡萄糖发酵的演示实验，以问题串的形式引导学生观察并分析实验现象，整个教学过程逻辑清晰合理。总结、构建发酵的概念，拓展发酵的其他用途，情感升华。教师自主设计了课堂演示实验，设计合理、有效。演示实验操作准确，演示过程能结合师生活动，结合教学内容，课堂设计有条不紊。演示实验效果好，高效地达成了教学目标。 　　教师教态端庄大方、自然，声音优美、语速恰当，吐字清晰、声音洪亮，语调、节奏合理，能调动学生思维和注意力。教学语言具有启发性，引导学生积极思考。课堂组织教学能力强，气氛活跃。

行动 2. 编写教案：手把手学习教案编写，突出教学语言技能要求

　　教学语言技能贯穿课堂的始终，往往与讲解技能、提问技能、演示技能等其他教学技能结合在一起进行训练。根据教学语言技能的特点及要求，选择中学生物学教学内容中的一个重要片段，完成教学语言技能训练教案的编写。

课例 601："基因位于染色体上的实验证据"教案

姓名	郑美玲	重点展示技能类型	教学语言技能、讲解技能
片段题目	基因位于染色体上的实验证据		
学习目标	1. 分析果蝇杂交实验，说出基因在染色体上的实验证据。 2. 通过分析果蝇杂交实验，能提出控制白眼的基因在 X 染色体非同源区段上的假说。 3. 认同科学研究需要严谨的推理和丰富的想象力，需要大胆质疑和勤奋实践。 4. 认同"实验—提出假说—实验验证"的科学思维在建立科学理论过程中的重要作用。		

教学过程			
时间	教师行为	预设学生行为	教学技能要素
导入 （30秒）	美国遗传学家萨顿在观察的基础上大胆想象做出假设：基因在染色体上。任何一个假设最终都需要实验证得以确立。提供基因位于染色体上的实验证据的不是萨顿本人，而是美国生物学家摩尔根。	回顾萨顿做出假设的过程及内容。	导入过渡自然，承前启后。从萨顿的假说入手，引入摩尔根的果蝇杂交实验。
介绍摩尔根生平 （30秒）	一、摩尔根生平简介 　　摩尔根是染色体遗传理论的奠基人，是第一个以遗传学领域的贡献而获诺贝尔生理学或医学奖的科学家。 　　摩尔根能够获得巨大的成就源于他敢于质疑。无论对自己的假说，还是对别人的学说，都采取依靠事实和运用实验检验理论是否正确的科学态度。对于萨顿的基因位于染色体上的学说，摩尔根持怀疑态度，认为这是主观的臆测，缺少实验证据。	聆听摩尔根的故事。	生动、准确的语言，指导学生了解科学家的故事，认同科学研究需要大胆质疑，激发学生对科学的热情。
摩尔根果蝇杂交实验 （6分钟）	二、摩尔根果蝇杂交实验 　　摩尔根一直琢磨着设计一个实验，看看生物的遗传与染色体到底有什么关系，基因又是怎么回事？ 1. 选择实验材料 　　实验材料：果蝇 　　教师结合图1讲解果蝇的特点。 图1　果蝇 　　果蝇特点： 　　（1）易饲养、繁殖快、后代多。 　　（2）相对性状明显。 　　（3）染色体数目少，便于观察。 　　教师展示图2"培养瓶中的果蝇"，引导学生观察果蝇大小，了解果蝇的饲养，概括得出果蝇具有易饲养、繁殖快、后代多的特点。	观察图片。	教师的讲解生动具体，以"果蝇杂交实验"过程为顺序，设置系列问题，创设问题情境。

时间	教师行为	预设学生行为	教学技能要素
	图 2　培养瓶中的果蝇 教师展示图 3"果蝇的红眼、白眼"，引导学生认识果蝇的其中一对相对性状。 图 3　果蝇的红眼、白眼 教师展示图 4"果蝇体细胞染色体"，讲解果蝇的体细胞中有4对染色体，3对是常染色体，1 对是性染色体。在雌果蝇中，这对性染色体是同型的，用 XX 表示；而在雄果蝇中，这对性染色体是异型的，用 XY 表示。 图 4　果蝇体细胞染色体		运用各种教学语言与学生交流，声音富有感染力，根据获得学生的反馈信息，及时调整讲解过程，实现有效教与学。
	2. 分析摩尔根果蝇杂交实验 教师引导学生分析果蝇杂交实验图解（图5），概括得出三个实验现象： （1）F_1 全为红眼。	分析果蝇杂交实验，概括实验现象。	反馈和调整 教师的讲解声情并茂，教学语言具有启发性。

时间	教师行为	预设学生行为	教学技能要素
	（2）F$_2$红眼和白眼之间的数量比是3：1。 （3）白眼性状的表现总是与性别相联系。 图5　果蝇杂交实验 3. 提出问题 　引导学生通过分析果蝇杂交实验，从中提出值得研究的问题——为什么白眼性状的表现总是与性别相联系呢？ 4. 做出假设 　利用"做出假设工具表"，通过问题引导学生严谨推理，得出推论。		
	做出假设工具表	分析果蝇杂交实验，尝试提出问题。	在教师的启发下，以"做出假设工具表"为索引，通过师生间的互动交流，展现"基因在染色体上"的假说形成的思维过程，实现对学生进行做出假设的技能训练。

做出假设工具表

实验现象	依据	推论	大胆的想象
1. F$_1$全为红眼 2. F$_2$红眼和白眼之间的数量比是3：1	孟德尔分离定律	① 控制果蝇眼色的基因是一对等位基因 ② 白眼基因相对于红眼基因是隐性基因	
3. 白眼性状的表现总是与性别相联系	果蝇的体细胞中有3对是常染色体，1对是性染色体	③ 控制眼色的基因在性染色体上	

【问题1】分析实验现象（1）和（2），依据孟德尔分离定律，通过严谨推理可以得到什么推论？

【问题2】分析实验现象（3），根据依据"果蝇的体细胞中有3对是常染色体，1对是性染色体"，通过严谨推理可以得到什么推论？

在实验现象的基础上根据依据回答：①控制果蝇眼色的基因是一对等位基因；②白眼基因相对于红眼基因是隐性基因；③控制眼色的基因在性染色体上。

时间	教师行为	预设学生行为	教学技能要素
	摩尔根在严谨的推理的基础上，冷静分析，为进一步做出假设概括有益的依据。 教师概括得出依据 1：控制眼色的基因在性染色体上。 教师展示自制教具雄性果蝇的性染色体，介绍该染色体存在非同源区段Ⅰ、同源区段和非同源区段Ⅱ，师生共同概括得出依据 2：雄性果蝇的性染色体是异型染色体，存在同源区段和非同源区段。 ■ 非同源区段Ⅱ ■ 同源区段 ■ 非同源区段Ⅰ X　　Y 依据 3：白眼基因是突变基因，在同一位点两个染色体同时发生突变的概率几乎为零。 摩尔根通过勤奋的实践，做了大量实验发现规律，依据 4：白眼性状的遗传和性别相联系，且与 X 染色体的遗传相似。 师生共同总结得出 4 个依据，引导学生以合作学习小组为单位分析依据，大胆想象做出假设。 【问题3】通过分析 4 个依据并大胆想象，可以做出什么假设呢？ 引导：大胆的想象建立在严谨推理的基础上。根据推论③控制眼色的基因在性染色体上。这只突变的白眼雄果蝇性染色体是异型染色体，存在同源区段和非同源区段，在同一位点两个染色体同时发生突变的概率几乎为零，因此白眼基因位于同源区段的可能性也几乎为零。那么是位于非同源区段Ⅰ还是非同源区段Ⅱ呢？	实验结果再次证实了孟德尔分离定律。 学生思考得出：白眼基因位于性染色体上。 学生以合作学习小组为单位分析依据，大胆想象做出假设：控制白眼的基因（用 w 表示）在 X 染色体上，而 Y 染色体不含有它的等位基因。控制眼色的基因在 X 染色体上的非同源区段Ⅰ。	进行强调 教师语调抑扬顿挫，用生动的语言强调，做出假设不仅需要观察和实验的依据，还需要严谨的推理和大胆的想象，需要通过观察和实验进一步的验证。
小结 (30 秒)	三、小结 摩尔根敢于质疑，勤奋实践，严谨推理，大胆想象，做出了假设：控制白眼的基因（用 w 表示）在 X 染色体上，而 Y 染色体不含有它的等位基因。摩尔根进而根据假设进行演绎推理，再通过实验验证了演绎推理的结论，从而把一个特定的基因和一条特定的染色体——X 染色体联系起来，用实验证明了基因在染色体上。		通过步步引导，培养学生根据实验证据，结合"做出假设工具表"，做出合理的假说。 让学生领悟科学理论的发现与做出假设息息相关。

续表

板书设计	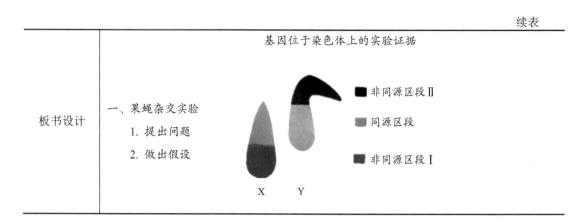

一、果蝇杂交实验
　　1. 提出问题
　　2. 做出假设

基因位于染色体上的实验证据

■ 非同源区段 Ⅱ
■ 同源区段
■ 非同源区段 Ⅰ

X　　Y

　　本片段内容是高中生物学教材"基因位于染色体上的实验证据"的部分，主要介绍摩尔根的果蝇杂交实验以及做出假设的科学探究过程。授课对象是高二学生，他们已具备了一定的认知能力，对于事物的探究有激情，但理性思维尚待强化。因此，根据教材内容、学生特点，教师主要采用讲授法、讨论法和合作学习有机结合的教学方法。设计思路包括：①导入，从萨顿的假说入手，自然地引出新课内容，承前启后；②通过准确、生动的语言和动作，指导学生了解摩尔根的生平，认同科学研究需要大胆质疑、勇于实践，激发学生对科学的热爱；③讲授果蝇杂交实验，以视听结合的方式，通过生动的语言、形象的图片及直观的教具，增强学生对果蝇作为遗传学常用实验材料的感性认识，认识到选择实验材料对实验成败的重要性；④引导学生分析果蝇杂交实验，正确使用"做出假设工具表"，在严谨推理的基础上大胆想象，做出假设；⑤进行一定的归纳、总结，再次强调敢于质疑、严谨推理、勤奋实践和大胆想象等可持续素养在科学研究中的重要作用。

　　通过构建讲解框架，以"实验—做出假设—实验验证"的科学探究为线索，将教学内容围绕"基因在染色体上"的发现过程这一主题，以"做出假设工具表"为讲解内容的内在线索，组成清晰有序的讲解整体结构，完成对学生进行提出假说的技能训练。

主题帮助一：编写教学语言技能教案时应注意的几个方面

　　编写教案时，教师要善于锤炼教学语言。这就要求教师努力做到以下几点。

　　1. 多阅读书籍

　　要提高教学语言技能，教师必须加强日常学习，博览群书，积累词汇，丰富教学语言，不仅广泛阅读生物学书籍，还要留心其他学科知识的积累，并随时记录，做到知识渊博。

　　2. 深入备课，钻研教材，实现脱稿教学

　　教师对课程标准、教材必须了如指掌，融会贯通，做到心中有书。这样，课堂语言才能得心应手，运用自如，讲起来才能深入浅出，生动有趣，抓住重点，突破难点。教师还要将教案和讲稿上的书面语言转化为口头语言，掌握脱稿讲课的本领。要做到脱稿讲课，一方面要在备课上下工夫，真正理解和熟练把握讲授内容，使其真正成为自己的认识和体验，即化为自然得体的内部语言；另一方面，加强言语思维的组织训练，提高语言表达的思维性和连贯性。

3. 熟悉、了解学生的语言体验

要根据学生的年龄、知识特点，包括爱好兴趣、知识基础、学习习惯、理解能力、思维能力等，确定所授内容的表达方式，把自己的内部语言转化为适宜的外部语言，并不断实践、总结、改造和提高。

4. 反复实践，不断提高

教师语言表达能力的提高主要靠刻苦的训练和反复实践。多读多说，有目的、有针对性地练。若普通话不过关，要在说普通话上下工夫；若语调、语速把握不准，要在抑扬顿挫上多斟酌；若口头吐字不太利索，则要下工夫不断练习。

行动 3～5. 微格训练—录像回放—重复训练

本部分内容详见专题 1 第三节"微格教学的行动训练模式"中的行动 3～5。

主题帮助二：运用教学语言技能的基本要求

1. 教育性

（1）教书育人，为人师表。语言本身要健康、文明、进步，禁绝粗俗、低级、反动。有些教师为了逗乐，爱用些难登大雅之堂的土话俚语，或讲些庸俗的笑料，带些粗鄙的口头禅，这是应当反对的。还有些教师爱在学生面前大发牢骚，甚至抨击时政，伤及风化，误导学生。这是很不负责任的，违背了教育性原则。

（2）语言表达要辩证，防止绝对化。世界上的事物种类繁多、千变万化，教师在讲解其共性和规律时，应考虑其特殊性和例外性。例如，说"细菌都是以异养方式进行营养"，把光合细菌和化能合成细菌排除在细菌之外；说"生长素在低浓度下促进细胞生长，而在高浓度下抑制细胞生长"，不如说"生长素在低浓度下促进细胞生长，而在过高浓度下抑制细胞生长"，这样就更加确切和全面。

（3）语言要重视情感态度与价值观教育。在生物学课堂教学中，应有意识地注意到应用语言引导、培养学生"爱祖国、爱家乡的情感，增强振兴祖国和改变祖国面貌的使命感与责任感""热爱大自然，珍爱生命，理解人与自然和谐发展的意义，提高环境保护意识""乐于探索生命的奥秘，具有实事求是的科学态度""关注与生物有关的社会问题，初步形成主动参与社会决策的意识""逐步养成良好的生活与卫生习惯，确立积极、健康的生活态度"等。

2. 科学性

（1）科学、准确地把握概念的内涵和外延，是对生物学教师的基本要求。例如，呆小症、侏儒症和先天愚型，原生质和原生质层，肾上腺素和肾上腺激素，突触和突触小体，染色体组和染色体组型，应区分辨明，不能混为一谈。

（2）教师的口语表达不仅要符合客观，还必须符合辩证逻辑思维规律。其一，用语不可绝对化，否则就失真。例如，"甲状腺的功能主要是受下丘脑和垂体的调节，促甲状腺激素是调节甲状腺分泌的主要激素""DNA 主要存在于细胞核里，RNA 主要存在于细胞质里""染色体是遗传物质的主要载体，DNA 是主要的遗传物质"等表述是准确的。其二，因果不可倒置。归纳、演绎、分析、综合不能混乱，否则会犯逻辑思维错误。例如，只能说"向光性使植物的茎、叶处于最适宜利用光能的位置，有利于接受充足的阳光而进行光合作用"，不能说："植物为了获得阳光，所以它向光生长"。

（3）可以运用比喻，但生命观念必须严格把握。课堂教学是要使学生学到科学的基础知识，比喻的使用必须恰当，观点必须正确。在生物学上尤其不应有拟人观、目的论等错误观点。例如，有教师在讲血液中白细胞的作用时，把白细胞比作保卫祖国的卫士，当敌人入侵时，白细胞纷纷渗过毛细血管壁而进到组织液中去消灭入侵的细菌，真好比是当年"父送子、妻送郎、人人参军上战场……"，这样的比喻显然是不适宜的。又如，在生物学教学中，讲"家兔为了能够消化草类食物而具有很长的盲肠""长颈鹿为了吃到更高的树叶，所以脖子越来越长了"等目的论都是不对的。

3. 简明性

教学语言的简明性是由教学活动的特定环境和表达方式所决定的。一节课的时间有限，在有限的时间内要把规定的知识传授给学生，语言表达必须简明扼要。若语言不简明，一方面会给学生获取教学信息带来极大困难，冗长的语句会使学生抓不住重点；另一方面也养成了学生听课的一种坏习惯，即只有教师再三重复的内容才是需要掌握和认真学习的，长此以往，学生主动学习的能力和注意力将受到一定的影响。

教师要注意教学语言的简明。第一，养成言简意赅的好习惯。有人说新教师讲话都很简明扼要，可是教了几年书后，越变越啰唆了，这主要是缘于一种习惯的养成。长期从事德育工作的教师会发现，如果教师只说一遍，学生不以为然，只有教师三番五次再三强调的事情，学生才会注意。可是在社会上这对学生很不利，学生无法判断哪些法律法规是重要的，因为社会不会像教师那样再三强调。因此，教师应该以身作则、化繁为简、简洁明了，切不可喋喋不休、没完没了地进行无休止的重复。经验告诉我们，教师讲解生物学原理、概念，语言越是啰唆，越是讲不清、道不明。第二，简明性的教学语言能启发学生思考。啰唆重复的语言必占用学生很多独立思考、自主探究的时间，学生思维处于抑制状态，更容易使学生产生反感情绪，不利于调动学生积极性。其实教师的话少了，学生的思维就多了。教师应该善于在简单的语言表达中透露出对学生的鼓励和启发，切记不要把所有的问题讲完、讲透，留一些空间让学生自己去获取知识，学习会变得更快乐。

由此可见，教师的语言既要准确、简练，又要条理分明、思路清晰，有一定的逻辑性，努力做到简明精练、干净利索、中心突出、逻辑分明。这样既有利于提高学生语言的逻辑性，又能腾出更多的时间让学生思考、探究、交流，有效提高课堂教学的效率。

4. 启发性

教学语言的启发性是指教师的语言能善于启发引导学生，使其在主动自觉的基础上积极地进行独立思考，真正理解和运用所学的知识。教师的语言是否具有启发性，在某种意义上来说，就是看其语言是否拨动学生的心弦，是否对学生产生激励作用。启发性有三重意义，启发学生对学习目的意义的认识，激发他们的学习兴趣、热情和求知欲；启发学生联想、想象、分析、对比、归纳和演绎等；启发学生的情感认同和审美情趣。

启发学生思维的方法很多，如提出问题；理论联系实际、生动的语言描述；正确地运用直观教学手段；创设情境，"制造"两难矛盾等。应用最多的应该是提出疑问，"疑问是思维的启发剂"。启发性离不开问答，关键是提出的问题能引导学生自觉地开动脑筋，展开对问题的思维活动。因此，启发式是建立在学生的主动性基础上的，学生没有主动参与对问题的思考、寻求解决的办法，就谈不上启发性。

5. 艺术性

教学语言的教育性、科学性、简明性、启发性是做到艺术性地表达教学语言的基础。艺术性表现在教学语言应有情感性、形象性、幽默性等。例如，有时需要教师应用清新优美的语言，饱含激情，能打动人；有时需要幽默、机智的语言，妙趣横生，能感染人；有时需要教师列举大量真实数据，如数家珍，能说服人。

主题帮助三：运用教学语言技能时的技巧

1. 通俗易懂，化抽象为形象

教师要善于用通俗的语言、简单的道理，由浅入深地阐述或剖析生物科学中的深奥问题。例如，讲述"新陈代谢"的概念时，可以先谈人的"吃喝拉撒"，让学生初步了解"新"与"陈"的区别、"代谢"的含义，再具体阐明新陈代谢不仅包括生物与外界之间的物质和能量的交换，同时也包括生物体内物质和能量的转变过程。以"人吃鸡蛋"为例加以解释：蛋白质被人体消化和吸收后，在人体细胞内转变为人体蛋白质，同时把蛋白质中的能量转化为细胞生命活动所需的能量；人体细胞内的一部分蛋白质可能又被氧化分解，释放出能量供给细胞生命活动，代谢废物（尿素、二氧化碳和水等）被排出体外。由此可见，新陈代谢包括同化作用（把外界的物质——鸡蛋，转变成自身的组成物质——人体蛋白质）和异化作用（把自身的组成物质——人体蛋白质，转变成废物——尿素、二氧化碳和水等，并排出体外），同时进行物质代谢和能量代谢。

2. 运用生动、准确、形象的比拟或比喻

形象、生动的语言能吸引学生的注意力，提高学生的学习兴趣。教师生动风趣的语言、形象贴切的比拟或比喻往往能达到事半功倍的效果。

例如，为了使学生对教材内容具有鲜明的印象，在讲生物与环境相适应时，采用比拟讲述。保护色——"我不在这里"；警戒色——"我在这里，但不要碰我"；拟态——"我不在这里，我是×××"。运用比拟讲解，既能使教材内容表达得形象、新鲜，又能使学生的思想产生跳跃性，还能丰富学生的能力。

形象贴切的比喻使深奥的知识浅显化。教材中一些概念性的知识表达往往比较抽象、枯燥、深奥难懂。为使学生感到浅显明了，通俗易懂，教师在讲述时可以使用比喻的手法化深为浅。例如，把氨基酸的缩合反应比喻为小朋友手拉手；把转运 RNA 比喻为搬运工和翻译官；把 DNA 的空间结构比喻为富有艺术性的旋转楼梯；把"♀"比喻为古代女子用的铜镜，把"♂"比喻为古代男人打仗用的盾牌"○"和长矛"↑"；把遗传图解中的"□"和"○"所代表的男女诙谐地解释为男子汉血气方刚、女子多半圆润可爱等。又如，小结"光合作用"的概念时，把"叶绿体"比喻成"有机物的合成工厂"，要求学生回答："该厂的车间、机器、原料、产品、动力分别是什么？光合作用对自然界有什么意义？"这样开启了学生的思维，激发了学生的学习兴趣。

3. 幽默风趣的口诀、谚语

教师要善于寓教于乐，让学生在轻松、愉快的氛围中学到丰富的知识，减轻学习负担，激发学习兴趣。一些幽默风趣的教学语言能把枯燥、复杂、难记的知识变得简单易记，而且还能使课堂气氛活跃起来，让学生的大脑处于兴奋状态，使记忆保持得更长久。

生物学不乏生产和生活中的谚语，教师可以结合教学实际情况，组织学生讨论，使知识变成实践能力。例如，讲"植物的蒸腾作用"时，设计以下两个问题让学生分析讨论：①俗话说"人往高处走，水往低处流"，但树木的水为什么可以从根部到达枝叶呢？②"大树底下好乘凉"，这句话给出了哪些生物学道理？在情景中提出问题，让学生分析和解决问题，诱发学生的思维动机和探究欲望，也加深了学生对知识的理解。

4. 让诗意与生物科学理论有机融合

运用熟知的名诗名句，揭示其中蕴涵的生物学知识，寓教于乐，促进学生的理解和记忆。例如，用李白的"君不见黄河之水天上来，奔流到海不复还"导入"生物圈水循环"的学习。又如，"春色满园关不住，一枝红杏出墙来"，这是宋代诗人叶绍翁脍炙人口的名句，从生物学的角度可以挖掘以下生物学原理：①"红杏出墙"是墙外阳光引起的，从这个意义上讲，红杏出墙源于植物的向光性，与生长素的分布不均匀有关；②"红杏出墙"一方面为了多争取阳光，以利于自身的生命活动，另一方面为墙外平添了一道亮丽的风景，这反映了生物能适应一定的环境并影响环境；③"红杏出墙"开花结果，这反映了生物具有生长、发育和生殖的特性；④"红杏出墙"争取阳光是红杏世代相传的性状，反映了生物具有遗传的特性。

行动 6. 评价反思：行动过程的监控与评价

在各行动过程中，涉及多次的评价和反思，教学语言技能评价和反思的项目如表 6-2 所示。小组可以参考以下评价项目，在各行动环节中对学员进行评价，学员也可根据表 6-2 进行自我评价和反思。

表 6-2　教学语言技能评价记录表

课题：　　　　　　　　　　　　　　　　　　执教：

评价项目	好	中	差	权重
1. 讲普通话，字音正确	□	□	□	0.10
2. 语言流畅，音量、语速、节奏恰当	□	□	□	0.20
3. 语言准确，逻辑严密，条理清楚	□	□	□	0.15
4. 正确使用专业名词，无科学性错误	□	□	□	0.15
5. 语言简明形象、生动有趣	□	□	□	0.05
6. 遣词造句通俗易懂	□	□	□	0.10
7. 语调抑扬顿挫	□	□	□	0.05
8. 语言富有启发性	□	□	□	0.10
9. 没有口头语和废话	□	□	□	0.05
10. 音量恰当	□	□	□	0.05

对整段微格教学的评价：

思考与练习

1. 教学语言技能的特点是什么？

2. 教学语言技能是由哪些要素构成的？

3. 录制一段自己的教学语言（10 分钟），两人一组交换听、评，并提出改进意见。

4. 选一段教学语言技能的录像，说出在这段教学过程中，教师是如何运用教学语言技能的。

5. 组织小型朗诵会，并进行现场录音。会后以小组为单位，对每个人的吐字、发音、音量、语速、语调、节奏和态势等方面作出评价。

6. 用生动、简洁的语言讲述一位生物学家的生平事迹及主要成果。

7. 选择本专题提供的一个片段，仿照课例的教学设计和教学视频，在充分备课的基础上独立设计教案，尝试进行微格教学实践，重点实践教学语言技能。

下篇　教学过程调控技能训练

专题 7　好的开始就是成功的一半——导入技能

【学与教的目标】

识记：导入技能的概念；导入技能的心理学基础及其功能等。

理解：导入技能的组成；导入技能的方法选择。

应用：结合中学生物学教学的特点，掌握并灵活应用直接导入、直观导入、置疑导入等八种常见的设计方法进行导课；编写导入技能教案；导入技能的片段教学试讲练习等。

分析：运用导入技能的要求；运用导入技能的注意事项。

评价：评价导入技能教案编写质量，评价导入技能试讲练习的效果，并提出建设性意见。

第一节　导入技能基础知识学习

一、你了解导入技能吗

教学活动中的导入技能是指教师有效应用各种特定手段，引起学生学习的动机，激发学生产生学习兴趣，集中学生学习的注意力，使学生明确学习目的，从而引导学生以积极的态度投入教学进程的一种教学活动方式。我国著名教育家于漪说："课的开始，其导入语就好比提琴家上弦，歌唱家定调。第一个音定准了，就为演奏或者歌唱奠定了良好的基础。上课也是如此，第一锤应敲在学生心灵上，像磁石一样把学生牢牢地吸引住。"可见，一个成功的课堂导入环节，能迅速集中学生的注意力，激发学生的求知欲和学习热情，渲染良好的课堂气氛。[①]

导入技能一般应用于教学过程的起始阶段（或导入阶段），也可以运用在新学科第一堂课或课程段落之间的导入过程。如果导入技能运用得当，则是一种教学艺术，会产生先入为主、先声夺人的艺术效果，学生会在"艺术"的感染下迅速进入预定的教学活动轨道，形成良好的教学氛围。

教学活动中恰当的导入具有如下功能。

1. 激发兴趣，产生学习动机

爱因斯坦说："兴趣是最好的老师。"浓厚的学习兴趣和强烈的求知欲望能激发学生愉快而主动地学习。教师在上课刚开始时，就要唤醒学生的求知欲，使他们意识到学习要达到的目标，对新课题学习的重要性、必要性有所了解，从而激发内部学习动机。

2. 引起注意，迅速集中思维

在上课刚开始时，学生由于受到上节课的干扰或课间活动的影响，学习心理准备难免不

---

① 郑乐安. 2011. 精彩课堂 言尽意远. 教育理论与实践, (26): 63-64

充分。此时，教师应提供必要的信息，给予适当的刺激，引起和集中学生的注意，使学生迅速集中思维，进入学习准备状态，为学习新课题做好心理准备。

3. 铺设桥梁，衔接新知与旧知

生物学科的知识逻辑性很强，新知识都是以旧知识为基础发展而来的。教师在讲授新知识之前，首先应组织学生复习原有的旧知识，引导学生从新旧知识的密切联系中发现新旧知识的不同点及其内在联系，从而自然导入新课，使学生明确学习目的和任务。

4. 沟通感情，创设学习情境

在导入活动中，教师跟学生有共同的语言，利用学生感兴趣的事情、话题创设情境，容易拉近与学生的距离。教师通过学生的反应调整教学进度，对于高度集中、认真参与等表现给予鼓励，使学生产生进一步学习新知识的欲望。

5. 寓教于乐，减轻学习压力

积极的情绪具有良好的推动作用，可以开拓思路，提高学习效率。教师充分利用导入环节，设计给学生感官享受和美感体验的导入活动，给其带来愉悦感，引起学生身心各层次的活动，使学习内容生动亲切。精彩、巧妙、多样化的导入设计将起到"一石激起千层浪"的功效，可以抓住人心，活跃课堂气氛，消除学生学习的疲劳感、厌倦感。

二、导入技能的心理学基础

心理学研究表明：人们感知事物时，往往会由局部特征逐步泛化到其他一系列特征，从而形成对事物的完整印象，这种现象称为晕轮效应。导入技能实际上就是为了在新学科、新课题、新知识的学习之前，使学生产生晕轮效应，引起学习的注意，并把这种注意和兴趣泛化到整个教学活动过程当中，以取得良好的教学效果。因此，在教学过程中，无论是面临新学科的教学，进入新的教学单元，或是开始一节新课，进入新的教学段落，都离不开导入技能的应用。导入是教学过程的起始环节，是教学活动的开端，精心设计导入是教师有效进行教学的必要准备工作。

可见，导入是教师引导学生参与学习的过程和手段，它是课堂教学的必要环节，也是教师必备的一项教学技能。恰当的导入有利于营造良好的教学情境，集中学生的注意力，激发学习兴趣，启迪学生的智力（或者启迪学生的思维），唤起求知欲。它的目的是将学习者的注意力吸引到特定的教学任务和程序之中。导入技能是课堂教学的重要组成部分，是教师进行课堂教学必备的一项基本技能。都说"好的开始就是成功的一半"，导入的成功与否关系到后面教学时学生的学习状态，关系到整个课堂的教学质量。

"万事开头难"，难就难在上课开始时，学生心理准备不够充分，没有做好应有的学习准备，或是尚未从课间活动转到新课中来，或是还沉浸在上节课的学习氛围中，不能产生应有的学习积极性和主动性。此时，如果能够灵活地运用导入技能，就可以沟通师生间的情感，促使学生产生学习动机，产生求知欲和自主学习的兴趣。

导入技能强调兴趣的引入，瑞士心理学家皮亚杰（J. Piaget）认为："一切有成效的工作必须以某种兴趣为先决条件"。浓厚的兴趣能调动学生的学习积极性，启迪智力潜能并使其处于最活跃的状态。兴趣是认识某种事物或进行某种活动的心理倾向和动力，对鼓舞学生获取知识、发展智力都是十分有用的。浓厚的学习兴趣和强烈的求知欲望能激发学生愉快而主动地进行学习。学生如果有了求知欲望和学习兴趣，便会产生一种废寝忘食的学习积极性和百折不挠的意志力。如果教师在导入过程中就针对学生的年龄特点和心理特征，精心设计好导入方法，就会使学生全神贯注、精神振奋、兴趣盎然、积极主动地接受新知识。教师讲课内容就像涓涓的小溪流入学生的心田，就会拨动学生的心弦，吸引他们的注意力，使他们鼓起学习的风帆，从而取得理想的教学效果。

在中学生物学教学中，创设和谐的教学氛围，构建良好的教学情境，使教学内容紧扣学生心弦，激发学生的求知欲，使其自觉地学习，是提高课堂效率的重要手段。生物学教师对新课内容的巧妙导入，对于培养学生的学习兴趣，激发学生的能动性，进而创设和谐的教学情境，有着十分重要的意义。

三、导入技能的组成

为了实现导入技能的功能，教师应该正确理解和把握好导入技能的组成，即构成导入技能的要素。导入技能可以分为以下五个部分。

1. 集中注意

在导入的开始阶段，教师要以简明的语言或其他的行为方式进行组织教学，给学生一个信号：上课了，帮助学生集中注意力，并迅速进入准备学习的状态。

2. 引起兴趣

学生学习的动机直接推动学生的内在动力。当一个人对学习产生兴趣时，便会积极主动且心情愉快地投入学习活动中。因此，引起兴趣是导入的重要一环。

3. 激发思维

当学生产生浓厚的兴趣后，就要通过问题、情境、矛盾或现象等诱发学生的思维，使学生的思维尽快启动和活跃起来，从而造成一种教学需要的"愤、悱"状态。这是导入的关键，也是导入的难点，故此可称为导入的中心环节。

4. 明确目的

当学生的积极性调动起来、思维处于活跃状态时，教师要适时地讲明学习的目的和意义，从而激发学生的学习动机，持久地保持注意力，并自觉地控制和调节自己的学习活动。

5. 进入课题

在一个完整的导入过程的结尾阶段，教师应该通过语言或其他的行为方式，使学生明确导入阶段的结束和新课学习的开始。

一个完整的导入过程由以上五方面构成。在具体操作过程中必须灵活运用，不能机械照搬。有时这五步界限并不明显，甚至互相交融；有时导入并不需要这样完整的五步。因此，在导入过程中必须具体情况具体分析，做到科学性和艺术性、规范性和灵活性的统一。

四、导入技能的类型及案例分析

教学中，由于教学内容的差异，以及课的类型、教学目标的各不相同，导入方法也没有固定的章法可循，因教学的气氛、对象、目标的不同而不同。同一教学内容可以设计不同的导语，以达到最好的效果。教师要敢于想象，敢于创新，采用灵活多样的方式导入新课。通过导入，能把学生的注意力吸引到特定的教学任务和程序当中，就是一个成功的导入。这里提供几个导入的设计类型供读者参考。

1. 直接导入

直接导入是最简单、最常用的一种方法，是教师通过口头讲述、讲解等手段直接阐明教学目的要求，交代重点教学内容和教学程序的直接导入方法。可分为开门见山和复习旧知识导入两种方式。

1）开门见山

就是将教学目的和要求和盘托出，言简意赅地直接点明要旨、突出中心，让学生心中有数。

案例 7-1： "人的生殖和发育"一节课教学

教师引导："今天我们学习大家预习得最好的一章——人的生殖和发育（笑声）。这说明大家对自己身心健康的关心和重视。从本课开始，就让我们以科学的态度来学习关于自身的科学。"

中学生出于好奇心和神秘感，早就偷偷看过了这一章，这是情理中的事。教师掌握学生这一心理状态，用"预习得最好"几个字巧妙抖落出学生这个秘密，谐趣产生了，再辅以正面肯定和正确的引导，恰到好处地排除因腼腆给学生带来的心理障碍。

2）复习旧知识导入

教师在组织学生学习新内容之前，注意联系学生头脑中与当前学习有关的知识经验，并以此为基础导入新课。这样既巩固了所学的旧知识，又为学习新知识铺设了道路，有利于知识的迁移。这种导入方式最常见，但是如果把握不好，容易平铺直叙，过于平淡，难以让学生在短时间内集中注意力，还可能造成"导而不入"的情况，效果不尽如人意，因此也应进行巧妙设计。

案例 7-2： 物质跨膜运输的方式

教师以之前学习的生物膜结构进行复习导入。首先教师引导学生复习生物膜的流动镶嵌模型结构，在此基础上，教师提出问题："结构与功能相适应，生物膜这样的结构能够让什么物质进出呢？这些物质运输的方式是什么？又有什么样的特点？这就是我们这节课所要解决的问题——物质跨膜运输的方式。"

这种导入方法能够使学生从已知领域自然地进入未知领域，不仅回顾了旧知识，而且获取了新的知识。需要注意的是，这里所讲的旧知识不一定是指前一节课的知识，而是指与新知识有联系的知识内容。

2. 直观导入

直观导入是根据学生思维发展规律和学生好奇的心理特点，引导学生观看直观教具，调动学生的多种感官，引起兴趣，集中注意，使他们快速进入学习状态的导入方式。直观导入具有生动形象、具体感性的特点，在吸引学生注意力、发展学生想象力和观察力等方面都有重要的作用。在直观导入的同时，教师应该适时地提问或叙述，以指明学生思考的方向，顺利进入新课程的学习。

1）教具导入

在讲授新课时，灵活地运用挂图、标本等直观教具，不仅吸引学生的注意力，激发学生的求知欲，还能使学生对所学知识印象深刻。学生对于直观教具非常感兴趣，一个模型、一幅挂图、一张投影片都能引起学生们的惊叹，学生对实物、标本更是情有独钟。

案例 7-3：鸟

展示猫头鹰、野鸭、鹤、啄木鸟等标本。当实物标本摆放在讲台时，学生的眼中流露出无比的惊叹，迫不及待地想了解它们。教师借此引导学生对比这几种鸟的生活习性、外部形态，然后讲解："自然界中有各种多样的鸟，它们生活习性不同，外部形态各异，但都具有适于飞翔的特点。大家观察并思考，鸟有哪些适于飞行的特点呢？"由此导入新课。

2）多媒体导入

掌握好现代教育技术手段对于生物学教学是很有用的。讲课前播放一些投影、幻灯、电影、录像等多媒体信息，呈现出逼真的画面。展示媒体材料，学生有身临其境的感觉，有助于学生加深印象，迅速地集中注意力，为学生形成正确的认识打下基础。

案例 7-4：群落的结构

讲解新课之前让学生观看原始森林的视频资料，吸引学生注意，同时通过教学语言进行引导，使学生对本节课程内容有所了解，有利于在之后的教学中联系画面理解群落的不同结构。

3）实验导入

教师尽量利用精心设计的演示实验、学生实验或课外活动实验导入新课，可以使学生先有感性认识，对所学内容产生兴趣，或者指出一些现象让学生自己去观察分析，归纳总结，从而得出正确结论，而得出的结论也就是本节课所要讲的内容，自然地引出所要讲授的新课题。

案例 7-5：物质跨膜运输的实例

首先介绍并演示物理渗透装置实验，学生观察实验现象，思考问题：长颈漏斗内的液面为什么升高？玻璃纸的作用是什么？一段时间后为什么液面不再升高？教师通过系列问题激发学生的求知欲，并由此引导学生思考，讲解新课。

实验教学是生物学课堂教学的一种重要形式，教师要习惯开展课堂演示实验，培养学生的观察、分析和讨论能力，掌握基本的实验操作技能，领悟实验设计，发展实验探究能力。

4）创设情境导入

情境导入是指教师通过呈现形象直观的画面和生动有趣的语言，为学生创设生物学教学情境，让学生展开丰富的想象，唤起学生情感的共鸣，产生身临其境的感受，从而情不自禁地进入学习情境的一种导入方法。

案例 7-6：生物进化的原因

在讲述"生存斗争"时，不能机械地陈述教材中生存斗争的概念。教师首先出示若干幅有各种动物、植物的生态画面，用生动的语言描述画面中生物的不同特点。在此基础上和学生一起分析各种生物之间，以及它们与生活环境之间存在的密切联系，由此提出在这个环境中存在的生存斗争的各种现象和规律。

教师通过创设情境导入，使学生觉得自己仿佛已经融进了生机勃勃的大自然，激发他们认识大自然、热爱大自然的热情，同时也避免学生在学习抽象概念时可能出现的迷惑。

3. 置疑导入

置疑导入是根据学生的心理特点和新旧知识的内在联系，教师提出富有挑战性的问题使学生产生疑虑，引起学生回忆、联想和思考，从而产生学习和探究欲望的一种导入方法。

问题导入的形式多种多样，可以由教师提问，也可以由学生提问；可以单刀直入提出问题，也可以从侧面提出问题。教师可以用肯定的方式提出问题，也可以用否定的方式提出问题。应用否定的方式，有意识地将学生"引入歧途"，创设两难情境，这种方法称为否定导入。否定导入有时能收到"出奇制胜"的效果。

案例 7-7：减数分裂

"我们前面学习有丝分裂时已经知道，每种生物体细胞中的染色体数目是恒定的。例如，人的体细胞中有23对46条染色体。可是，我们又知道生物在生殖时，后代的产生是由精子和卵子结合成受精卵后再发育成新的个体。那么，如果精子和卵子是通过有丝分裂产生的话，它们各含有多少染色体呢？（学生回答23对或46条）那么，由它们结合成的受精卵所发育成的下一代的体细胞中有多少个染色体呢？"（学生得出46对或92条的结论）这显然是不可能的！学生在不解和疑惑中，教师引出"减数分裂"这一新课题。

否定导入能够让学生立即产生疑问，从而加强了探索的欲望。但是，此方法运用时要避免给学生无关的刺激，造成对错误答案的强化。

4. 悬念导入

悬念导入是指在教学中创设带有悬念的问题，给学生造成一种神秘感，从而激起学生的好奇心和求知欲的一种导入方法。悬念可激发学生的好奇心，启迪思维，使学生集中精力听课，围绕问题思考，主动获取新知识，往往能收到事半功倍的效果。

案例 7-8：生命活动的主要承担者——蛋白质

"我们偶尔在电视新闻中看到一些非洲难民儿童，他们身材瘦小，但是肚子却非常大。实际上，他们的肚子大并非是脂肪累积造成的肥胖，而是因为长期缺乏食物，营养不良，血液中的蛋白质含量减少而造成的严重的组织水肿。为什么缺少蛋白质就会有如此严重的现象呢？蛋白质在人体发育中究竟有什么作用？通过这节新课的学习，我们将得到系统的解答。"

创设悬念要恰当适度，应结合教学内容及学生的心理承受能力而设置，不"悬"则无"念"可思，太"悬"则望而不思。只有巧妙而适度地创设悬念，才能使学生积极动脑、动手、动口，去思、去探、去说，从而进入良好的学习情境。

5. 逻辑推理导入

逻辑推理导入是教师引导学生在已有知识的基础上进行逻辑推理引入新课题。通过逻辑推理，将学生思维不断引向深入，可使学生在明确知识内在联系的基础上获得知识，思维能力也得到更大的提高。

案例7-9：基因的本质

"同学们知道，生命是物质的。那么，各种生命活动的现象也应由物质来体现。生物的遗传和变异是生命的基本特征之一，也应该有它的物质基础。那么，遗传和变异的遗传物质基础是什么呢？是糖类，还是蛋白质、核酸？这就是我们今天将要学习的新知识——遗传的物质基础。"

6. 谈话导入

谈话导入是教师根据教材的内容和学生的实际情况，提出一系列问题，通过师生谈话，引导学生积极思考，并在此基础上学习新知识。

案例7-10：主动运输

以谈话的方式导入："物质跨膜运输有哪几种方式呢？通过第一小节内容的学习，物质顺浓度梯度的运输方式是什么？包含哪几种类型？各有何特点？物质除了顺浓度梯度进出细胞，是否还可以逆浓度呢？这种运输方式又具有什么特点？"（学生回答略）这样引导学生逐步深入，最后指出："物质还可以实现逆浓度梯度进出细胞，这种运输方式称为主动运输，接下来我们再来学习主动运输。"由此导入新的课题。

在谈话时，教师提问应该逐步深入，问题具有启发性，层层相扣，但又不至于太难，让学生能够获得思维的启发，从而以最好的状态进入新课的学习。

7. 习题导入

教师可以设置一些练习，让学生在课前训练，注意练习中要包含上节课所学的知识，也要穿插一些今天所要学习的内容。这样，在师生共同解题时，学生就可以发现自己所欠缺的知识点，上课时便会集中精力听讲，教师也可以有针对性地引出新课内容。

8. 趣味导入

趣味导入是根据学生的心理特征，选择学生喜闻乐见的事物导入新课，其作用是吸引学生的注意力，激发兴趣，让学生产生一种良好的情绪，使学生在乐中学。为了保证导入的趣味性，教师应做到：语言风趣，引证生动，方式新颖，热情开朗。教师要善于调控自己的情感，时刻保持愉悦的心情，一走进教室就要进入角色，情绪饱满地投入教学中。当然，在设计活动时还要关注趣味导入的"针对性"，避免为导入而导入。

1）新闻或故事导入

新闻或故事导入是指教师利用中学生爱听故事、爱听趣闻轶事的心理，通过讲述与教学内容有关且具有科学性、哲理性的新闻、故事、寓言、传说等，激发学生兴趣，启迪学生思维，创造情境引出新课，使学生自觉进入新知识学习的一种导入方法。利用新闻故事或典故引入新课，不但加深了学生对知识的理解，增强了知识间的横向联系，而且能激发学生的学习兴趣，培养学生分析问题和想象问题的能力。

案例 7-11：基因重组

教师可引入一个幽默的故事：大文豪萧伯纳才华横溢，但人长得瘦，谈不上英俊潇洒。有位漂亮的电影演员，非常爱慕萧伯纳的才华，并以书信方式向他求婚，其中写道："亲爱的萧伯纳先生，如果我们结为夫妇，生下的孩子会像你那样聪明，像我这样漂亮，那我们是世界上最幸福的人。"萧伯纳回信："尊敬的女士，这万万不能，假如孩子像我这样丑，像你那样笨，那我们不就是世界上最不幸的人吗？"学生在大笑的同时，也受到了很大的启发，为更深刻地领会基因重组及性状遗传的规律性奏响了序曲。

采用新闻故事导入时，教师要注意导入的效果不仅与新闻故事本身的趣味性有关，还与讲故事的方式有关。故事可以深入讲、真实地讲，时间、地点、人物具体明确。故事讲得越动人，就越容易使学生进入教学情境。

2）经验导入

经验导入是指教师以学生已有的生活、学习经验作为切入点，将要学习的教学内容与学生的亲身经历联系起来，引导学生学习新知识的一种导入方法。采用这种导入方法导入新课，可以使学生产生亲切感和实用感，越是学生关心的内容，越容易引起学生的学习兴趣。

案例 7-12：细胞的衰老与凋亡

在讲解细胞衰老时，教师事先通过制图软件将自己现在的照片转变成未来 60 岁时的照片。课堂上，教师呈现出两张不同时代自己的照片，照片上可以观察两张照片在人体衰老上的特征：皮肤变得干涩、粗糙，面部有老年斑，头发变白等。教师引导学生联系生活中的老年人，进而联系讲解衰老细胞的特点。

学生在精彩的课堂生活之外，还有丰富的课余生活。学生的经验是重要的、潜在的教学资源，教师应该充分加以利用。有经验的教师善于将学生的生活经验带进课堂，融入学习中。经验导入使用的材料都是一些发生在学生身边的事，学生听起来倍感亲切，能够有效地进入学习情境。同时，经验导入也有利于加强书本知识与实际生活的联系，能够提高学生运用所学知识解决实际问题的能力。

3）活动游戏导入

活动游戏导入是指教师通过组织学生做与教学内容密切相关的活动或游戏，激发学生的学习兴趣，活跃课堂气氛，使学生在既紧张又兴奋的状态下不知不觉地进入学习情境的一种导入方法。

案例 7-13：遗传密码的破译

在讲解本节内容前，可通过破译"莫尔斯密码"游戏活动导入，教师可适当组织课堂活动，引导学生分小组，提供莫尔斯密码表及若干用莫尔斯密码编写的英文句子，小组比赛完成游戏。通过活动引导学生思考：莫尔斯密码是如何破译的？遗传密码又是如何破译的？

活动游戏导入寓知识于游戏之中，效果直观，还能让学生人人动手参与，使他们在和谐愉快的课堂气氛中感到学习不是一种负担，而是一种乐趣，从而促进了课堂教学效率的提高。应用此方法时，要努力激发学生的兴趣和积极性，严格控制游戏时间及进程，注意安全，加强管理力度，制止起哄、捣乱、擅自行动，防止游戏流于形式。

4）谜语导入

用谜语导入可以增强学生的学习兴趣，也会加深其对知识的记忆，效果显著。例如，讲授我国的珍稀动物大熊猫时，可用如下的谜语引入"像熊不是熊，像猫不是猫，只居我中华，可惜数量少"；讲光合作用时有谜语"一盏电灯照两家"；讲眼睛时可用谜语"两座房子两头尖，它能装人万万千。要问房子有多大，一粒沙子容不下"；等等。

第二节　导入技能行动训练

行动 1. 示范观摩：观摩示范视频，体会导入技能

学习了导入教学技能的理论知识之后，如何将这些教学理论体现在教学实践中呢？请观看并分析以下视频课例，体会导入技能的方法选择、要求及应注意的问题。

课例 701：恩格尔曼水绵实验

教学课题	恩格尔曼水绵实验（能量之源——光与光合作用）				
重点展示技能	导入技能、讲解技能	片长	10 分钟	上课教师	林熠
视频、PPT、教学设计二维码	V701—恩格尔曼水绵实验				

内容简介

本片段是"能量之源——光与光合作用"的资料分析部分。恩格尔曼水绵实验是光合作用探究史上一个设计巧妙的经典实验，是进行实验设计技能训练的良好素材。

恩格尔曼水绵实验的关键在于：在黑暗环境中处理水绵，使其不再产生氧气；利用极细光束照射水绵，以区分未照射部位不产生氧气；利用好氧细菌追踪放氧部位，以此证明叶绿体是光合作用的场所。充分利用恩格尔曼水绵实验这一素材，能开展实验设计的技能训练。本片段教师围绕实验如何进行巧妙设计，设计了一系列问题串，引发学生思考。

点评

1. 教师介绍 1771 年普利斯特利进行光合作用实验以来的一系列科学实验，置疑导入。将课程置于科学家所在的时代背景中，引导学生探究，更能激发学生的学习兴趣，领悟科学探究的过程。这种导入手法有利于创设科学探究情境，引入主题。

2. 教师采用谈话法、讨论法和问题导学模式有机结合的方式进行教学。以科学探究的一般过程为框架，以实验设计的流程为内在教学线索，设计层层递进的问题串，引发学生积极思考，从中获得实验设计的程序性知识，认同严谨、创新的科学态度在科学探究中的重要性。

3. 教师教态自然，语言简洁、清晰、紧凑，能正确地运用生物学术语，具有说服力和感染力。课堂师生交流好，善于引导学生思考。

续表

初看视频后，我的综合点评：

关于导入技能，我要做到的最主要两点是：

1.

2.

课例702：蛋白质的功能

教学课题	蛋白质的功能			
重点展示技能	导入技能	片长	7分钟	上课教师	梁俐[1]
视频、PPT、教学设计二维码	V702—蛋白质的功能			

内容简介

　　本片段是"生命活动的承担者——蛋白质"的资料分析部分，蛋白质的功能与生活密切相关，便于学生理解与学习。在知识点的安排上，先学习直观的功能，再学习较抽象的蛋白质空间结构，符合学生的认知规律。

　　教师从新闻事件"空壳奶粉"入手，声情并茂地讲解2003年在安徽阜阳发生的"空壳奶粉"事件，引起学生兴趣。之后提问"为什么使用能源物质——淀粉、蔗糖代替蛋白质，婴儿会出现头大等典型的营养不良症状？"通过设置悬念，激发学生的好奇心，启迪思维，同时可以使学生集中精力听课，围绕问题思考，主动获取新知识。通过生活实例，引导学生自己总结归纳蛋白质的功能，如肌肉—构建作用、胃蛋白酶—催化作用、血红蛋白—运输作用、胰岛素—调节作用、抗体—免疫作用。最后，抛出疑问"是什么样的结构使得蛋白质具有这些不同的功能？"学生带着问题开始相关内容的学习。

点评

　　1. 教师从新闻事件"空壳奶粉"入手，趣味导入。利用中学生爱听故事、爱听趣闻轶事的心理，通过讲述与教学内容有关的具有科学性、哲理性的新闻，激发学生兴趣，启迪学生思维。同时，也通过创设情境引出新课，使学生自觉进入新知识的学习。这种导入手法既贴近学生的生活，又有利于学生自主思考，引入主题。

　　2. 教学设计层次清晰，从生活实例入手，引导学生逐渐理解并归纳蛋白质的各项功能，并且针对每一项功能，可以直接说出对应例子。

　　3. 教师语言表达清楚，具有科学性、逻辑性，讲解方法符合学生的认知规律，能够启发学生思考，激起学生学习兴趣。

---

①浙江师范大学2015级本科生

续表

初看视频后，我的综合点评：

关于导入技能，我要做到的最主要两点是：

1.

2.

课例 703：小肠适于吸收的结构特点

教学课题	小肠适于吸收的结构特点（消化与吸收）				
重点展示技能	导入技能、讲解技能	片长	12 分钟	上课教师	郑婉颖
视频、PPT、教学设计二维码	V703—小肠适于吸收的结构特点				

内容简介

　　本片段是"消化与吸收"的资料分析部分。"小肠适于吸收的结构特点"的概念是构建消化与吸收知识内容体系中的重要内容，同时也是引导学生认同人体内结构与功能相适应的辩证观点的重要案例。

　　教师从小肠适于吸收的宏观特点——长度入手，通过计算小肠的内表面面积创设疑点，运用直观教具，引导学生步步深入小肠的内部结构，包括环形皱襞、小肠绒毛，逐步了解小肠适于吸收的微观特点。通过层层设疑、层层分析，学生能够融入教师所创设的教学情境中，主动吸纳知识，明确知识框架，增加感性体验，进一步获得关于人体结构与功能的丰富认知。

点评

　　1. 教师挖掘新旧知识之间的内在联系，直接提出本节课要解决的问题——"小肠具有哪些与吸收相适应的结构特点"，置疑导入。这样的导入方式简洁明了，引导学生在回忆相关旧知识的基础上展开进一步思考，产生探究新知的欲望。

　　2. 教学设计层次清晰，从宏观特点到微观特点，从具体观察到抽象概括，层层深入，探究问题，使学生逐渐明确小肠适于吸收的主要特点，从而进一步认同人体内结构与功能相适应的辩证观点。同时，在本片段教学中，教师注重引导学生观察物理模型及图片资料，培养学生分析图文资料、提取相关信息的能力。

　　3. 教师语言表达清楚，具有科学性、逻辑性，讲解方法符合学生的认知规律，能够启发学生思考，激起学生学习兴趣。

初看视频后，我的综合点评：

关于导入技能，我要做到的最主要两点是：

1.

2.

导入技能更多视频观摩见表 7-1。

表 7-1　导入技能视频观摩

视频编号	课题名称	点评
V704	酶的作用及本质	通过"王安石脸黑就医"的故事导入新课，激发学生兴趣，吸引其注意，并以问题串：王安石为什么烦恼？脸垢如何去除？什么是澡豆？澡豆为什么有去污效果？什么是酶？层层递进引出主题，训练学生的逻辑思维能力。 　　本片段中教师主要采用提问教学法和直观演示法。教师并不是机械地说出酶的来源及本质，而是创设情境，步步推进。通过实验 1 "澡豆的制作与测试"说明"酶是由活细胞产生"；通过再现酶本质的科学探索史阐述"酶是一类有机物，大多数是蛋白质，少数是 RNA"；通过实验 2 "检测脂肪酶的化学作用"说明"酶具有催化作用"，最终概括出酶的来源及本质。整个讲解过程层次分明，学生能够深入情境，进行有效学习。 　　教师授课过程逻辑清楚，教态自然大方，普通话标准，声音洪亮，讲解时抑扬顿挫，具有很强的感染力和亲和力。
V705	非特异性免疫	将长城作为军事防线的功能引导学生类比联系人体免疫的防线，引起学生好奇，激发其学习动机，导入新课。 　　本片段是八年级下册"免疫与计划免疫"中的内容，这部分内容与学生生活息息相关，是进行健康教育的良好素材。教师首先引导学生想象自己就是一个病原体，思考在入侵人体时将遇到的阻碍，由此探索人体非特异性免疫的第一道防线，接着通过华佗医病的故事分析人体非特异性免疫的第二道防线，进而归纳人体非特异性免疫的含义。教学过程中运用直观演示法，展示动画、图片等为八年级学生增加感性认识，同时设疑结尾，为后期特异性免疫的教学作了良好铺垫。 　　教师普通话标准，教态大方，面带微笑，与学生互动良好，亲和力强，教学语言简洁、准确，表达清晰、流畅。

行动 2. 编写教案：学习教案编写，突出导入技能要求

导入可以发生在一节课的开始，也可以是一个片段的开始。根据导入技能的特点及要求，仿照导入技能的设计案例，选择中学生物学教学内容中的一个重要片段，完成导入技能训练教案的编写。

课例 701："恩格尔曼水绵实验"教案

姓名	林熠	重点展示技能类型	导入技能、提问技能
片段题目		恩格尔曼水绵实验	
学习目标		1. 知识目标：阐明叶绿体是进行光合作用的场所。 2. 能力目标：通过分析恩格尔曼水绵实验，能模仿科学家的实验思路，设计实验方案，并根据实验现象做出合理判断。 3. 情感态度价值观目标：认同严谨、创新的科学态度在科学探究中的重要性。	

教学过程

时间	教师行为	预设学生行为	教学技能要素
创设情境导入教学（30秒） 新知教学（7分钟）	【创设情境】 　1771年，英国科学家普利斯特利通过"小鼠、蜡烛和薄荷"的实验发现，植物能够更新污浊的空气。由于普利斯特利所做的这个出色的实验，人们把1771年定为发现光合作用的年代。此后，有许多科学家都对光合作用的本质开展了深入的探索。19世纪中叶，科学家已探明绿色植物在光照条件下能够进行光合作用，吸收二氧化碳和水，合成有机物，并释放氧气。 一、提出问题 　当时学术界有一个普遍的疑惑：绿色植物进行光合作用的场所在哪里？ 二、做出假设 　1880年，德国科学家恩格尔曼在前人探究的基础上做出实验假设，认为叶绿体是绿色植物进行光合作用的场所。	倾听，进入情境，回忆其已知的光合作用相关知识。	置疑导入 　将课程置于科学家所在的时代背景中，教师注意新旧知识的内在联系，引导学生探究，激发学生的学习兴趣，领悟科学探究的过程。这种导入手法有利于创设科学探究情境，引入主题。 　教师提出富有挑战性的问题，使学生顿生疑虑，引起学生回忆、联想和思考，从而产生学习和探究欲望。

时间	教师行为	预设学生行为	教学技能要素
	三、设计实验，进行探究 　　为验证假设是否正确，恩格尔曼设计了一个巧妙的实验进行探究。实验内容在教材第 100 页的资料分析中，请同学们带着 PPT 上的几个问题阅读教材。 　　1. 该实验的目的是什么？已知的实验原理有哪些？ 　　2. 根据实验原理和目的，如何选择合适的实验材料？ 　　3. 根据实验原理和目的，如何确定实验方法？ 　　4. 黑暗无氧环境下的水绵实验，其自变量和因变量各是什么？为什么？ 　　5. 如果实验假设正确，黑暗无氧环境下的水绵实验预期的结果是怎样的？ 　　6. 黑暗无氧环境下的水绵实验的结果可以验证假设吗？为什么？还可以如何取证？ （一）明确实验目的和原理 1. 实验目的 　　验证叶绿体是光合作用的场所。 2. 实验原理 　　（1）光合作用的条件：光照。 　　（2）光合作用的场所：叶绿体。 　　（3）光合作用的产物：氧气、有机物。 （二）选择合适的实验材料 【提问】根据实验假设，光合作用的场所是绿色植物的叶绿体，所以选择的实验材料要具备什么条件？ 【展示图片】	根据引导回答：绿色植物，叶绿体易于观察的。	设计提问 　　以科学探究的一般过程内在为教学线索，以实验设计为教学重点，设计层层递进的问题串，引发学生积极思考，从中获得实验设计的程序性知识，同时获得实验设计的技能训练，认同严谨、创新的科学态度在科学探究中的重要性。 提问技能的提示与变换 　　启发回忆回答问题所需的"光合作用的概念、控制变量、对照实验"等背景知识，以帮助学生突破思维障碍，回答问题。

时间	教师行为	预设学生行为	教学技能要素
	水绵细胞结构模式图　　引导 1：恩格尔曼选择水绵作为实验材料，仔细观察水绵细胞结构模式图，说说水绵的细胞结构有什么特点。　　引导2：水绵细胞的结构特点对实验操作有什么好处？　（三）确定实验方案　1. 自变量的设置　　水绵进行光合作用需要为其提供光照条件，因此可以设置自身对照实验进行探究。以极细光束定位照射叶绿体为实验组，对照组不提供光束照射。　2. 因变量的检测　【提问】这组对照实验的因变量是什么？恩格尔曼的实验中为什么要将好氧细菌和水绵放置在一起制成临时装片？　【展示图片】　　　　好氧细菌显微照片	观察图片并回答：水绵的叶绿体很大，呈螺旋带状。　　便于定位操作与实验观察。　　　　　　　　　　　　　　　　　　　依实验原理,思考回答:氧气的产生;用好氧细菌检测氧气的产生。	

时间	教师行为	预设学生行为	教学技能要素
	3. 无关变量的控制 【提问】恩格尔曼为什么要把上述临时装片放置在黑暗无氧的环境中，然后用极细光束照射？ 引导1:为什么要设置无氧的环境？如果水绵周围有氧气存在可以吗？ 引导2:为什么要在黑暗环境中用极细光束照射？ 引导3:提供极细光束照射和直接放置在自然光下有什么区别？ 【归纳】总的来说，设置黑暗无氧的环境是为了排除空气中的氧气和自然光照对实验结果的干扰。 4. 实验结果的预期 【提问】如果恩格尔曼先前的假设是正确的，将会看到怎样的实验现象？ 【展示结果】 黑暗无氧环境 黑暗无氧环境的实验现象 四、分析现象，得出结论 【分析】这个实验，在黑暗无氧的环境中用极细光束照射叶绿体，使叶绿体分为有光照射的部位和无光照射的部位。有光照射的叶绿体能进行光合作用，释放氧气使好氧细菌聚集，而无光照射的叶绿体则不能。这就形成了一组自身对照，从正反两个方面共同证明，装片中的氧气是由叶绿体释放的，叶绿体是光合作用的场所。	进行小组讨论后，引导如下回答: 1. 不可以；如果事先不设置无氧的环境就不能确定氧气是由叶绿体光合作用所释放的。 2. 黑暗中极细光束准确地将光合作用的光照条件定位在叶绿体上。 3. 直接放置在自然光下的实验结果无法确定光合作用的具体场所。 思考并回答:好氧细菌只聚集在叶绿体被光束照射到的部位。	

续表

时间	教师行为	预设学生行为	教学技能要素
课堂小结（10秒）	【设疑】在植物细胞中是不是只有叶绿体能进行光合作用？是否还存在除叶绿体之外的其他结构也能进行光合作用？ 【提问】黑暗无氧环境下的水绵实验的结果可以验证假设吗？为什么？还可以如何取证？ 【展示结果】 暴露在光下 自然光照环境的实验现象 恩格尔曼设计这两个实验严谨地验证了他的假设，证明叶绿体是绿色植物进行光合作用的场所。	回顾整个实验，领悟恩格尔曼实验设计思路的严谨和巧妙。根据实验设计的程序性知识，思考并设计出较为完整的实验方案：将临时装片从黑暗环境中取出，暴露在光下，若一段时间后观察到好氧细菌集中分布在叶绿体的所有受光部位，而水绵的其他部位没有好氧细菌聚集，则证明只有叶绿体是光合作用的场所。	课堂发问 以实验结果是否可以验证恩格尔曼的假设等为问题，引导学生分析结果，得出结论。 确认 引导设计自然光照环境水绵实验，展示实验结果，归纳得出结论：叶绿体是光合作用的场所，训练学生实验设计技能。
板书设计	恩格尔曼水绵实验 一、实验材料：水绵 二、实验方法：对照实验 三、实验方案		

黑暗无氧环境下的水绵实验设计方案			
自变量	极细光束定位照射叶绿体	对照组	无光照射
因变量	氧气的产生（好氧细菌检测）	实验组	极细光束定位照射
实验环境	黑暗、无氧	实验预期	好氧细菌集中分布于叶绿体被光束照射到的部位

本片段内容是高中生物学"能量之源——光与光合作用"的资料分析部分。恩格尔曼水绵实验是光合作用探究史上一个设计巧妙的经典实验。该实验目的明确、原理简单、选材巧妙、设计严谨、现象明显，是进行实验设计技能训练的良好素材。

采用科学史置疑导入，教师介绍从发现植物能够更新污浊的空气，以及 19 世纪中叶科学家探明光合作用是绿色植物在光照条件下吸收二氧化碳和水，合成有机物，放出氧气，但唯独不知道光合作用的场所在哪里。由此引出恩格尔曼关于光合作用场所的假设：在叶绿体中进行光合作用。

教师以科学史为背景引入新课，以问题串为主线、以实验设计为目的，开展课堂教学。

问题串的设计：

（1）实验的目的和原理分别是什么？

（2）为什么要选择水绵做实验材料？

（3）实验的自变量和因变量是什么？

（4）实验是如何控制无关变量的？

（5）黑暗无氧环境下的水绵实验的结果可以验证假设吗？为什么？还可以如何取证？

问题设计紧紧围绕教学目标，突出教学重点、难点。问题围绕实验设计的一般过程展开，包括实验目的与原理、实验材料、实验方法、对照实验中的自变量与因变量、实验预期与结果结论等。学生根据问题，层层递进，通过观察并结合已有知识展开讨论，体现问题设计的有效性、准确性、实践性与层次性等。

主题帮助一：编写导入技能教案基本要求

1. 注意新旧知识的联系和启发性，不能离题万里

导入要揭示新旧知识的关联点，发挥承上启下的作用，使学生温故而知新，实现从旧知到新知的过渡。要善于设置和提出问题，激起学生认识活动的内部矛盾，启发学生由疑到思，主动地进入学习进程。引入新课时所选用的材料必须紧密配合要讲述的课题，不能脱离正课主题，更不能与正课有矛盾或冲突。脱离教学目标的引入不但没有起到帮助学生理解新知识的作用，反而干扰了学生对新课的理解，给学生的学习造成障碍。

2. 导入技能的方法选择

一要依据学生的认知水平、生活阅历；二要考虑教材的内容、特点和要求；三要考虑教师个人文化素质情况。同时，因为学生的年龄、认知结构等有差异，所以要根据不同年级、不同学生，选择不同的导入方法。一般来说，初中的学生因为思维有一定的局限性，所以在设计导入时最好以具体、形象为主，直观性强，这样可以以最短的时间激发学生的求知欲。例如，可以采用唱歌导入、讲故事导入、游戏导入等。中年级课堂教学的导入应在低年级的基础上适当增加一些方法，如直观导入、悬念导入、谈话导入、趣味导入等。高年级的学生知识阅历都比较丰富，有一定的知识基础，对于一些简单的事物都能很快地接受和理解，所以在设计导入时可以更理性，如新闻导入、置疑导入、逻辑推理导入、实验导入等。

无论采取哪种导入方式，都不能脱离教学实际，都要在认真钻研教材、了解学生实际情况的基础上再做决定。只有采用最好的、学生最容易接受的导入方式，才能取得事半功倍的效果。

行动3～5. 微格训练—录像回放—重复训练

本部分内容详见专题1第三节"微格教学的行动训练模式"中的行动3～5。

主题帮助二：运用导入技能试讲时应该注意的几个问题

1. 强调直观性和趣味性，不能方法单调，枯燥无味

在引入新课时，要灵活多变地运用各种引入方法。固定的、单一的方法导入使学生感到枯燥、呆板，不能激发学习的兴趣。导入的直观性可为学生理解科学的概念和原理奠定必要的感性基础；导入的趣味性则能调动学生学习知识的积极性。

2. 明确目的性和针对性，不能喧宾夺主

导入的根本目的就是要使学生明白要学什么，怎样学和为什么学。因此，要针对教学内容、课题特点和学生实际，采用合适的导入方法，才能取得应有的效果。新课引入时不能信口开河，夸夸其谈，占用大量的时间，以致冲击了正课的讲述。新课引入只能起到"引子"的作用，起到激发兴趣、提出问题、导入正课的作用，占用时间过长，就会喧宾夺主，影响正课的讲解。因此，在引入时一定要合理取材，具有目的性和针对性，并且控制时间，恰到好处，适可而止。

3. 多做演示，防止失误

各种引入新课的方法都应在课前做好充分的准备，特别是用实验或游戏的方法引入新课更是如此。若准备不充分，导致在课堂上演示失败，或出现相反的效果，都是对正课的教学有弊无利的。因此，用实验方法引入时必须十分谨慎，备课时要做充分的准备，在确保成功的前提下才能到课堂上做。

主题帮助三：导入技能的优化

1. 目的性

导入采用什么方式和类型，要服从于教学任务和目的，要围绕教学和训练的重点，不能喧宾夺主，只顾追求形式新颖而不顾内容。导入的目的性与针对性要强，要有助于学生初步明白将学什么，怎么学，为什么要学，针对教学内容的特点与学生实际因材施教，不能千篇一律，不追求形式上的"花俏"。

2. 启发性

导入要有利于引起注意、激发动机、启迪智慧，能激起学生奇想，活跃他们的思维，调动他们的求知欲，尽量做到"道而弗牵""开而弗达""引而不发"。尽量以生动、具体的事例和实验为依托，引入新知识、新概念。设问与讲述要求做到激其情，引其疑，令人深思。用例应"当其时""适其时"。因此，导入语必须具备沟通、引趣、设疑、激情等作用，富有启发性。

3. 关联性

导入要具有关联性。要善于以旧拓新、温故知新。导入的内容要与新课的重点紧密相关，能揭示新旧知识联系。方法服从于内容，导入语要与新课内容相匹配，尽量避免大而无当，海阔天空。

4. 艺术性

导入要有情趣、有新意，有一定艺术魅力，能引人入胜，让人倾心向往，产生探究的欲望和认识的兴趣。导入的魅力在很大程度上依赖于教师生动形象的语言和炽烈的感情。要注意锤炼"开口语"，精心设计课始的教学活动，重视酝酿感情，一走上课堂就能进入"角色"。

注重选词、造句，努力选取导入的最佳方式方法。因此，在导入时一定要合理取材，控制好时间，语言简洁，力求做到恰到好处，适可而止，避免漫无边际，喧宾夺主。

5. 机智性

课堂是一个动态的、充满变化的环境，教学技能也是一种开放性技能。因此，要善于根据课堂的心理气氛、学生的即时状态，以及教学任务和内容的改变，运用教学机智，调整教学的行为方式。

6. 时效性

导言就像是一场戏的序幕，是引入学习的前奏曲。因此，它的时间概念很强，一般两三分钟就转入正题，最多不能超过 5 分钟，否则就从根本上违背了导入的宗旨。导入的时间要适宜。过短，难以达到"创设佳境，激发兴趣"的目的；过长，难免喧宾夺主，分散学生的注意力。因此，必须要求教师认真筛选、提炼导入语的内容，精心组织导入各环节之间的层次，使学生尽快进入学习情境。

总之，导入方法的运用要因人而异，因教学内容而异。灵活掌握导入技能就像灵活运用写作手段一样，引人入胜是最基本目的。只要是在此基础上形成的导入方式，都将不失为好的教学方法。

行动 6. 评价反思：行动过程的监控与评价

在各行动过程中，涉及多次的评价和反思，导入技能评价和反思的项目如表 7-2 所示。小组可以参考以下评价项目，在各行动环节中对学员进行评价，学员也可根据表 7-2 进行自我评价和反思。

表 7-2　导入技能评价记录表

课题：　　　　　　　　　　　　　　　　　　　　　　　　　　执教：

评价项目	好	中	差	权重
1. 目的明确，能将学生导入课题情境	□	□	□	0.20
2. 导入吸引了全班学生的注意力和学习积极性	□	□	□	0.15
3. 导入方法选择适当，引入自然、衔接恰当，具有教学智慧	□	□	□	0.15
4. 导入用的演示效果好	□	□	□	0.10
5. 导入具有启发性、艺术性	□	□	□	0.10
6. 导入的新旧知识联系紧密	□	□	□	0.10
7. 教师的教态自然，语音清晰	□	□	□	0.05
8. 导入时间掌握紧凑、得当	□	□	□	0.10
9. 导入面向全班学生	□	□	□	0.05

对整段微格教学的评价：

思考与练习

1. 导入有什么作用？

2. 导入技能由哪些步骤组成？

3. 如何根据教学内容设计导入技能？

4. 选一段导入技能的录像，说出该导入属于哪种方式，在导入过程中，教师是如何体现导入技能要求的。

5. 选择本专题提供的一个片段，仿照课例的教学设计和教学视频，在充分备课的基础上独立设计教案，尝试进行微格教学实践，重点实践导入技能。在教学实践之前，首先说明以下几个问题：

（1）为什么选择这种或这几种教学媒体？要达到什么教学目的？

（2）说明导入的设计思想，预计导入的过程。

（3）结合导入的要求和评价标准，按要求进行演示。

专题8 教师最多的表情是微笑——教态变化技能

【学与教的目标】

识记：教态变化技能的含义及其类型、特点和作用。

理解：教态变化技能的不同类型及其构成要素。

应用：通过案例学习，实践训练掌握教态变化技能应用的几种设计方法。尝试应用教态变化技能编写教态变化技能教案；教态变化技能的片段教学试讲练习等。

分析：运用教态变化技能的方法与技巧；运用教态变化技能的原则。

评价：评价教态变化技能教案编写质量，评价教态变化技能试讲练习的效果，尝试对其进行完善。

第一节 教态变化技能基础知识学习

一、你了解教态变化技能吗

教态，就是教学姿态，一般理解或狭义理解为教师站在三尺讲台上的姿势形态。通常也称为"无声语言"或"体态语言"。

教态是教师在课堂教学中呈现出的表情、眼神、手势和身体姿态等，属非语言行为。优美和谐的教态不仅给学生美的享受，同时也是教师个人气质和修养的自然流露。更重要的是，它能辅助语言传授，融洽师生关系，调控课堂秩序，是科学完成教学任务的重要手段。

教师教态要亲切自然，态度端庄大方、热情活泼，衣着美观得体，既让学生感受到课堂美的愉悦，又为教学活动创造一个美的氛围。教态变化包括仪容、风度、神情、目光、姿势和举手投足等。教态是无声的语言，它能对有声语言起到恰到好处的补充、配合、修饰作用，教师通过表情可以让语言的表达更加准确、丰富，更容易为学生所理解。

教师亲切而自信的目光、期待而专注的眼神可以使学生产生安全感，消除恐惧感，缩短教师与学生的感情距离。教师热情洋溢的微笑、友善慈祥的面容可以使学生获得最直观、最形象、最真切的感受，潇洒得体的身姿手势无时不在感染着学生，使学生加深对知识点的理解、记忆。

在生物学课堂上，教师的一言一行、一举一动所流露出的热爱和关心学生的情感信息：当学生向教师质疑、发问或回答教师的问题时，教师带着真诚、善意的微笑注视着学生；学生回答问题完毕，教师亲切、赞许地点点头，或面带微笑答疑、纠正，都会增加师生间的了解和感情；以姿势助言语，以眼神传真情，能把学生迅速带进知识的殿堂，遨游于知识的海洋中。

1. 体态语言的特点

第一，动作性。体态语言不同于口头语言，口头语言凭借语音、词汇、语法构成的语言体系传递信息，而体态语言则依靠举止神态传情达意。

第二，微妙性。体态语言的传情达意多凭面部表情，特别是用眼睛说话，用眼波传情。这样的活动是在无声的情态中进行的，具有含蓄性与隐蔽性。眼睛还具有很大的灵活性，在一颦一笑之间，往往可以传递各种信息，带出其他各种表情，形成复杂的情感世界。

第三，感染性。体态语言的传情达意，时而含而不露，时而极富鼓动，这就从两个极端扣动感情的心弦，引导学生积极地思考问题，语言的感染力也就油然而生。

第四，辅助性。体态语言与口头语言往往结合使用，体态语言在人们传情达意的过程中主要起辅助的作用。它的辅助功能：一是可以提高口头表达的生动性，二是可以提高信息传递的准确性，三是可以提高传情达意的明确性。

2. 体态语言在教学中的作用

（1）利于组织教学。上课时使用"扫视""注视"，启发学生发言时，以手势助提问，可减少语言的重复，节约教学时间，维护教学秩序，提高课堂教学效果。

（2）融洽师生感情。当学生向教师质疑或回答教师的问题时，教师带着善意、真诚的微笑注意学生的回答，回答完毕，教师亲切、赞许地点点头，然后面带微笑地答疑或纠正学生回答中的偏差，这会给学生以精神上的鼓舞和安慰，增进师生间的了解和感情。

（3）激发学习情感。教师提问时，如果有的学生处在想说而不敢说的境地，教师用手势比画，或者对他点点头，学生就会大胆地站起来发言。

（4）突出教学重点。讲到重点、难点处，如果教师配以必要的手势、高昂的情绪或恰当贴切的动作，就会吸引学生的注意力，使重点、难点给学生留下深刻的印象，有利于理解知识和巩固知识。

（5）调控教学进程。教师要学会从学生的眼神、表情中看出自己讲解的效果，然后随时调节自己的教学进度，或改进教学方法，或放慢速度，或重复讲解，或增删内容，并通过教师的体态语言，配以言简意赅的教学语言，把教学变化的信息传递给学生，这样可有效地调节教学进程，优化课堂教学，更符合学生的实际。

（6）提高教学效果。学生对教学信息的接受主要通过两个渠道：一是语言听觉器官，二是语言视觉器官。语言听觉器官的职能是感知和理解有声语言，语言视觉器官的职能主要是感知教师的体态语言。当两条渠道保持畅通时，就可能取得好的教学效果。体态语言的运用，可以增加有声语言的生动性、形象性和准确性，优化课堂教学，提高教学效果。

二、教态变化的类型

1. 体态的变化

1）课堂走动

走动是教师传递信息的一种方式。如果教师始终以一个姿势站在讲台上，课堂就会显得单调而沉闷，学生也会感到压抑。相反，教师适时地在学生面前移动，又没有分散学生注意力，课堂就会变得有生气，还能激发学生的兴趣，引起注意，调动学生的积极情绪。

教师在课堂上的走动一般有两种：一种是教师在讲课时并不总站在一个位置上，而是适当地在讲台周围走动，在讲台上的走动具有统领效果，能控制全班的行为，适用于讲解新课或引起全班共同注意；另一种是学生做练习、讨论、实验时，教师在学生中间走动，从讲台上下来走到学生中间。这种空间距离的缩小，带给学生的直接影响是与学生心理上的接近，加强课堂上师生间的感情交流。同时，在走动中教师可进行个别辅导，解答疑难，了解情况，检查和督促学生完成学习任务。

2）身体动作

教师通过身体的局部动作表达一定的教学内容或教学语言。在生物学教学中，经常要表示生物体的形状、结构、大小及动物的动作行为等，这些都可借助手势来说明。例如，讲"蚯蚓运动"时，教师可用右手手掌和手臂表示蚯蚓的身体，左手表示蚯蚓的环肌、纵肌的交替舒缩以及刚毛的作用，使之一伸一缩地运动，同时让学生与教师一起比画。这样就使抽象的语言符号转化为具体、直观、形象的体态语言，不仅加深了对所学知识的理解，而且增添了学习的乐趣。另外，在与学生交流的过程中，头部的动作对于表达思想或态度也起着重要的辅助作用。

2. 面部表情的变化

课堂上师生之间情感的交流是创造和谐的课堂气氛和良好智力环境的重要因素。在交流中，教师的面部表情对激发学生的情感有特殊的重要作用。教师的面部是教师内心世界的外部表现，非常丰富。教师与学生的交流，学生首先注意到的是教师的面部表情。同样的教学内容，教师教学时面部表情不一样，学生的内心体验就不一样，所产生的教学效果肯定不同。

对面部语的基本要求，教师要做到和蔼、亲切、热情、开朗，使学生感到真诚和信赖，给学生创设良好的心理环境。教师的面部语是为教学内容服务的，随着教学内容的变化，教师的面部表情也跟着变化，同时也随着学生的思想感情、思维共振的变化而变化。

特别值得提及的是微笑的运用，微笑是一个人乐观自信、积极向上的心理反应。教师在课堂运用微笑的面部表情感染学生，使其有乐观自信、积极向上的心态。现在，许多教育家都提出用微笑征服学生的心灵，学生更欢迎教师用微笑的表情讲课。当学生取得成功时，用微笑给予鞭策鼓励；当学生遇到困难时，用微笑激其战胜困难。优秀的教师总是用微笑启迪学生的智慧。

许多教师都懂得微笑的意义，即使在十分疲惫或身体不适的情况下，走进教室时也总是面带微笑，因为他们懂得学生会从教师的微笑中感受到关心、爱护、理解和友谊。同时，教师的情感会激发学生相应的情感，他们会爱教师，又从爱教师进而延伸到爱上教师的课，欣然接受教师的要求和教育。

所以有人说，教师最多的表情应该是微笑。当和学生交流时，微笑是一种气氛；当学生回答问题时，微笑是一种鼓励；当表扬学生时，微笑是一种肯定；当学生认错时，微笑是一种谅解；当学生解决问题时，微笑是一种力量……教师脸上的微笑有多少，学生心中的阳光就有多少。微笑最能给学生创造出轻松、愉快的学习氛围。课堂教学中，教师要努力变"威严"为"微笑"，把微笑作为一种现代教学智慧潜入每天的课堂教学之中，使微笑成为教师和蔼的体现、亲切的象征，使微笑成为师生交流的和谐方式，使教学在"微笑"中前行，努力让阴冷威严的教育变为多彩灿烂的阳光教育，使学生在和谐的课堂中收获知识、提高能力的同时收获"微笑"、收获"快乐"。

3. 眼神的变化

眼睛是心灵的窗户，眼睛是人身上的焦点。黑格尔说："如果我们看到一个人，首先就看他的眼睛，就可以找出了解他的全部表现的根据来。"心理学家也认为，眼睛可以表达无声的语言，眼神里丰富的词汇往往比有声语言更有感染力。《诗经》里"巧笑倩兮，美目盼兮"和"相看不得语，密意眼中来"（南朝陈·徐陵），是说用眼睛的变化来传达某种微妙的意思。

人的瞳孔是不能自行控制的，在亮度不变的情况下，瞳孔的放大和收缩表示一个人的态度或心情。当一个人感到兴奋时，他的瞳孔会扩张到比平时大四倍并显得闪烁发光。相反，在生气或情绪低沉时，人的瞳孔会收缩到很小。所以，在进行感情交流时，只要注视对方的眼睛，彼此的沟通就会建立起来。

在谈话时不但注视的时间长短很重要，注视的位置也同样重要。若一直注视着对方前额上的三角区（两眼和额中间所形成的三角区域），就会造成一种严肃的气氛，使对方感觉你在谈正事，这才会影响对方。若注视对方两眼与下颌稍下部位所组成的三角区，则是一种亲密的注视。

对教材、图表、幻灯、投影等进行说明时，能够控制对方的眼神是非常重要的。此时，教师的讲话内容不但要与媒体教具有关，而且必须用笔、教鞭等进行指示，边指边念出所指示部位的名称。如果教师要把学生的目光转移到自己身上，只需把笔或教鞭等移到和对方眼睛相互连接的直线上，就能有效地使他们把目光集中到教师身上。这样不但学生在看教师，也在专心听教师讲话，而且信息的吸收量也最大。

总之，教师的眉目语应以前视为主，统摄全班学生，要目中有人，使每个学生都能感到教师在关注自己。该眉飞色舞的时候就不要紧锁眉头，该热情奔放的时候就要眉眼舒张。教师要以眼传神，把喜怒哀乐、褒贬扬抑等不同感情色彩用眉目语表现出来。

4. 适宜的停顿

停顿也是一种语言，是引起注意的一种有效方法。在讲述一个重要事实之前作一个短暂的停顿，能够有效地引起学生的注意。同样的句子中间突然插入停顿，也会起到同样的作用。三秒钟的停顿足以引起学生的注意，二十秒钟的沉默对人是一种折磨，更长时间的沉默简直会使人难以忍受。

新教师往往害怕停顿和沉默，每当出现这种情形时，他们就赶紧用附加的问题或陈述填补进去。而一个有经验的教师在提出一个问题后，总是停顿一会儿让学生思考，做好回答的准备。当学生回答完问题之后再次停顿，给学生进一步思考的时间，促使其他问题回答得更全面。另外，在对一个概念分析、综合之后，或对一个问题演绎、推理之后，也要有适当的停顿，使学生回味、咀嚼、消化、巩固所学的知识。一节课中恰当地进行停顿会使人感到有节奏感。不停顿地讲述 45 分钟，不给学生留下思考的余地是不可取的。

5. 声音的变化

平缓、单调无味的声音会使课堂变得死气沉沉。声音的音质、声调和讲话速度的变化，以及富有表情的语言，会使教学变得很有生气。声音的变化可以是由低到高，也可以是由高到低，有技能的、训练有素的教师能直觉地运用这一方法。例如，有经验的教师在讲了一段有趣的故事之后，引起学生的笑声和议论声，当他开始把声音变弱，形成安静低沉的声调时，学生便会更加专心地听。而没有经验的缺乏训练的教师往往不会使用这一方法，当课堂变得喧闹嘈杂时，只是一味简单地增加刺激的显著变化，不停地大声喊叫："别讲话了！""闭上你们的嘴！"等。这种方法虽然有时暂时有效（也可能无效），但却影响了教师在学生心目中的威信，难免使学生产生轻视教师的想法。

讲话速度的变化也是引起注意的一个因素。当教师从一种讲话速度变到另一种讲话速度时，即使有人已经分散了注意力，也会重新将注意力转移到教师所讲的话题上来。

三、教态变化技能的设计及案例分析

有效地调控学生，维持好课堂纪律，是成功完成教学任务的首要条件。在这方面教态大有用武之地。教师在课堂上面对着几十个活生生的人，要在准确、流畅、生动地表达讲授内容的同时，还要抓住每个学生的注意力，避免他们分神，那么就要设法同每个学生建立联系，使每个学生都感到教师在同他们直接对话。例如，教师在讲课时，用亲切和蔼的目光捕捉每个学生的视线，有计划地不放过一个人，使每个学生都感到教师在关注着自己。这样不仅可以调动学生学习的积极性，而且无形中起到了控制课堂秩序的作用。

1. 眼神变化

眼睛是心灵的窗户。在课堂教学中，师生之间通常都是以目光接触来表达各种思想和感情的。由此可见，运用"目光语言"是提高课堂教学效果的一个重要方面。

1）积极的眼神变化

在课堂教学中，教师的眼神应做到以下两点。

（1）注视学生。

注视学生是传达教学信息，建立双向交流，缩短心理距离，增强讲解效果的需要。注视学生也是教师的一种坦然、自信和投入的表现。相反，如果过多地盯着讲稿，会给学生造成羞涩、拘谨、缺乏自信或准备不足的感觉；如果两眼不时向窗外瞟去，则会给学生造成一种"身在曹营心在汉"的感觉。当然，注视学生也不是要求教师一味盯着学生看。除了要对某个学生发出指示性信息，或观察学生的反应外，过多地盯着学生看，会使学生觉得"意味深长"，感到不自在或紧张。

（2）炯炯有神。

教师的目光应该炯炯有神，充满活力，给学生一种朝气蓬勃的感觉。如果学生看到教师双目无神、无精打采，就会感到扫兴，打不起精神。另外，炯炯有神是要求教师能用眼睛"说"出内心的思想和情感，增强教学感染力。

案例 8-1：细胞器——系统内的分工合作

上课铃声一响，教师走上讲台，此时教室里嬉闹谈笑声还此起彼伏。

教师以严肃的目光扫视全班，紧盯个别特别调皮的学生，教室立即安静下来，学生将注意力转移到学习上。

教师（眼神充满活力，手指向多媒体屏幕）：观察动植物亚显微结构示意图，回忆一下，细胞的主要结构有哪些？核糖体、内质网、高尔基体和线粒体有什么功能？

两分钟后提问学生，学生起立回答问题，教师给予信任的目光。当学生有些紧张、回忆不起来时，教师给予鼓励的目光，并适当引导。在教师的引导下学生回答问题成功后，教师投之以赞许的目光，学生因尝到成功的喜悦而幸福万分。

温馨提示

课堂目光分配的一些技巧：正确选择目光投放点，把目光中心放在倒数第二、第三排的位置，并兼顾其他；加强目光巡视，消除"教学死角"；用目光给予信号，控制学生分心；提问和课堂讨论时，对不同的情形采取不同的目光交流；用目光制止学生的嬉笑打闹。

2）避免消极的眼神

（1）教师讲课时不能老抹搭着眼皮，目光呆滞，以免感染学生情绪，使他们提不起精神，昏昏欲睡。

（2）教师讲课时不能长时间盯住某一名同学，以免使被注视对象心慌意乱、不知所措。

（3）教师讲课时不能东张西望或目视天花板、地板，使学生以为教师心绪不宁，分散他们听课的注意力。

（4）教师讲课时不能一直盯着教科书或教案，无暇顾及学生。师生缺乏交流，会使学生感觉教师在自言自语，而对教师所讲内容兴趣骤减，进而借机开小差，或使课堂纪律混乱。

（5）教师不能用怀疑的目光看学生回答问题。这样不仅使学生的心理紧张，而且会对自己回答内容失去自信，磕磕巴巴、张口结舌。教师在学生回答错误时，不能投以烦躁、轻蔑的目光，让学生感到难堪，刺伤他们的自尊心。让学生感觉教师让他们回答问题，不是为了提高他们的学习成绩，而是有意整治他们，便会对教师的提问产生对立心理，以后不愿回答教师的提问。

（6）课堂上当学生对某些问题提出新颖的解题思路或巧妙的运算方法时，不能给予冷漠和不屑一顾的目光。这样不仅打消了学生的上进心，更不利于学生创新精神和求异思维的培养。

（7）课堂上学生讨论问题出现分歧时，既不能对同教师意见一致的学生投以袒护的目光，更不能对持不同意见的学生投以压制的目光。这样不仅不利于教师民主形象的树立，更不利于学生发散思维和大胆质疑能力的培养。

（8）对违反纪律的学生，教师不能投以敌意和厌恶的目光。这样会使学生产生逆反心理，加大说服教育的难度和阻力。

（9）不能总是注意学习好的学生，而使学习一般和较差的学生产生冷落感。这样不仅会打击这部分学生学习的积极性，而且会使他们与教师产生情感隔阂。

2. 表情变化

表情是心灵的屏幕。它把师生双方复杂的内心活动像镜子一样地反映出来。教师在教学中的表情可以大致分为两类：一是常规性表情，二是变化性表情。前一类要求教师做到和蔼、亲切、热情、开朗、面带微笑。教师的微笑能使学生产生良好的心理态势，创造和谐的学习气氛，对学生不仅是一种鼓舞，还是一种督促，促使教学活动顺利进行。变化性表情是指随教学内容而产生的喜、怒、哀、乐，随教学情境与学生发生的感情共鸣。这种表情可以使课堂效果丰富生动而充满活力和吸引力。教师的表情变化要适度，不能过分夸张，以免有哗众取宠之嫌。教师的笑容应是含笑、微笑、轻声笑，不能捧腹大笑、嘻嘻哈哈或嘿嘿冷笑。教师更不能板着面孔毫无生气地讲课。从心理健康的观点考虑，教师应把学生从惧怕权威、缺乏自信中解放出来，鼓励学生表达自己的思想；教师要创造一种谅解和宽容的气氛，不仅允许而且鼓励学生自我提高、自我表现，以利于培养学生的创造性。

面部表情中最明显的就是"笑容"，它可以增进人与人间的和谐，且有鼓励、支持的效果。教师带着笑容和颜悦色地上课，也能带动学生快乐的情绪，达到良好的学习效果。

面部表情是学生接收到教师最直接的肢体语言。只要教师一个表情不对，学生就知道可能大事不妙了。在教室中，教师面部表情能传达热诚、欣赏等信息，可给予学生积极的教学信号，以增进正向行为；相反，面部表情也能显露教师厌恶、烦恼或放弃的信息，促使学生做出不良的行为。

案例 8-2：种子植物

师：接下来我们要探究种子和果实的区别，在这之前先让大家猜一个谜语。（故作神秘状表情）

生：（学生兴奋、期待谜面）

师：这个谜语是"麻屋子，红帐子，里面睡个白胖子"。（亲切和蔼）"麻屋子"指的是果实中的哪个结构？"红帐子"指的是种子中的哪个结构？（温和真诚）

生：（动脑筋思考，尝试说出答案）

师：我听见个别同学已经猜出来了（微笑）。"麻屋子"指的是果实的果皮，"红帐子"指的是种子的种皮。（认真总结）

温馨提示

　　在实际教学中，教师表情丰富，影响学生表达；教师表情微笑，学生就敢表达；教师无表情教学，学生就抗拒课堂。因此，教师在运用表情时要准确而不夸张，自然而不造作，适度而不过分，温和而不冷峻，自信而不轻狂，保持微笑。

应用表情变化要注意以下几个问题。

1）克服无表情的教学

一个人在任何时候、任何场合总会有其情绪情感的特定状态，因此不可能无表情。通常意义上的无表情是指从一个人的脸上看不到内部心理的情绪情感的变化。

在这种情况下，教师走进教室，表情往往是严肃认真有余而亲切自然不足。它可能是出于教师的一种个性心理特点，也可能是因教师一时紧张而表现出来的努力压抑喜怒哀乐的一种心理状态，以应付可能产生的外界伤害；更多的教师也许是为维持正常的教学秩序而刻意追求的表情上的威慑力。然而，不管是出于何种原因，无表情教学的直接后果是：使课堂上师生之间的心理距离保持在（或退到）一定的范围以外，给学生一种拒绝感、疏远感，不利于师生之间心理关系上的相互吸引。

2）教师丰富的表情有时会阻碍学生顺畅地表达

与无表情教学相反的是教师富有表情变化的教学。现在不少人认为教师在课堂上要有丰富的表情，其实有时过于丰富的表情却会适得其反。例如，教师上课时情绪变化快，动辄发怒，则学生不仅恐惧，而且会感到厌恶。

调查结果显示：学生回答问题时心里会很紧张，因为他们怕说错了教师不满意，所以回答问题时会密切关注教师的表情，一旦看到教师稍有不对劲就赶紧改变答案，甚至与原来回答的内容截然相反；如果教师的表情是微笑，就说明自己的回答是正确的，他们才愿意继续说下去；如果教师由微笑到面无表情再到微怒，那自己的回答就是错误的，学生的叙述就会吞吞吐吐。可见，教师表情越丰富，学生心理就越紧张，表达得就越不顺畅。

其实，丰富的表情也是教师紧张的表现，是担心学生回答不好，担心学生的回答"出奇""出格"，特别是有人听课时，"万一学生回答问题越出雷池半步，怎么办？"这些担心都会通过面部表情反映出来。

法国启蒙思想家卢梭说过："我虽然不同意你说的每一个字，但我誓死捍卫你说话的权利。"如果把这个权利运用到生物学课堂教学上，就是要让学生表达时不要给他们那么丰富的表情，不要打断学生的表达。学生回答问题、表达观点既是跟教师交流，更是跟同学交流，跟同学交流是共同进步、成长的一种重要形式。教师在课堂上应该尽力做到让学生顺畅地表达，保证让学生回答问题、表达观点时畅所欲言，出新、出奇、出彩。

3）教师单一的表情——微笑有时可以帮助学生表达更顺畅

学生最欢迎的是教师的微笑教学。教师微笑上课，学生学得轻松，他们的思维处于活跃、兴奋状态，这样就听得进、记得牢，课堂充满了欢乐与生机，学生有一种沐春风、淋甘露的感受。教师带着微笑走进教室，给学生的第一印象就是亲切、自然，有人情味，许多学生往往就是这样喜欢上了该教师所教的这门学科。

在生物学课堂教学过程中，学生经常不能真实回答教师提问，这时教师怎样鼓励学生真实回答问题呢？除了善于倾听，教师必须用单一的表情——微笑，去鼓励学生。千万不要打断学生的发言，让他说完，充分发表意见。即使学生观点出现错误或回答得不够完整，教师也要始终如一地微笑着，不要轻易下结论，因为还有更多学生等着发表自己的意见，或许教师的结论正是下一个发言同学的结论。学生从同学的发言中已经可以判断出是非曲直，可以判断出哪个学生表达得更好，问题的结论会随着更多学生的表达而逐渐清楚。

3. 手势变化

在实际教学中，手势是教师运用最广泛、最频繁而又最难把握的体态语言。在教学中，教师所用的手势不仅可以辅助语言的陈述说明，强调语言的表达重点，而且可以增强语言的形象性和感染力。

案例 8-3：血流的管道——血管

动脉、静脉、毛细血管的区别：举起两只手，手指与手指相对，表示毛细血管网，左手（右手）前臂表示动脉血管，右手（右手）前臂表示静脉血管，再说明血流方向由动脉向静脉方向流。这样，学生对这三种血管就能够理解了。

案例 8-4：通过神经系统的调节

师：请大家伸出一只手一起回忆初中学过的知识——"神经元包括哪些部分？"

手势：叉开手指，说明手掌相当于神经元的细胞体，手指相当于神经元的树突，此时多个手指可说明表示多个树突，如果把四个手指合回，只剩一个手指，说明有的神经元只有一个树突，还有前臂相当于神经元的轴突。在每个神经元中，只有一个轴突，有的轴突较长，有的轴突较短。

生：（模仿教师的手势，回忆神经元知识）

师：接着，这些神经元是如何传导兴奋的呢？（做手势）大家把一只手举起后，另一只手的手指（或手掌）与前一只手的肘部接触，表示了神经元接触的方式（树突-轴突或胞体-轴突接触）。兴奋就是通过这种接触方式传导的，因而体现了神经元之间是密切联系的，彼此接触传导兴奋。

温馨提示

　　打手势必须注意规范，一般容易出现的问题有：动作生硬，与教学内容和教学情境脱离；动作粗俗，过于随便，不够雅观，多余而又难看的习惯手势，如双手不停地搓来搓去，频繁地理头发、掏鼻孔、跷大拇指、用食指指向学生；动作零乱，既无条理，又无明确的意义，相互配合和使用缺乏目的性，以为多多益善，结果只能是杂乱无章、适得其反；过于呆板，该用不用，动作寡少，手势拘谨，其教学效果自然不佳。

一般来说，教师的手势交流技巧在运用过程中应当注意以下几个方面。

1）雅观自然

教师在教学中手势的姿势动作不同于戏剧舞台，不是特意设计排练出来的，而是在教学中自然流露出来的，是教学艺术的重要组成部分。课堂教学中的手势是一种艺术化的形体动作，要大方得体、动作优雅。不可装模作样、拿姿作态，如男教师"兰花指"用在课堂上。过于造作和花哨会使学生感到轻浮和厌烦，但过于拘束死板、扭扭捏捏也会使学生感到压抑和滑稽。另外，那些不雅观、不文明的习惯性手势动作必须坚决摒弃，如搔头皮、理头发、擦鼻涕等。

2）保持协调

（1）手势要与身体姿势、眼神、表情等协调一致。

手是人体器官之一，而人体运动具有整体连贯性，手的运作姿态必然牵动人体其他部位。如果手势语与其他体态信号不一致甚至相互矛盾，会给学生造成错误的理解。例如，教师用手示意右边一位同学起来回答问题，而身体和面部却朝着左边，用眼睛注视左边一位同学，就会让人疑惑。

（2）手势要与口头语言、态度、情感协调一致。

打手势的目的是为了配合教学内容的讲授，所以手势和语言必须步调一致，相辅相成，在运用时机上要与口头语言和表达的内容配合一致，防止脱节。例如，畅谈理想、展望未来、讴歌光明和鞭挞黑暗时，手势就具有象征性、情感性，动作幅度和力度应强烈些；而在阐述、分析比较和说明道理时，动作应柔缓舒展、流畅自然，幅度和力度不宜过大。讲关键字句时应迅速有力而不是平铺直叙，归纳总结时应慢慢收拢而不能随意乱挥。绝对避免出现口中讲的是一套，手势打的是另一套，容易导致学生的思维紊乱。

（3）手势不可"少""多""奇"。

课堂教师的手势既不能太少，更不能太多、太奇。太少则木讷死板，缺少生气和感染力；太多则琐碎零乱、显得心烦意乱；太奇则又喧宾夺主，分散学生的注意力。力求做到应动则动，该静必静。

3）因人制宜

教师究竟采用哪些手势最为合适，还要考虑自身的条件。例如，男教师手势刚劲有力、外向动作较多，手势幅度较大；女教师手势柔和、细腻、舒缓，手心向内的动作较多，手势幅度较小。就年龄而论，老年教师以手势幅度较小，精细入微、稳健庄重为宜；中青年教师以手势幅度大，轻快活泼为好。以身材来讲，矮胖者可以多做些高举过肩的手势，使学生的视感拔高；而瘦高者如果也经常伸手过头顶就会给人一种"电线杆"的感觉，不如多做些平直横向的动作，以保持整个人体形象的平衡。

4. 体态变化

1）得体大方的服饰

服饰是一种"语言"，一种文化语言。传播学家认为，一个人可以用四种不同的方式表达自己的意思，分别是服饰、语言、表情、姿势，而服饰是其中最为含蓄的一种。服饰表达不着痕迹，但无时无刻不在进行着无声的发言。

服饰包括服装、鞋帽、发型、化妆、饰物、随身携带物品等。服饰有三项功能：舒适、保护遮羞与文化展示。在现代社会中，尽管服饰仍具有前两个功能，但它作为文化标志的作用却越来越大。一个人的外貌是一个整体，它是由人体特征、情绪状态和服饰共同构成的。但是当观察一个人的时候，有 80%～90% 的注意力集中于他的服饰，因此，一个人的服饰是否得体可以给他人留下不同的印象。一般来说，穿着得体会给人留下良好的印象，而衣着邋遢则易遭受冷落和疏远。同时，一个人的服饰象征身份、地位，或表明职业。

作为"学为人师，行为示范"的教师在服饰方面的要求要比一般人严格，特别是在课堂上的服饰特别需要重视，这是各种文化所共同的。因为"教师是人类灵魂的工程师，承担着教书育人、为人师表的职责。一位教师的音容笑貌、举手投足、衣着发式无形中都可能成为学生学习的楷模"。服饰状态是教师文化素养和精神面貌的反映，它不仅反映教师的外表，而且还可以交流思想、增进情感和传达信息。一般来说，教师的课堂服饰要求整齐、清洁、庄重、大方。如果教师衣着不整，又不修边幅，学生就会对其产生一种自由散漫、事业心不强的印象。虽然外表与心灵并不是完全统一的，但教师要为人师表，就必须注意自身的一举一动，以免给学生的身心发展带来不必要的负面影响。

（1）着装要与自我协调。

也就是衣着要得体。每一个人都是自然人，同时也是社会人。自我包括生理自我、心理自我和社会自我。要想穿着得体，必须对自身特点有全面的了解和正确的认识。生理自我指个人的躯体，同服饰密切相关的有脸型、体型、肤色、肤质等，很多服装杂志都对此有详细介绍。心理自我指个人的心理品质，包括兴趣、能力、性格、理想等。服饰可以显示人的心理，同时也能掩饰人的心理，使他人做出错误的判断。一般来说，服装整齐者办事认真；穿戴简朴者勤俭；陈旧、单调者保守；好赶时髦者缺乏自信；色彩鲜艳者活泼；全身灰暗者冷静等。社会自我指个人所扮演的社会角色及其同他人的关系，每个人的社会角色规定了他应该具有的心理和行为，规定了他的服饰。每个人的服饰应该同他的社会角色相吻合，恰如其分的穿着可以帮助他在事业上获得成功。当一个人的身份、地位改变时，服饰也应做出相应变化。同样是教学活动，幼儿园教师的服饰搭配肯定与中学教师的不同。

一般来说，至少要求教师着装做到：不别扭，不浓妆，不穿奇装异服。打扮妖艳一是有损教师形象，二是会分散学生的课堂注意力，影响课堂教学内容的吸收和消化。刺鼻的香水等化妆品在课堂上与教学气氛很不协调；尖底高跟鞋与地面的摩擦声也容易分散学生的注意力；身体胖的教师不宜穿紧身衣，身体瘦的教师也不宜穿过于宽松的衣服。教师在课堂上是学生注意的中心，如果教师穿着不得体，势必给学生造成一种别扭的感觉，这种感觉也必将影响其听课的情绪。所以，教师的服饰搭配要严谨、适度，以不分散学生的注意力为目的。通过服饰彰显个人身份、气质特点，更好地提高教学的效果和教师的威信。

（2）课前应适当整理仪容。

有的教师比较随便，不注意自己的仪表，常出现系错扣子、衣领未翻、戴歪帽子、头发或是脸上多了点什么等闹笑话的问题。由于一些教师比较严肃，学生不敢当面指出来，只好不停地偷笑，课堂上学生的注意力就转移到教师的仪态、仪表上。如果教师在课前养成良好的整理仪容的习惯，就会避免这些意想不到的现象或笑话产生。所以，与课堂教学不协调的因素，教师都应尽量避免，以免分散学生的注意力，影响听课情绪和效果。

教师的体态变化一般指教师在教室里身体位置的移动和身体的局部动作。教师适时适度地在教室中走动，不但不会分散学生注意力，还能使课堂变得有生气，能调动学生的积极情绪。此外，教师还要特别注意着装，做到不浓妆，不穿奇装异服。

2）恰如其分的姿态

人们常说：情动于中而形于外。一个人的思想感情往往有意无意地通过外部的姿态流露出来。同样的道理，根据教师站或坐的姿势、手势和动作，学生可以推断出教师对这堂课大概的态度、情感和兴趣，从而主动地配合教师做好课堂教学工作。调查发现，74%的学生希望教师站在讲台上讲课，因为教师来回走动会无意识地增加他们心理上的压力。87%的学生希望教师提问时距离他们远一些，这是因为他们能够较"安全"地思考问题。从心理学的角度看，这种现象就是人体学中"个人空间"产生的效应。还有88%的学生要求教师在上课时注意姿势和手势表达的准确度及合理性，避免不良的习惯性动作给学生留下不好的印象。由此可见，教师课堂上的姿态对课堂教学效果会产生不可低估的影响。

（1）取开放式姿势。

这是与封闭式姿势相对而言的。开放式姿势站立时须两手、两脚不交叉，身体稍微前倾，这样教师给学生的感觉是坦诚可信的，表明他在乐意、热忱、活泼、不拘谨地给学生上课，并愿意接受学生的提问和帮助学生解决疑难问题。如果取封闭式姿势，即站立时两手交叉，则表明教师对学生持怀疑、审视、冷漠、轻慢、保守的态度，显然是不可取的。

（2）要适当地走动。

一般来说，教师的走动以围绕讲台为宜。走动幅度过大，会使学生过多注意教师的走动情况，分散听课的注意力。当然，在与学生讨论问题、阅读课文或考查测验时，可走下讲台观察学生的情况。走动时须稳健、庄重，避免身体触碰学生、课桌和文具，更不能碰撞出其他声音。

案例 8-5：检测生物组织中的糖类、脂肪和蛋白质

师：我们在进行还原糖的鉴定实验时，应该选择什么样的材料呢？（站立讲台上，眉头微抬）

生：含糖量高的，比如苹果、梨。

师：好，那现在大家选取所需的实验材料，开始进行实验。（起身走下讲台，巡视学生做实验的情况，针对性地个别辅导）

温馨提示

教师的课堂走动要关注每一个学生。教师在学生中间走动进行个别辅导、解答疑难时，要注意关心每一个学生，对所有的学生给予同样的热情。有些教师喜欢"好"学生，每次走到"好"学生位置上时，必定停下来关心一下，而经过"差"生时，"照例"快步走过。结果那些学生就会认为"老师不喜欢我们，老师对我们不寄予希望"，影响学习的积极性，也影响教师个人魅力的形成。

课堂走动有以下几个基本要求：

（i）走动要有控制，不能分散学生的注意力。为了做到这一点，一是控制走动的次数，有些教师整节课都在不停地走，教师没走累，学生的视觉却早已累了；二是控制走动的速度，身体突然地运动或停止都能引起学生的注意，所以在课堂上教师应该是缓慢地、轻轻地走动，而不是快速地、脚步过重地走动；三是走动时姿势要自然大方，不做分散学生注意的动作。

（ii）走动或停留的位置要方便教学。当组织学生进行回答练习时，以在讲台周围走动为宜。停留时要离开黑板一点，以利于变换在黑板上写字的位置。在学生中间边讲边走动时，不要停留在教室的后端，因为这样对学生来说教师的声音是从后面传来的，对学生听课有一定的心理影响。

（iii）教师的走动时间要符合学生的心理。一般来说，学生在做练习、答试卷的时候，不喜欢教师在他们中间走来走去，更不喜欢教师在自己的身后或身边停下来。因为这时学生的注意力需要高度集中，需要进行紧张的思维活动，而教师的走动会分散他们的注意力，一旦在他们的身边停下来，往往会造成他们情绪紧张，破坏他们的正常思维过程，影响他们脑力劳动的效率；教师也不应走到教室的最后面，因为学生的视觉余光找寻不到教师，学生心理会产生不安的感觉，影响正常的思考和学习。因此，一般来说教师最多只走到教室的倒数第二、第三排；让学生进行小组讨论时，讨论初期，教师尽量不要随意在小组间走动，以免打扰学生正常思维，可以站在讲台上观望全班，如果发现某个小组有问题，需要对一个小组学生讲话，教师应轻轻向他们走去，然后再回答问题或讲解，以免影响其他学生。

（3）"坐有坐像、站有站样"。

在课堂上，教师应注意自己的每一个细小动作，站立时身板挺直，昂首挺胸，显得端庄、伟岸，使学生从心理上感到既庄重又轻松。坐着时，也要身体端正，腰板挺直，给人一种亲切感。避免用一只手支撑着下巴，或趴在讲桌上讲课，这样会显得疲劳而无精神。

（4）在学生回答问题时，要保持适当的距离。

对于不善于发言或比较胆怯的学生，教师要恰到好处地点头微笑。尽管点头不都是表示赞同，但这种动作能有效地鼓励和示意学生继续讲下去。如果教师一直不点头、不表态，学生就可能感觉到教师不同意他所说的话或没有兴趣听下去，也就没有信心和勇气继续讲下去。

（5）不要用手指指着学生。

教师在课堂上用手指指着学生会使学生感到教师态度强硬，不尊重他们的人格，容易产生反感的情绪，这样不利于学生对知识的积极吸收。如果让学生站起来或到前边回答问题，教师最好采取掌心向上的邀请姿势来示意。讲课时，教师应避免提裤子、拢头发、捻耳垂、挖鼻孔、揉眼睛或提眼镜，以及对着学生打哈欠、伸懒腰等动作，因为这些动作会破坏良好的课堂气氛。

3）避免不良的体态

在教学过程中，教师若能较好地驾驭自身的体态语言，有助于对学生施加特定的影响，调整师生间的心理距离，树立良好的形象和威信，进而积极有效地开展教学。所以，教师在课堂上要注意克服不良的身体姿态：①不可左摇右晃，心神不宁；②不可前仰后合，漫不经心；③不可总站在一处，拘束呆板；④不可长时间手撑讲台，显得疲惫不堪；⑤不可趴在课桌上讲课，显得体力不支；⑥不可把教鞭拄在地上讲课，显得老气横秋；⑦不可半倚半坐在课桌上讲课，显得随随便便；⑧不可长时间斜靠在讲桌旁讲课，显得闲散怠慢；⑨不可手托下巴讲课，显得心不在焉；⑩不可坐在椅子上转身板书，显得懒散懈怠；⑪不可总是双手反在背后讲课，显得居高临下；⑫不可站在讲桌后面，用脚蹬黑板下面的墙壁，会给学生一种缺乏修养的感觉；⑬不可用脚不停地叩击地面，浑身颤动；⑭不可两脚重心移动过频；⑮不可总是背对学生自己板书，会给学生一种自我封闭的感觉。

第二节　教态变化技能行动训练

行动1. 示范观摩：观摩示范视频，体会教态变化技能

在对教态变化技能有了初步的感性认识之后，如何将这些理论知识体现在教学实践中呢？请观看并分析以下视频课例，体会教态变化技能的运用方法、技巧及有关原则。

课例 801：肺与外界的气体交换

教学课题	肺与外界的气体交换			
重点展示技能	教态变化技能、演示技能	片长	10 分钟	上课教师	张小依
视频、PPT、教学设计二维码	V801—肺与外界的气体交换			

内容简介

　　该内容主要介绍肺与外界进行气体交换的过程。整个教学过程分为三部分，第一部分通过联系生活导入，激发学习兴趣；第二部分为新知讲解，通过图片观察和演示实验操作，引导学生对问题进行分析和推理；第三部分为总结，让学生巩固本节内容。通过模型展示、多媒体演示，指导学生动手使用教具、体验呼吸等手段，帮助学生运用已有知识对生命现象进行分析，使抽象的概念变得直观、形象，最终形成完整的概念体系。

点评

　　1. 教师采用演示法，指导学生参与体验、积极动手，提高了学生的学习积极性；并通过直观道具演示、身体的局部动作表达吸气和呼气时胸腔大小的改变，使抽象的语言符号转化为具体、直观、形象的体态语言；同时，让学生同教师一起比画，不仅加深了对所学知识的理解，而且增添了学习的乐趣。

　　2. 教师的课堂走动符合教学的需要，快慢适宜，停留得当，并注意到了教态变化对于教学效果有不可低估的作用，教师手势、动作变化协调，面部表情准确、自然，在上课时保持微笑，富有亲和力；同时声音节奏、强弱变化适当，富有感染力。

　　3. 教师语言清晰、紧凑、精练，既有严密的科学性、逻辑性，又通俗易懂，能正确地运用生物学术语，具有说服力和感染力。教师语音洪亮，具有很好的穿透力，天生一副教师好嗓门。

初看视频后，我的综合点评：

关于教态变化技能，我要做到的最主要两点是：

1.

2.

课例 802：细胞膜的基本骨架——脂双层

教学课题	细胞膜的基本骨架——脂双层			
重点展示技能	教态变化技能	片长	13 分钟	上课教师	袁伟诗[①]
视频、PPT、教学设计二维码	V802—细胞膜的基本骨架——脂双层			

内容简介

　　该内容主要介绍细胞膜的基本骨架——脂双层，整个教学过程分为三部分。第一部分为导入新课，通过"结构决定功能"从细胞膜的功能特点过渡到细胞膜的结构，进而导入细胞膜的基本骨架。第二部分为讲解新知，介绍磷脂的结构，包括极性头部和非极性尾部；讲解磷脂的排布，通过活动的设置，让学生更好地理解磷脂"双"分子层的由来。第三部分总结延伸，总结本节内容，启发学生思考，为下一部分内容做铺垫。

点评

　　1. 教师教学思路清晰，教学方法与教学内容相适应，与学生的年龄特征相适应。通过带着学生画磷脂结构图，让学生更好地记忆磷脂分子的结构；通过绘图活动，让学生积极思考磷脂的排布，更好地理解磷脂双分子层中"双"的由来，成功地达到教学目标的要求。

　　2. 教师的课堂活而不乱，秩序井然，教师能及时掌握学生的反馈信息，并采取相应的调控措施进行教学，充分调动学生学习的积极性，使学生认真听讲，积极思考，大胆发言。

　　3. 教师教态变化大方，手势与身体姿势、眼神、表情等协调一致。教学语言清晰、紧凑、精练，既有严密的科学性、逻辑性，又通俗易懂。在教学中，教师能始终面带微笑，具有亲和力。

初看视频后，我的综合点评：

关于教态变化技能，我要做到的最主要两点是：

1.

2.

①浙江师范大学 2015 级本科生

　　教态变化技能更多视频观摩见表 8-1。

表 8-1　教态变化技能视频观摩

视频编号	课题名称	点评
V803	DNA 半保留复制的实验证据（陈秋霜）	该内容通过呈现并说明科学家证明 DNA 进行半保留复制的实验，提出了 DNA 半保留复制的实验证据。首先，创设情境，导入新课，介绍当时的科学界对 DNA 复制方式的三种假说，创设科学探究的情境，引出探究主题；接着，新知讲解，再现历程，以假说演绎法的过程为内在线索，配合教具演示和教师讲授，引导学生对 DNA 的半保留复制假说进行演绎推理，再介绍科学家关于 DNA 半保留复制的实验证据，证明 DNA 以半保留的方式进行复制；最后，课堂小结，师生互动，共同总结学习内容——DNA 半保留复制的实验证据，感悟科学探究的独特魅力。 　　教师以设问的方式，促使学生思考，调动学生的思维，使学生的思维紧跟教师的教学过程，并将课堂语言、引导性设问和教具演示有序结合，组成清晰有序的讲解框架，使教学重点突出，逻辑清楚。
V804	精子的形成（石桂芳）	该内容主要通过介绍精子的形成过程，帮助学生认识减数分裂的具体过程和特点。首先，通过展示教具导入新课，激发学生的学习兴趣。接着，通过教师讲解、教具演示，以及板书、板画相结合的方式，展示精原细胞演变成精子的全过程。教师在演示过程中注重与学生间的交流、互动，并设计层层递减的问题串引发学生的思考。最后，小结部分，学生在教师的引导下联系演示操作过程，自主构建减数分裂的概念，实现从感性认识到理性认识的飞跃。 　　教师通过精心设计的板书、板画配合自制教具的演示，将学生的听觉刺激和视觉刺激巧妙地结合在一起，调动学生学习的主动性和积极性；通过模型教具、教师讲解、板书文字有机结合的教学方法，将图像、语言、文字紧密结合，发挥多种符号的作用，帮助学生理解，强化概念教学，使学生获得较为全面、牢固的生物学知识，为取得好的教学效果埋下伏笔。 　　教师利用自制的教具演示减数分裂过程中染色体的行为变化，模拟出同源染色体联会、非姐妹染色单体交叉互换等生物学现象，使抽象概念直观化，有助于学生对抽象知识的理解。

行动 2. 编写教案：学习教案编写，突出教态变化技能要求

　　教态变化技能强调教师依据课堂教学需要采用的教师行为，贯穿课堂的始终，往往与讲解技能、提问技能、演示技能等其他教学技能结合在一起进行训练。根据教态变化技能的特点及要求，选择中学生物学教学内容中的一个重要片段，完成教态变化技能训练教案的编写。

课例 801："肺与外界的气体交换"教案

姓名	张小依	重点展示技能类型	教态变化技能、演示技能
片段题目	肺与外界的气体交换		
学习目标	1. 知识目标：概述呼吸运动的过程。 2. 能力目标：通过体验感知呼吸与胸廓大小的变化，以及模拟探究膈肌的收缩和舒张与吸气、呼气的关系的演示实验，培养观察能力、分析能力。 3. 情感态度价值观：认同生命系统与自然环境的相互依存关系。		

技能训练目标	1. 演示现象明显，能吸引全班学生的注意力。 2. 启发学生思维，指明学生观察的方向和顺序。 3. 演示操作能与讲解等其他教学技能协调配合。 4. 演示的仪器装置简单、易操作。

教学过程

时间	教师行为	预设学生行为	教学技能要素
直观导入 （1分钟）	当一个人降生到这个世界，他的第一声啼哭就标志着开始从空气中获取氧气，并排出体内产生的二氧化碳。从此，他每时每刻都在通过呼吸系统与外界进行气体交换。那么呼吸的过程究竟是什么样的呢？今天我们一起来探究肺部是如何通过呼吸运动与外界进行气体交换的。	认真听讲并思考。	联系生活，导入新课。
新知讲解 （5分钟）	一、肺及其周围组成 【展示图片】 　　肺位于胸腔内，左右各一个。肺是富有弹性的器官。 【展示图片】 1. 胸廓 　　在肺的周围，有由肋骨、胸骨、胸椎及骨连接共同构成的胸廓。	观察图片并认真听讲，并了解肺是富有弹性的器官。	展示图片，使学生直观了解肺在人体内的位置，了解肺是富有弹性的器官，为后面学习呼吸运动奠定知识基础。

时间	教师行为	预设学生行为	教学技能要素
	2. 胸腔 　　肋间肌位于肋骨与肋骨之间，胸廓的下方为膈肌，胸廓与肋间肌、膈肌共同围成了胸腔。 二、呼吸运动 1. 吸气 【演示实验】 　　一手拿着图示的模型，另一只手将橡皮膜向下拉后放松，引导学生仔细观察气球的变化（扩张与收缩）。 【提出问题】 　　为什么气体会进入气球中呢？ 【体验感知】 　　请同学将手放在胸部两侧，深呼吸，感受胸廓大小的变化。 【提出问题】 　　胸廓大小变化与呼吸有什么关系呢？是由于胸廓扩大导致吸气，还是因为吸气后使胸廓扩大？ 　　引导学生回顾演示实验的过程并得出结论。 【提出问题】 　　为什么肺扩张会引起吸气？	观察图片，认真听讲，了解胸廓及胸腔的概念。 认真观察教师进行演示实验，发现气球的大小会发生变化并产生疑问。 体验感知，得出结果：吸气时，胸廓扩大；呼气时，胸廓缩小。 认真思考，回顾演示实验的过程：是先将橡皮膜向下拉，气体才进入气球，因此是胸廓扩大导致吸气。	通过对胸廓及胸腔的讲解，为后面学习呼吸运动奠定知识基础。 通过演示，吸引学生注意力，激发学生的求知欲望。 通过体验活动，感受胸廓大小变化与吸气、呼气的关系，认同人的吸气、呼气与胸廓的大小变化有关系。 通过学生自主推理得出结论，培养学生自主学习的能力，加深印象。

时间	教师行为	预设学生行为	教学技能要素
	【针管实验】 　　引导学生用手指感受针管内体积变化与压力大小的变化。取一针管，左手堵住前端，右手往后拉推杆，结果如何？右手向前推推杆，又有什么现象？ 　　因此，当肺扩张时，肺内的气体压力减小，外界的气体就进入肺中；反之，当肺缩小时，肺内的气体压力增大，肺内的气体就排到空气中。 【提出问题】 　　胸廓为什么会扩大呢？ 【类比推理】 　　回顾演示实验，橡皮膜向下运动，瓶内体积变大。橡皮膜模拟的是膈肌，因此膈肌向上运动时胸廓变小，膈肌向下运动时胸廓变大。那么，膈肌什么时候向下运动呢？ 【展示图片】 　　播放膈肌收缩运动的动态图。 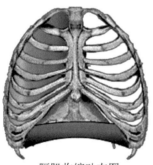 膈肌收缩动态图 　　除了膈肌之外，肋间肌的运动也会使胸廓的大小发生变化。 【展示图片】 　　肋间肌收缩的示意图如下。 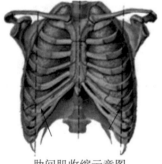 肋间肌收缩示意图	进行实验并得出结论：气体存在压力；一个容器中的气体，如果气体的总量没有改变，当容器容积增大时，气体压力减小；反之，气体压力增大。 　　回顾演示实验，理解膈肌的运动会影响胸廓大小的改变，并思考膈肌是如何运动的。 　　观察动图得知，膈肌收缩时向下运动。 　　观察图片得知，肋间肌收缩时，胸廓变大。	学生通过实验，直观地感受到气压的存在，并理解容器体积的改变会影响容器内气压的变化，从而理解肺扩张会引起吸气，肺回缩会引起呼气的原理。 　　学生通过模拟实验、类比推理，了解膈肌的运动会影响胸廓大小的改变，培养类比推理能力。 　　学生通过动态图片展示，直观地了解膈肌的运动，从而推导出膈肌运动与呼吸的关系。 　　通过图片引导学生思考，推导出肋间肌收缩使胸廓变大，充分发挥学生的想象力，加深印象。

时间	教师行为	预设学生行为	教学技能要素
	引导学生得出结论： 肋间肌、膈肌收缩→胸廓变大→肺扩张→吸气 2. 呼气 【提问学生】 　　请同学模仿老师讲解的吸气过程，尝试讲解呼气的过程。 点评学生的讲解，并引导学生得出结论： 　　肋间肌、膈肌舒张→胸廓缩小→肺缩小→呼气 【展示图片】 　　播放膈肌舒张运动的动态图。 膈肌舒张动态图 展示肋间肌舒张的示意图。 肋间肌舒张示意图	学生发言，讲解呼气的过程，其他同学认真听讲。 　　认真观看膈肌舒张运动的动态图及肋间肌舒张示意图。	通过让学生讲解呼气的过程，充分发挥学生的主动性，并通过模仿能力的训练，促进学生学习能力的有效提高。
归纳总结 （1分钟）	【归纳总结】 　　当肋骨间的肌肉和膈肌收缩使得胸腔容积扩大时，肺便扩张，肺内的气体压力相应降低，于是外界气体就被吸入；当肋骨间的肌肉和膈肌舒张使得胸腔容积缩小时，肺便收缩，肺内的气体压力相应增大，于是气体就被呼出。因此，在一呼一吸之间，就完成了肺与外界气体的交换。	认真听讲，跟着教师一起回顾本节课的内容。	通过总结，让学生回顾呼吸运动的内容，巩固新知。

续表

板书设计	**呼吸运动** 一、肺及其周围组成 二、呼吸运动 　　1. 吸气 　　　　　　　肋间肌、膈肌收缩→胸廓变大→肺扩张→吸气 　　2. 呼气 　　　　　　　肋间肌、膈肌舒张→胸廓缩小→肺缩小→呼气

本片段内容是初中生物学"发生在肺内的气体交换"中"肺与外界的气体交换"的内容，该内容主要介绍呼吸运动的过程。

教学设计在认真钻研教材的基础上，针对教学对象的知识、能力水平，联系实际生活，运用直观教具、图片及动画，使抽象的概念变得直观、形象，通过问题引导，步步深入，激发学生兴趣，启发学生思维，较好地完成了教学目标。

设计特色：

（1）通过直观导入，联系生活实际，激发学生学习兴趣，通过层层设疑，激发学生求知欲。

（2）应用演示法和讲授法，注重启发学生主动参与学习过程。通过指导学生参与体验、积极动手等方式提高学生的学习积极性。

（3）通过小组讨论，让学生自行思考并概述呼气运动的过程，充分发挥学生的主动性，并通过模仿能力的训练，促进学生学习能力的有效提高。

主题帮助一：　设计教案时应注意的几个方面

1. 整体性

教态变化技能不是运用在课堂教学的某一阶段或某一环节，而是灵活地应用在课堂教学的全过程。因此，设计教案时要从课堂教学的整体性考虑，使前后教学内容有机地连贯起来。

2. 选择性

教师在备课时，应精心研究生物学教材，注重重点、难点知识，关注学生的认知水平、能力和兴趣，根据具体的生物学教学目的和教学内容选择与其相符的教态变化。

3. 应变性

教态变化是教师进行教学时情感的自然流露。在实际课堂教学中，可能会面临很多突发状况。因此，教师在设计教案时要充分考虑课堂教学的突发性，预先想好课堂教学中可能会遇到的几种学生的反应情况，设计出相应的替代方案。这就需要教师根据自己的教学经验，因情而变、因势而变，将相应的替代方案和课堂实际灵活结合。

行动 3～5. 微格训练—录像回放—重复训练

本部分内容详见专题 1 第三节"微格教学的行动训练模式"中的行动 3～5。

主题帮助二：运用教态变化技能试讲时应注意的方面

1. 忌萎靡呆滞

课堂教学是教师运用教育教学艺术教书育人的过程。如果教师伴之以良好的教态，会增强潜移默化的教育效果。反之，如果教师在课堂教学中动作呆板、情绪低落、手足无措，势必会干扰学生的学习情绪，导致课堂气氛的沉闷、枯燥和死寂，自然降低学生的学习兴趣。

2. 忌严峻清冷

师生间相互尊重的关系是建立在和谐、默契的课堂教学氛围，以及彼此信任、理解的基础上的。如果教师在课堂上总是一副冷若冰霜的面孔，会使学生对教师望而生畏，敬而远之，久而久之会形成师生间的心理隔阂。这样教学会降低学生学习的积极性和主动性，妨碍教育教学效果。

3. 忌活泼失度

有经验的教师会形成具有自身特色——风趣、洒脱的教学风格，辅之以教学的全过程，这自然会提高学生的课堂注意力。但是，如果教师的教态太随意，则会出现滑稽、无度、失控的场面，使课堂失去应有的庄重与严肃。

主题帮助三：运用教态变化技能的基本原则

1. 目的性

充分认识教师的教态变化对学生的教育作用及情感上的激发作用。变化的目的是使教学变得生动活泼，集中学生的注意力，引起学生的学习兴趣，促进他们的学习。

2. 准确性

教态变化技能是服务于教学的，所以教态变化的运用必须明白、准确。只有学生理解此类行为的变化，才能发挥更大的作用。

3. 适度性

教态变化技能的运用要恰当掌握分寸，繁简适度。教师在课堂上教学不同于戏剧表演，动作要适度、协调、自然，否则就会喧宾夺主，影响教学效果。若过犹不及，各种教态变化手法就会失去分寸，使学生眼花缭乱，适得其反。若蜻蜓点水，则显得呆板，有可能产生零效应，甚至是负效应。

行动 6. 评价反思：行动过程的监控与评价

在各行动过程中，涉及多次的评价和反思，教态变化技能评价和反思的项目如表 8-2 所示。小组可以参考以下评价项目，在各行动环节中对学员进行评价，学员也可根据表 8-2 进行自我评价和反思。

表 8-2　教态变化技能评价记录表

课题：　　　　　　　　　　　　　　　　　　　　　　　执教：

评价项目	好	中	差	权重
1. 课堂走动符合教学需要，快慢适宜，停留得当	□	□	□	0.15
2. 面部表情准确、自然、适度，微笑，态度和蔼	□	□	□	0.15
3. 声音节奏、强弱变化适当，增强语言感情	□	□	□	0.15
4. 手势、动作变化自然协调、得体	□	□	□	0.15
5. 眉目积极有神，面向全体学生	□	□	□	0.15
6. 适当利用停顿，引起学生注意	□	□	□	0.10
7. 教态变化能引起注意，有导向性	□	□	□	0.15

对整段微格教学的评价：

思考与练习

1. 教态变化技能有哪几种类型？

2. 教师的微笑有什么意义？如何在课堂上保持微笑？

3. 什么是积极的眼神变化？如何避免消极的眼神？

4. 教师位置移动变化的目的是什么？使用时应注意什么？

5. 表情变化运用的一般要求是什么？

6. 手势交流技巧在运用过程中应当注意哪几个方面？

7. 观看优秀教师的课堂教学录像，注意他们的教态变化。

8. 教学中经常用手势来协同表达生物学信息，你可以创造这方面的一些手势吗？

9. 选择本专题提供的一个片段，仿照课例的教学设计和教学视频，在充分备课的基础上独立设计教案，尝试进行微格教学实践，重点实践教态变化技能。

专题 9　强化的本质是有效评价——强化技能

【学与教的目标】

识记：强化技能的内涵与外延；强化技能的发展历程、理论基础及其类型、作用等。

理解：强化技能的组成要素；语言强化、动作强化、标志强化、活动强化的理论基础和使用方式。

应用：从课堂教学片段中能观察到强化技能应用；结合生物学教学的特点，掌握并灵活应用语言强化、动作强化、标志强化、活动强化等常见的设计方法编写强化技能教案；运用强化技能和其他教学技能整合进行片段教学试讲练习等。

分析：运用强化技能的方法与技巧；运用强化技能的原则。

评价：评价强化技能教案编写质量，评价强化技能试讲练习的效果，并提出纠正的措施。

第一节　强化技能基础知识学习

一、你了解强化技能吗

1. 强化技能的含义

强化技能是在课堂教学中，教师依据"操作性条件反射"的心理学原理，对学生的反应采取各种肯定或奖励的方式，使学习材料的刺激与教师希望的学生反应之间建立稳固的联系，帮助学生形成正确的行为，促进学生思维发展的一种教学行为方式。简单地说，强化技能是教师在教学中的一系列促进和增强学生反应及保持学习效果的行为方式。

2. 强化技能的作用

1）在课堂组织方面

（1）集中学生注意力。

学生通常很难长时间地把注意力集中在某一件事上，精力容易分散，初中生表现得更加明显。对于这种情况，教师巧妙地运用强化技能，通过眼光的接触、手势、身体的接近等方式就可以有效地制止这些行为。例如，定期"监控"全班，即眼光"扫描"全班学生。

（2）促进学生积极性和主动性。

课堂教学是一种师生间双向交流的活动。在课堂调控中，教师可通过强化技能开启学生心灵，引导学生思考，开发学生智能，让学生积极主动地投入教学活动中。此时，教师对主动参与教学活动的学生给予表扬，不仅能提高他们的积极性，还能带动更多的学生尝试主动投入教学活动中。

2）在学生学习方面

（1）帮助学生养成良好的行为习惯。

教师可对遵守纪律、独立思考、自主学习、劳逸结合等此类行为采用各种赞赏的方式，帮助学生形成并巩固良好的行为习惯。

（2）牢固掌握课堂知识。

教师提出问题或布置其他学习任务后，学生做出的正确反应（如回答或操作正确、思维敏捷、见解独特等）符合甚至超过教师的预期效果时，教师采取适当的强化方式肯定学生的努力和成绩。此类强化能使学生在心理上获得满足感，进一步激发学习动力，且通过学生间的相互交流心得、思想体会，促进其他学生的创造性思维，提高学生学习的效率和质量。

3）情感培养方面

教师通过课堂交流、课下谈心或书面交流等形式，了解学生的心理需求，进行符合学生心理特点的强化教育，可以达到事半功倍的效果。学生认为教师关心他、理解他、重视他、信任他，这些都会对学生产生极大的鼓励作用，对他们当前和今后的学习都会产生深远的影响。例如，教师承认学生的努力和成绩，能促使学生将正确的行为巩固下来，使学生的努力在心理上得到满足，这是沟通师生间联系的一个重要方面。

二、强化技能的形成与发展

强化技能是对一类教学行为的概括。这类教学行为的行为方式特点是：教师根据心理学家斯金纳提出的"操作性条件反射"的心理学原理，对学生的反应采取各种肯定和奖励的做法，或采取引导学生进行自我检验的方法，使教学材料的刺激与所希望的学生反应之间建立稳固的联系，起到帮助学生消除不良的行为、形成正确的行为和促进学生思维发展的作用。

操作性条件反射理论是由美国著名心理学家斯金纳于1953年提出来的。该理论认为：学习是一种反应概率上的变化，而强化是增强反应概率的手段。如果一个操作行为或自发反应出现之后，有强化物或强化刺激相尾随，则该反应出现的概率就增加；经由条件作用强化了的反应，如果出现后不再有强化刺激尾随，该反应出现的概率就会减弱，直至不再出现。这里能起到强化作用的具体事物或与有关反应具有密切联系的刺激或结果称为强化物。

操作性条件反射理论的基本思想归结为一点就是强化会加强刺激与反应之间的联结。联结学习，即刺激与反应之间的学习，在很大程度上取决于对强化物的安排。当学生对教学材料的刺激做出了正确的反应，教师给予肯定或奖励（强化），学生就会在以后的学习中重复那些受到奖励的反应，中止那些没有受到奖励的反应，这种强化也称为正强化。正强化包括奖金、对成绩的认可、表扬、安排担任挑战性的工作、给予学习和成长的机会等。另外，教师用批评、处罚等方式除去某些不利影响，并帮助学生出现正确的反应，这种强化称为负强化。负强化包括批评、处分等，有时不给予奖励或少给奖励也是一种负强化。但是正强化比负强化更有效，所以在强化手段的运用上更强调正强化，必要时对不好的行为给予惩罚，做到奖惩结合。

三、强化技能的构成要素

1. 提供机会

教师运用强化技能是为了"使教学材料的刺激与所希望的学生反应之间建立稳固的联

系"。在课堂教学中，教师要向学生传递清晰的信息，构建交流讨论的平台，可采取提问、让学生做习题或者上台演示、操作等方式，使学生充分地表达自己的思想，给学生做出反应的机会。

教师还要给学生一定的思考时间，一位好的教师能准确地判断学生是否已基本充分交流完他们所能想到和理解的一切，果断地决定在何时介入。当学生表达不太清楚时，教师要考虑到学生的心理活动，可进一步询问他想要说什么或做什么，让学生充分表达自己的意图。切不可一旦学生在课堂上回答不出问题，教师就让大家来帮助，于是课堂上"小手林立"，而被帮助者往往显得很无奈，这对被帮助者的发展是很不利的。

2. 做出判断

当学生对教师所给的问题或任务做出反应后，教师应该谨慎而迅速地做出准确的判断：这种反应是不是所期望的。要善于观察，在学生的心理活动（如需要、情感、冲突与困惑）发生变化时，对其变化产生的原因与发展趋势做出准确的判断与预测，进而帮助学生做出有效的反应。

教师要善于抓住学生反应中的每一个闪光点（有价值的因素）予以强化，只有这样才能调动不同水平学生的积极性。当教师对学生的反应一时不能做出准确的判断时，不可武断下结论，以免"冤枉"学生，打击学生学习的积极性。当做出错误判断后，应当大方地道歉，而不是恼羞成怒，不分青红皂白地批评指责学生。

3. 表明态度

这一部分是教师在应用强化技能时的外显行为。教师在对学生的反应做出判断后，要明确地表明自己的态度，可以采用表扬、批评或其他活动方式，对学生的正确反应进行强化，不能认为"这是应该的"而对正确的反应无动于衷。评价标准因人而异，学生的表现不求完美，只要有进步，就应该给予肯定。

教师的态度应当明确，要使学生知道肯定的是其哪些行为，不能笼统地说"嗯，这个做得不错……"让学生摸不着头脑，"我到底是哪里不错了？"从而不能对正确的行为进行强化。教师在进行强化时，尽量面向全体学生，必要时指向个别学生。

4. 提供线索

学生做出反应后，必须要让学生知道其反应是否正确或需要改进，教师可以直接以某种方式表明。当教师认为有必要也有可能让学生对自身做出的反应进行自我强化时，要给学生提供线索，引导学生认识自我、分析自我、反省自我，让他们对自己的反应进行检验或判断，对正确的反应进行巩固，对错误的反应进行剔除。提供线索的方式视具体情况而定，可采用提问、提示、实践验证等不同方式。例如，找学生谈话，让犯错误的学生谈自己的想法，找到问题的症结所在，才能有目的地对学生进行批评教育。

四、强化技能的设计

强化技能的方法很多。教师在教学中运用赞赏、批评的语言，鼓励和称赞的目光，会心舒坦的微笑，以及其他利用面部表情、活动等方式，为学生创设学习环境，调动学生的学习情绪。结合中学生物学教学特点，将强化技能的设计分为语言强化、动作强化、标志强化、活动强化。

1. 语言强化

语言强化是教师运用语言评论的方式，对学生的反应或行为表示某种判断和态度，提供线索引导学生将他们的理解从客观实际中得到证实。学生在听课、回答问题、解答习题、进行实验等学习活动中的正确反应和行为都可以用语言进行强化，包括口头语言强化和书面语言强化。

1）口头语言强化

（1）表扬：人总是喜欢表扬，需要鼓励，学生也一样。表扬的话绝不吝啬，该出口时就出口。课堂口头表扬因其直接、快捷等特点，已成为课堂教学中使用频率最高、对学生影响最大的过程性激励方式，也是教师的沟通艺术。例如，学生回答问题之后，教师评价"非常好""太棒了""这是一个非常好的想法""回答得很有见地""看来你读书时是用心思考的"等，都能起到激励该学生的作用，增强其学习信心，提高其学习的兴趣。

（2）鼓励：鼓励与表扬不一样，表扬是教师做出的一种价值判断，而鼓励则是为了激发学生开始或继续完成与学习目标相关的学习活动或学习任务，让学生有目标地一点点进步。例如，"相对来说，你的方向是正确的""继续努力""还差一点就行了""很好，再想想，就快接近正确答案了"等诸如此类的话语是教师经常用到的。

（3）批评：是指教师对学生的学习行为或结果进行否定，如对上课不注意听讲的学生、不完成作业的学生、不遵守纪律的学生等。教师提出批评意见，指出缺点，无疑会起到抑制、纠正错误行为的作用，同样具有强化效果，使其以后不犯或少犯类似错误。

案例 9-1：两个学生课上玩贴画，教师巧用批评[①]

这两个学生一般很少"犯规"，这次只是偶尔"失误"，"响鼓不用重槌"，只需及时给她们提个醒。教师趁做练习时走到她们跟前"附耳细语"："你们两个真聪明，深知'最危险的地方也是最安全的地方'，下课玩贴画不好吗？上课玩还得偷偷摸摸的，更是错过了本节课学习的好时刻。"通过轻言细语，她们明白了教师的用心，不好意思地收起了贴画，搓成团放到了铅笔盒里，很快投入练习的环节中。

批评时要考虑到学生的自尊心，尽量不在全班学生面前点名批评某某同学，可以点事不点名，表明批评是对事不对人，这样既成全了被批评学生的面子，也起到教育其本人同时教育大家的作用。当学生改掉了错误的行为习惯，这时教师要善于发现学生的闪光点，及时加以赞许，恰当地给予表扬，批评转化为表扬，达到强化其行为的最佳效果。

2）书面语言强化

书面语言强化是通过教师在学生的作业或试卷上所写的批语而对学生的学习行为产生强化作用的一种方式。书面表扬是一种延时的表扬，是口头表扬的有效补充。书面表扬在某种程度上起到很好的激励作用，促进学生学习的积极性。

例如，学生在黑板上演算、书写后，教师及时写出评语或在作业本上写评语、做标记等。

---

① 王慧. 2009. 批评巧用"附耳细语". 中小学校长, (5): 62

又如，一个从不认真写作业的学生，经过教育后有所改进，不但字迹工整了，错误率也下降了，教师在学生的作业本上写出恰当的批语："文字较工整，错误较少，大有进步，如果下工夫一定会有更大的进步！"经过反复的鼓励强化，这个学生对作业的态度便会有改变，比笼统地写"好""有进步"更有强化作用。如果只写一个"阅"字，则对学生没有强化作用。

另外，对于一些情感细腻的学生，口头语言和表情的表扬不一定能触及他们的内心深处。对此，教师可采用书面表扬。例如，可以用小纸条写上表扬他们的话，在合适的时候送给他们，也可以在批改作业时给他们写下热情洋溢的语言，让他们在"我与老师最亲密"的体验中受到激励。

2. 动作强化

一个成功的教师不仅在课堂中会利用语言手段，而且还会利用非语言因素的身体动作或面部表情、姿势和眼神（又称体态语言）等强化教学的行为。一个教师的教学魅力，往往可以通过他的体态语言表达自己的态度和情感，促进教师和学生的双向情感交流，使教学信息得以顺利传授。一个会意的微笑，一种审视的目光，都可以把教师的情感正确地传达给课堂里的每一个学生。

1）微笑

很难想象冷若冰霜或板着面孔的教师，其课堂气氛能够活跃、教学效果能够理想。相反，表情丰富的教师，师生之间易产生情感共鸣，学生主动参与学习的意识强烈、热爱学习的兴趣浓厚，教学效果自然较好。

教师以甜蜜的微笑面对学生，能给学生一种宽松的师生交往人际环境，能使学生感受到教师的理解、关心、宽容和激励。教师的微笑是腼腆学生的兴奋剂，使他们得到大胆的鼓励，敢于表达自己；教师的微笑是外向好动学生的镇静剂，使他们得到及时的提醒，意识到自己的言行需要控制和自律。

2）手势

利用拍手、鼓掌、举手等手势，对学生的表现给予强烈的鼓励和支持，还能吸引学生的注意力。手势的效果在于是否用得恰当、适时、准确。因此，教师讲课时手势应该随着教学整体发展而适度变化，并与语言、表情、身姿等有机配合，准确无误，以加强表达效果，并激发学生的听课情绪。

但手势次数不应过于频繁，幅度也不能过大。切忌不停地挥舞或胡乱地摆动，扭扭捏捏，也不要将手插入衣兜或按住讲桌不动。手舞足蹈会令人感到轻浮不稳重，过于死板又会使学生感到压抑，还可能会加强学生的无关刺激。另外，还应注意各种消极的手势，如用中指指人，用黑板擦不停地敲击桌子，玩弄粉笔或衣扣等。

3）目视

眼睛为心灵之窗。教学的高层次是心灵的交流与和谐。教师的眼神要使学生感到亲切中有严肃、肯定中有期待、否定中有鼓励、容忍中有警告。

目视是对学生的表现表示关注或提醒。教师讲课时，应以敏锐而亲切的目光有意识地关注每一个学生，使他们感到没有被冷落。当然，整个目光还要随着教学内容的进行、学生的情绪等自然地变化。对听课认真、思想活跃、回答问题正确无误的学生投去赞许的目光并伴有点头动作；对精力不集中、做小动作的学生可投去制止的目光并伴有摇头动作。当学生做某一演示或回答问题时，教师的目视表示关注和鼓励。当学生不专心时，教师的目视则可以提醒他注意。

教师要始终保持明朗透彻、神采奕奕。教师切忌眼神暗淡无光、昏昏欲睡；切忌双目紧盯着天花板、望着讲义或窗外，与学生没有目光的交流；切忌视角频繁更换、飘忽不定，给学生心不在焉的感觉，干扰教学活动。

4）站立位置变化

教师在课堂上的位置、走动接近学生的程度，如走到学生身边站住，倾听其回答问题等都会产生积极的强化效果。如学生不认真听课，大可不必浪费时间来批评，这样容易伤学生自尊心。这时，教师可以貌似不经意地移步到该学生附近，引起其注意，给以暗示性批评，可迅速达到强化的目的；学生出现正确反应的时候，教师也可以用拍拍肩膀、轻轻摸一摸头等动作表示鼓励和赞赏。学生也会充满喜悦感，激起求知欲，对学习更加有兴趣（对年龄小的学生更有效）。

但是，教师不能在教室内频繁走动，以免分散学生的注意力。教师的脚步不宜过快，也不能过慢。在学生讨论激烈的时候也不宜随便接近学生，容易造成学生正确反应的中止。同异性学生交谈时，距离不宜太近，更不要随便拍打学生，以免引起反感。

5）沉默

当课堂上有学生做出有违课堂纪律的事情，或学生对某一问题进行激烈讨论，或学生在准备回答问题时，教师以沉默的方式作壁上观。喧闹中突然出现的寂静，可以紧紧抓住学生的注意力，在许多情况下可以成为一种强有力的课堂强化和控制手段，起到"此时无声胜有声"的效果。一般来说，停顿的时间以三秒左右为宜，这样的停顿足以引起学生的注意。停顿时间过长，反而会导致学生注意力分散。

6）点头或摇头

对学生的表现给予肯定或否定。学生答题时，教师可以点头表示赞成学生的行为或见解，反之则摇头表示否定。不论表示肯定还是否定，教师的表情应和蔼、亲切，富有感情，也易于产生情感共鸣，激发学生参与课堂的意识和热爱学习的兴趣。

3. 标志强化

1）奖赏强化

教师对学生的成绩或行为给予象征的奖赏物（图章、红花或批语等），如在其作业、板书后写上简短的批语，也可以奖励一些小物品，激发学生保持某种正确的行为，如遵守纪律、认真作业、上课等，以表示鼓励和肯定，使他们的心理得到极大的满足。年龄越小，效果越好。因为年龄小的学生总认为，从教师那里获得物品是一件无比荣耀的事情。

2）警醒强化

强化的字面意义有增援、支援、加强、加固的含义，专指对某些符合教学要求的行为进行促进或加强，使其与相应的刺激建立稳固的联系。教师运用一些醒目的符号（"√""×"或"？""！"）、不同颜色等各种标志引起注意来强化教学活动的行为，能够促进教学活动。例如，教师利用板书、板画将组织液、血浆、淋巴液之间的关系呈现在黑板上，在图中用红色表示"微动脉"，蓝色表示"微静脉"，中间细小的血管为毛细血管，并用黄色画上箭头等表示血流方向。

4. 活动强化

活动强化是以特殊的个别活动作为奖赏物，对在教学活动中有贡献的学生进行奖赏和鼓励，如部分地代替教师工作、帮助教师检查学生的练习等。

1）动手操作

动手操作既能丰富感性知识，又能满足学生好奇、好动的心理，提高他们的学习兴趣。课堂的演示实验，除了教师操作之外，也可以有目的地请一些学生上台来试一试。这样既表达教师对学生正确行为的奖赏，也体现教师对学生的信任，强化其正确行为，如教师做课堂演示实验，请学生帮忙协作。

案例 9-2：DNA 的分子结构

教师讲到为什么 DNA 是由两条反向平行的脱氧核苷酸链构成时，设计了两列学生起立，左手抬起握拳代表磷酸，右手展开水平伸直代表碱基，身体代表脱氧核酸。阐述若这两列学生顺向平行站立，就不可能形成碱基，学生对反向平行就能够较为透彻地理解。

2）做"小老师"

在教学活动中，可以请一些学生当"小老师"，"小老师"的年龄越小，踊跃的程度越高。让他们向全班阐述自己的见解或把自己的解答写在黑板上，在课堂上给学生提供自我表现的机会，并有效地调动学生的潜能，提高学生的学习积极性。

3）竞赛

适当地展开竞赛活动能激发学生的学习积极性，它是教学强化的活动形式之一。竞赛是培养学生刻苦学习、攀登科学高峰的一个途径，是促进教学工作、提高学生水平的方法。例如，开展"校园植物调查实验"的竞赛活动，帮助学生开阔思路，提高能力，扩大课堂上所学的知识。又如，开展课堂抢答竞赛等活动形式。

但是，竞赛最终总是要分出胜负，容易让学生产生一种攀比的心理，而一部分学生可能会因经常体验失败的痛苦，从而对学习产生厌倦的情感体验。有些教师总是说"我们比比看谁做得最快"，导致学生过于注重结果，于是草草完事，竞赛仅流于形式，学生没有真正地获得知识。因此，竞赛活动选取恰当才能很好地强化学生的学习，提高学生积极学习的劲头。

另外，练习和测验能加强或巩固对知识技能的掌握程度，与对学生的正确反应进行鼓励是两回事，虽然不是强化技能中的强化的意义，但是通过各种学生间的相互作用的活动，进而达到强化的目的。

（1）布置课堂练习。讲完新课后，教师设计有针对性的习题，使学生在有实际意义的情境中反复操练，教师从中肯定学生的积极行为，促使自我学习，达到强化目的。

（2）测验考试。教师经常对学生进行测验、考试，不但能够检查学生学习成果，同时也能让学生在学习过程中保持一种紧迫感，这也是对所学知识的一种强化。

第二节　强化技能行动训练

行动 1. 示范观摩：观摩示范视频，体会强化技能

对强化技能有了初步的感知后，如何将这些教学理论应用到教学实践中呢？请观看以下视频课例，及时记录从教学片段中观察到的强化技能，填写观察录像记录表并加以分析。

课例 901：生物膜结构模型的构建

教学课题	生物膜结构模型的构建（生物膜的流动镶嵌模型）				
重点展示技能	强化技能、讲解技能	片长	11 分钟	上课教师	许艳冰
视频、PPT、教学设计二维码	V901—生物膜结构模型的构建				

内容简介

本片段阐明生物膜流动镶嵌模型的基本内容，引导学生通过科学史的推理和论证，尝试构建生物膜流动镶嵌模型。通过构建生物膜流动镶嵌模型，从中领悟模型的建构需要以客观事实为依据，进行严谨的推理和大胆的想象，认同模型构建是一个不断检验、修正和完善的过程。

教学过程

1. 创设情境，从细胞膜的功能入手，提出问题。

2. 回顾科学发现，获取大量建构模型的客观事实依据。

3. 进行严谨的推理和大胆的想象，构建生物膜静态统一结构模型。

4. 进一步检验、修正和完善生物膜流动镶嵌模型，从中领悟模型构建的方法。

点评

1. 本片段中教师合理使用活动强化方法，邀请学生上台参与模型的建构，通过动手操作促进学生主动融入课堂，从而深入理解模型建构的过程。同时，在教学过程中，教师通过使用醒目的直观教具，变化目光、手势、站位等提醒学生集中注意力。这些强化方法的运用对提高课堂效率起到积极作用。

2. 教学设计严谨，创设情境合理。教师引导学生回顾科学史，遵循提出假说的科学思维，逐步构建、检验和修正生物膜流动镶嵌模型。通过模型构建，启发学生思维，培养学生严谨的科学态度，是训练学生科学思维的良好案例。

3. 讲解过程逻辑清楚、表达明确。教师教态自然，教学语言严谨、科学，教师善于引导学生思考，与学生互动良好。

初看视频后，我的综合点评：

关于强化技能，我要做到的最主要两点是：

1.

2.

课例 902：环境因素影响光合速率

教学课题	环境因素影响光合速率			
重点展示技能	强化技能	片长	15 分钟	上课教师	林春晓[①]
视频、PPT、教学设计二维码	V902—环境因素影响光合速率			

内容简介

　　该内容主要引导学生思考环境因素对光合速率的影响，以及引导学生设计实验探究光强度对光合速率的影响，并根据给出的实验结果推出实验结论，从而提高学生的实验探究能力。本节内容学生思考环节很多，教师可以在学生回答问题之后给予相应适合的强化。

技能要素

　　1. 提供机会

　　课堂开始开门见山地引出"绿色植物的光合速率会受到环境因素的影响"，让学生猜测回答"哪些因素会影响光合速率"。向学生传递清晰的信息，构建交流讨论的平台，采取提问的方式，让学生充分地表达自己的思想，给学生做出反应的机会，提升学生科学探究的思维与发现问题的能力。

　　2. 做出判断

　　根据学生对于"影响光合速率环境因素"多个猜想的可能性，以及设计实验的具体方案的可行性、对实验结论的推断的严谨性，教师应该谨慎而迅速地做出准确的判断：这种反应是不是所期望的。善于观察，在学生的心理活动发生变化时，对其变化产生的原因与发展趋势做出准确的判断与预测，进而帮助学生做出有效的反应。

　　3. 表明态度

　　当学生做出回答时，教师应该明确地表明自己的态度，可以采用表扬、批评或其他活动方式，对学生的正确反应进行强化。但是，表明态度的方式要明确、准确，什么地方做得对，哪里回答的不对。

　　4. 提供线索

　　当学生无法回答教师的问题时，教师可以采取提示、进一步提问等方式提供线索，引导学生朝着正确的方向思考。

点评

　　1. 教师开始就抛出问题，带着问题做出假设，有助于学生养成善于发现问题、大胆假设的科学探究精神。

　　2. 领会在该实验中的实验设计，包括自变量、因变量、无关变量等变量的控制，实验方法、步骤以及对实验结果的分析和讨论等。

　　3. 教师注意到强化技能构成要素中的表明态度，对学生的回答采用语言强化如表扬、鼓励、批评，动作强化如微笑、手势、目视等方式，为学生创设学习环境，调动学生的学习情绪。

　　4. 教师教态自然，表情生动，具有较强的亲和力。语言表达清晰，等待学生反馈的时间恰当。

　　5. 不足之处：教师在讲授结论时，应该呈现一个事先实验的结果数据，然后指导学生做出实验数据图表，而不是在黑板上随意指出 10cm 处，就是净光合速率为 0 的位置，其科学性受到质疑。

---

①浙江师范大学 2015 级本科生

续表

初看视频后，我的综合点评：

关于强化技能，我要做到的最主要两点是：

1.

2.

课例 903：兴奋在神经元之间的传递

教学课题	兴奋在神经元之间的传递（通过神经系统的调节）				
重点展示技能	讲解技能、强化技能	片长	12 分钟	上课教师	陈焕
视频、PPT、教学设计二维码	V903—兴奋在神经元之间的传递				

内容简介

本片段选自高中生物学"通过神经系统的调节"一节，主要阐明突触的结构，以及兴奋在神经元之间的传递过程。在学习本片段知识要点的同时，引导学生领悟结构与功能相适应的辩证观点。

教学过程

1. 导入：复习神经元结构相关知识，在此基础上导入突触结构的学习。

2. 新知讲解：教师主要采用启发式谈话法、直观教学法开展教学，通过边讲边画设疑解惑，将问题步步拓展，由突触结构深入至兴奋在神经元之间的传递过程的学习。

3. 总结：指导学生观看动画，再次强调兴奋在神经元之间的传递过程，突出重点，促进内化。

点评

1. 在本片段教学中，教师呈现图片、动画并配合板书、板画，强化学生对突触结构、兴奋在神经元之间的传递过程的理解；教师选择了恰当的强化点，通过语调、停顿、表情、站立位置等动作变化引起学生注意，提高了课堂效率；教师在授课过程中面带微笑，表情生动，有利于增进师生间的情感交流，对营造良好的课堂氛围起到了正向强化作用。

2. 教学设计层次清晰，教师运用板画呈现突触结构，边讲边写边画，层层深入，详细讲解兴奋在神经元之间的传递过程，知识要点一目了然。

3. 教师声音洪亮，仪态自然大方，表情生动，亲和力强。语言表达清楚，讲解速度适中，板书、板画工整。

初看视频后，我的综合点评：

关于强化技能，我要做到的最主要两点是：

1.

2.

强化技能更多视频观摩见表 9-1。

表 9-1　强化技能视频观摩

视频编号	课题名称	点评
V904	基因与 DNA 分子的关系（严意华）	本片段教学的核心是说明基因是有遗传效应的 DNA 片段。教师抓住"DNA 片段""不连续""遗传效应"三个重点，以巧妙严谨的问题串为线索，以大量客观科学资料为解决问题的素材，引导学生探索基因的本质，掌握基因的概念。在教学过程中，教师注重训练学生分析资料进行推理的能力，使学生进一步形成严谨的逻辑思维方式与实事求是的态度。 　　教师善于运用语言强化方法，在学生回答问题后给予充分肯定，并且进行适当小结，目标明确，时机恰当，情感热情、真诚。这不仅有利于学生对知识点的确认，提高课堂效率，而且能够增强学生信心，促进师生情感增进。 　　教师对学生循循善诱，耐心引导学生分析资料、解决问题。教学中能充分运用语调变化突出重点，吸引学生的注意力。教态大方，表情自然。
V905	血糖平衡的调节（陈婷珊）	本片段选自高中生物学内容"通过激素的调节"，"血糖平衡的调节"是本节课重点内容之一。教师根据学生已有的认知，从问题探讨入手，组织模型建构活动，通过边讲边演示边画，一步步引导学生理解胰岛素和胰高血糖素在血糖平衡中反馈和拮抗调节作用。 　　本片段中教师综合运用多种强化方法，包括活动强化、标志强化、动作强化及语言强化。教师设计了模型建构活动并邀请学生互动展示，强化学生对血糖平衡的调节过程的理解；在模型建构活动中，合理运用直观教具，用多种颜色的卡片作为标志强化手段吸引学生的注意。在整个教学过程中，教师关注学生反应，适时走动，表情生动，常带微笑，真诚给予学生表扬，如"同学们都会举一反三"等，强化自然、有效，使得课堂气氛积极良好。 　　教师教具演示得体，板书书写规范，板书与讲解协调配合；教学过程中与学生互动良好，亲和力强。

行动 2. 编写教案：手把手学习教案编写，突出强化技能要点

强化技能是针对学生的反应而采取的反馈措施，在一个片段中不可能单独运用。强化技能适合与提问技能、讲解技能、演示技能等其他教学技能结合在一起进行训练。根据强化技能的特点及要求，仿照强化技能的设计案例，选择中学生物学教学内容中的一个重要片段，完成强化技能训练教案的编写。

课例 901："生物膜结构模型的构建"教案

姓名	许艳冰	重点展示技能类型	讲解技能、强化技能
片段题目	生物膜结构模型的构建（生物膜的流动镶嵌模型）		
学习目标	1. 知识目标：阐明流动镶嵌模型的基本内容。 2. 能力目标：通过科学史的推理和论证，尝试构建生物膜流动镶嵌模型。 3. 情感态度价值观目标：通过构建流动镶嵌模型，领悟模型的构建需要以客观事实为依据，以及严谨的推理和大胆的想象；认同模型构建是一个不断检验、修正和完善的过程。		

	教学过程		
时间	教师行为	预设学生行为	教学技能要素
创设情景，导入主题（1分钟）	一、创设情景，提出问题 　生物膜对物质进出细胞是有选择性的。 　为什么生物膜能够控制物质的进出？这与生物膜的结构有什么关系呢？ 　通过生物膜结构模型的构建，我们来做个探究。	思考问题，产生兴趣。	构建讲解框架 　以"提出问题—建立模型—验证模型"为内在教学线索，教学内容围绕生物膜结构模型构建这一主题，使学生在获得生物膜结构模型的科学知识的同时，体验科学发现过程，训练科学思维。
新知识教学（7分钟）	二、生物膜流动镶嵌模型的构建 1. 回顾科学发现，获取大量的实验和观察依据 【事实1】20世纪初，化学分析表明膜的主要组成成分是蛋白质和脂质。那么这两者是如何有机结合形成细胞膜的呢？ 【事实2】1925年，荷兰科学家用丙酮提取人的成熟红细胞膜的脂质，在空气-水界面铺展成单分子层，测得单分子层面积是红细胞表面积的2倍。 【事实3】随后，1959年，罗伯特森在电子显微镜下看到细胞膜清晰的暗—亮—暗三层结构。	观察思考，从中获取可作为建构模型的依据。	

时间	教师行为	预设学生行为	教学技能要素
	2. 严谨的推理和大胆的想象 【问题 1】根据上述客观事实 2，以及磷脂分子的理化性质、有关细胞膜的结构，你的推论是什么？ 【问题 2】根据上述客观事实 3，以及电子显微镜的成像原理，你的推论又是什么？ 【问题 3】根据上述推论，有关细胞膜结构，你的大胆想象是什么？ 　　边提问边引导学生排列模型。 　　以红细胞膜为例，红细胞膜的外侧是血浆，一个液态的水环境，细胞膜内侧是细胞质基质，也是一个水环境。根据磷脂分子头部亲水、尾部疏水的理化性质，磷脂双分子层在膜中是如何排列的呢？请一位同学上台演示。 【教具展示膜中的磷脂双分子层结构】 　　细胞膜两侧都是水环境，因此磷脂双分子层是尾对尾的排列方式，它构成了膜的基本支架。 【提问】蛋白质—脂质—蛋白质三层结构中的蛋白质是如何分布的呢？请学生上台排列。 【教具展示生物膜静态统一结构】 	1. 在教师的启发指导下，学生以荷兰科学家的实验结果、磷脂分子的理化特征为依据，进行严谨的推理：磷脂分子排列为尾对尾的双分子层。 　　2. 根据电子显微镜下观察结果和电子显微镜的成像原理，严谨推理：细胞膜是蛋白质—脂质—蛋白质三层结构。 　　3. 大胆想象：细胞膜结构是静态统一模型。 　　学生上台排列磷脂双分子层。 　　学生上台排列蛋白质。	教具演示 　　色彩鲜明、生动形象的直观教具作为标志强化工具，引起学生注意的同时加深学生对生物膜结构的认识。 提供机会，促使学生参与 　　教师提供客观事实资料，设计模型构建活动，鼓励学生主动参与模型构建活动，通过动手操作强化对本节知识要点的理解，深入体验科学发现的过程，领悟科学建模方法，从而提高课堂学习效率，实现教学目标。

时间	教师行为	预设学生行为	教学技能要素
	3. 观察和实验进一步验证及完善 　　然而，细胞的生长、变形虫的变形运动等客观事实，以及结构与功能相适应的辩证观点，促使科学家对于生物膜结构的静态统一模型产生了质疑。 　　直到 1970 年，科学家通过荧光标记的人鼠细胞融合实验证明了细胞膜具有流动性，才打破生物膜是静态的观点。 　　随着实验技术手段的不断进步，冰冻蚀刻电镜技术也揭示了细胞膜中的蛋白质并不是全部平铺在脂双层表面，有的镶嵌在脂双层中。蛋白质分布的不对称性否定了生物膜是统一结构的观点。 　　根据上述实验结果，生物膜中的蛋白质是如何分布的呢？对生物膜结构模型，你可以做哪些大胆的修正呢？ 　　请同学上台修正生物膜结构模型。 【教具展示生物膜中蛋白质分布】 【引导】蛋白质分子有的镶在磷脂双分子层表面，有的全部或部分嵌入磷脂双分子层，有的贯穿整个磷脂双分子层。 【补充】在细胞膜的外表，有一层由细胞膜上的蛋白质与糖类结合形成的糖蛋白。糖类也能与脂质结合成糖脂。 【教具展示生物膜中糖蛋白、糖脂】 	学生在教师引导下排出蛋白质的三种分布情况，进一步修正生物膜结构模型。	做出判断，表明态度 　　在学生建构模型的过程中，及时关注学生的反应，进行迅速、准确的判断，真诚表示出对学生的信任和鼓励，达到正强化的目的。 反馈与调整 　　在引导学生分析客观资料，进行想象、推理的过程中，及时收集学生的反馈，调整教学思路和方法，保证教学目标的实现。

续表

时间	教师行为	预设学生行为	教学技能要素
	以上便是 1972 年桑格和尼克森提出的流动镶嵌模型。流动镶嵌模型首先强调膜的流动性，即磷脂双分子层是清油般的流体，大部分蛋白质分子是可以运动的；其次是膜蛋白分布的不对称性。此模型自然地被大多数人所接受。 【小结】从科学家成功构建生物膜流动镶嵌模型的过程中，我们体会到，模型的建构需要以客观事实为依据，进行严谨的推理和大胆的想象，同时模型构建也是一个不断检验、修正和完善的过程。	获取知识：流动镶嵌模型结构特点。 领悟模型构建的方法。	进行强调 　适时小结，强调情感态度价值观教育：模型的构建需要以客观事实为依据，进行严谨的推理和大胆的想象；模型构建是一个不断检验、修正和完善的过程。
板书设计	生物膜结构模型的构建 膜外　糖蛋白　糖脂　磷脂双分子层　膜内　蛋白质		

　　本片段内容选自高中生物学"生物膜的流动镶嵌模型"。生物膜结构模型的构建不是一蹴而就的过程，而是经历了长久的探索。随着科学技术的发展不断得到新的证据，原有的观点不断得到修正和完善，至此提出了相对合理的假说——生物膜流动镶嵌模型。在本片段的学习中，学生不仅要理解生物膜流动镶嵌模型的基本内容，更要在构建生物膜结构模型的过程中领悟到假说的提出要以客观事实为依据，进行严谨推理和大胆想象；模型构建是一个不断检验、修正和完善的过程。

　　授课的对象是高一学生，他们已初步了解科学家对生物膜结构的探索历程，且具备了一定的分析、综合、抽象、概括等思维能力，但并未熟练掌握提出假说、科学建模的方法。基于教材内容及高一学生的学习特点，教师采用启发式谈话法、直观教学法，精心设计了模型构建活动开展教学。

　　设计特色：

　　（1）以"提出问题—建立模型—验证模型"为内在教学线索，教学内容围绕生物膜结构模型构建这一主题，引导学生在获得生物膜结构模型的科学知识的同时，体验科学发现过程，训练科学思维。

（2）从生物膜结构与功能的关系入手，创设情境，导入新课。遵循生物膜结构模型的构建历程，教师提供客观事实资料，邀请学生构建生物膜静态统一结构模型。随后提出矛盾，提供证据，再次邀请学生上台对模型进行修正，构建生物膜流动镶嵌模型。在模型构建活动中，强调流动镶嵌模型的基本内容及科学建模方法。

（3）强化方法运用合理、有效。教师为学生提供机会，耐心引导学生进行模型构建活动，适时鼓励，促进学生融入课堂，从而有效地达成教学目标。教具色彩鲜明、形象生动，引起学生注意，给学生留下深刻印象。

主题帮助一：编写强化技能教案时应注意的几个方面

在编写教案过程中，教师要善于体现强化技能的启发性，努力做到以下几点。

1. 注意强化的准确与可信

1）判断正确，选择强化点

对于学生的反应，教师应该进行迅速、准确的判断，再决定对学生行为的整体或某一个侧面进行什么形式的强化。教师对强化点的选择要明确，务必要使学生知道强化的是哪些行为，从而保证教师的意图能被学生正确地理解，避免发生误解。如果学生不知道教师夸奖的是什么，强化失去了目标，也就失去了意义，有时甚至会产生反作用。教师通过强化，要帮助学生明确正确的学习行为，使学生正确的行为得到巩固和加强。

但是，对学生的行为不能做出准确判断时，教师不宜从自己的主观臆断出发，做武断的评论，否则容易挫伤学生的积极性，也会降低教师的威信。教师应该让学生充分发表自己的意见和见解，从积极参与教学活动、敢于发表自己的见解等角度进行强化。

2）选择合适强化物

教师不但要选准强化点，而且强化物的应用也要准确。例如，请学生解答问题，学生回答得准确、迅速、简练、完整，该生在各方面都表现很优秀，教师就可以在对该生的答案进行肯定的同时，对该生的学习态度、日常表现给予全面肯定，进行强化。教师可以采取语言强化的方式，说："××同学学习态度向来刻苦认真。你们看他回答得多好啊！大家都应该向他学习。"当学生的回答或操作不完全正确时，教师应抓住其合理部分进行正面强化，适时地引导其往正确方向发展，而不能给予打击。如学生在解答问题时，虽然回答错了，但是思考问题的方法、步骤是正确的，教师可以首先指出错误和错误原因，然后对其解题的思维过程进行正面强化，同时指出努力方向。

2. 注意强化的恰当与适度

1）方式恰当

强化的方式要与学生的反应相适应，还要注意与学生的年龄特点相适应。对学生口头表述的答案，教师可采取语言强化、动作强化；对学生的书面答案，如作业、实验报告等可以用语言强化，也可以用标志强化；对学生的动手操作可以用语言强化、活动强化等。强化的方式与学生行为的方式相适应，尽量不要太枯燥单一，应使其感到自然、易于接受。

2）适应学生的年龄特点

对于不同年龄的学生，采用的强化方式也应该有所区别。例如，初一的学生情感外露、自然、毫无掩饰；而高年级的学生则多了些含蓄和深沉，也多了自尊心和虚荣心。对此，教师应该采用不同的强化方法。例如，低年级学生回答问题之后，教师鼓掌或发动全班学生鼓掌，或给予其小物品作为奖励，效果可能会更好；而在高年级，不适当地采用全班同学鼓掌表扬、奖励一些小物品等做法显得过于幼稚，会使作答的学生难堪，反而适得其反。

3）适度强化

过分的强化有时会产生反作用。例如，对于一个不是十分聪明、学习成绩一直不好且自卑心较强的学生，在没有什么突出表现时，说他"十分聪明，反应迅速，学习成绩出众"，他会认为这样的表扬是虚伪的。不恰当的赞扬、过高的评价会使答题的学生感觉是一种讽刺。但是，如果这个学生见解独到地回答了一个问题或是较好地完成了一种操作活动，超出了教师的期望，教师可以说："××同学回答得有自己独特的见解，你的回答让老师受到了启发，所以说只要开动脑筋，认真学习，××同学一定会是很出色的。"这样的强化，有可能树立起学生的自信心，使他产生极大的转变。

另外，采用接近强化时，过分频繁的走动、靠近学生也会分散学生的注意力；采用接触强化时，若不慎重，可能会使学生产生反感；采用标志强化，在黑板上画得太乱，会使学生眼花缭乱。这些教学行为都不利于强化学生正确的行为。

4）避免消极的强化

学生在回答问题时，经常不完整或是只有一部分回答正确。即使是这样，学生仍然应该得到表扬。在这种情况下教师可以给予部分强化，也就是对于那些正确的方面进行肯定性的表扬，同时设置坡度，让他们逐渐进步。运用以下的评语对教师和学生都是很有帮助的。例如，"好的，你的想法是对的""你已经回答出了问题的一些方面""再进一步思考，答案就出来了""你还有什么地方没有考虑周到？"。

《中小学教师职业道德规范》中详细规定："不得体罚或变相体罚学生。体罚学生是一种违法行为，侵犯了学生的健康权、身体权、人身自由权等权利。"负强化的惩罚不等于体罚，体罚会给学生的身心造成伤害，应当避免。例如，学生因作业马虎而被教师罚站了三小时，站得头昏眼花，这种变相体罚也不利于学生的身心发展。

3．教师态度要真诚

教师的真诚能帮助强化达到最佳效果。从心理学上分析，教学过程中教师对学生的积极态度，其核心是对学生的暗含期待。教师的暗含期待是指教师用各种方式对学生进行暗示，表达出对学生的亲切关怀、高度信任和鼓励。学生受到来自教师的这种心理感应，会受到巨大的鼓舞，产生强大的自信心，并转化为克服困难的能力，把它付诸实践，取得学习的成功。教师的暗含期待效应在心理学上称为期望效应，又称罗森塔尔效应、皮格马利翁效应。教师应当充分利用罗森塔尔效应的原理，对学生施加影响，激发学生的潜能，使学生取得教师所期待的进步。

4．把握时机

教师把握好强化的时机也是十分重要的，应根据具体情况采用即时强化和延后强化。课堂中的短小提问或一个操作过程，用即时强化效果最好；比较抽象的问题、比较复杂的推理过程等，应等待学生充分思考，大多数学生已经理解了之后再进行强化，这样的强化才会对大多数学生产生效力。对于高年级学生来说，在没有听完其他学生的回答以前，不要急于对前面学生的正确回答给予表扬，这样可以不打断课堂讨论，尊重学生意见，对学生开阔思路、集思广益是很有益处的。对于值得表扬的发言，完全可以放在讨论之后给予赞扬。

5. 注意强化的多样性和个别性

1）强化的多样性

强化的方式多种多样，可以单独使用，也可以配合使用。在一节课中，语言、动作、标志、活动等强化方式交替使用，使学生始终保持一种新鲜感，这样才能达到预期的强化目的。即使是使用同一种强化方法，在反复使用时也要有所变化。

2）强化的个别性

教师要承认学生之间的个别差异。有些腼腆的学生可能会对口头表扬感到难堪，而对写在作业本上的鼓励性评语产生良好的反应。有些学生比较喜欢在全班面前表达自己的想法，而有些则喜欢私下表达等。因此，教师要确立对学生行之有效的强化方式，还要考虑到班上学生的年龄和能力特点，才能达到最好的强化效果。

6. 要注意引发学生间的相互激励

教师可以采用让学生互相鼓励或表扬的强化方式，使教学过程中实施的彼此强化得到发展。例如，让一组学生正面评论另一组学生所做的努力；让大家为某同学精辟的阐述鼓掌；由班委会成员表扬进步者、互帮互学者等。学生的正确行为习惯、学习的动力、成绩的提高，并不是完全依赖于教师直接给出的强化。

行动 3～5. 微格训练—录像回放—重复训练

本部分内容详见专题 1 第三节"微格教学的行动训练模式"中的行动 3～5。

主题帮助二：运用强化技能试讲时应注意的几个方面

1. 扮演学生者应主动配合

由于小组试讲属于模拟课堂教学，学生角色对训练的效果有很大的影响。扮演学生角色的学习者应与教师角色主动配合，提供机会使教师角色可以运用强化技能。例如，教师提问时，学生可将问题回答得很全面或很模糊，或虽然回答不正确，但其中包含可利用的因素等。又如，教师演示时，学生可适当发出吵闹声，引起教师注意。

2. 扮演教师者应有意训练

在角色扮演的训练中，教师应随时注意寻找适当的机会，有意识地训练强化技能。为此，学生角色的扮演者对教师角色的训练计划事先应有所了解，这样才能配合教师角色很好地完成训练任务。教师可先告知学生教学环节、教学意图等，学生主动配合以帮助教师达到训练的目的。

主题帮助三：运用强化技能的基本原则

1. 目标强化

课堂教学必须有明确的教学目标,只有教学目标明确,教师才能充分发挥其主导作用。根据条件反射说的"塑造"理论,教师在运用强化技能时不仅要做到教学目标明确,而且要使教学目标具体化(包括知识和方法,智力和能力,重点和难点及思想品德等方面的内容)。要进行教学目标的有效强化,就必须明确应该强化什么,从哪些方面进行强化,运用哪些强化技能,这样才能达到调动学生学习的积极性、控制和调解学生学习的最佳状态的目的。

在课堂教学中,教师不必对学生所有的反应都给予强化,对教学影响不大的行为可以忽略不计,如同桌之间偶尔低语两句、相互做个鬼脸等。而应当对与达到教学目标有密切关系的正确反应予以强化。例如,有些知识点很容易犯某种错误,有的教师就反复强调,让学生记住不要犯此类错误,其实无形中可能就是帮学生强化知识点的错误之处。

2. 情感强化

强化是为了塑造学生的行为,而一个人改变自身的行为常感到痛苦。所以,教师在运用强化技能塑造学生行为时,教师的态度应该是客观的、真诚的,这样才能对学生的情感产生积极的影响,使学生产生愉快的情绪体验,乐于接受教师的建议,从而顺利地形成正确的行为。为此,教师应首先做到实事求是、准确合理、恰如其分。其次,强化要融入师爱,一旦学生感受到这份情感,就会努力奋进,塑造自己良好的行为。"多用情,少用气",对待犯错误的学生,要以情感人,亲切和蔼,心平气和,让学生体面地接受批评,而不应怒气冲天,训斥指责,或者有意冷淡疏远,否则容易让学生产生叛逆的心理,不利于学生的心理成长。最后,强化要让学生体验到成功的乐趣和学习的愉快,从而增强信心,产生强大的精神力量,推动其不断进步。

3. 恰当性和针对性

强化实际上是刺激某种需求,然后通过满足这一需求使强化对象产生更强烈需求的一种手段。所以,运用强化技能应自然、恰到好处。运用时要有区别和变化,由于学生在年龄、性别、性格等方面的差异,学生个人对强化方式的喜好是不同的,教师应针对学生的特点,有区别、灵活地采取不同的强化方式。例如,过分频繁地走动和接触学生易引起高年级学生的反感。有些活动如帮助老师、做谜语题,对年龄小的学生可能更合适用强化物。因此,必须对不同年龄的学生提供相应的、有力的强化刺激和事物。强化只有恰当才能起到应有的作用,不恰当的强化,如过分夸大学生反应的正确程度,教师的语言、表情过分戏剧化等,将会使学生感到别扭,甚至被学生认为是虚假的而适得其反。

因此,教师应研究学生的各方面情况,了解他们的心理需求,以便进行适合学生心理特征的强化。同时应该看到,每一个学生的心理特征都具有某种个人色彩,同一个学生在不同的时期心理状态也不相同。因此,教师在给予强化时不能用单一的、简单的方法对待它,只有做到因人、因事而异,恰当、可靠,才能起到强化技能的目的,使强化更具有针对性。否则，强化不但没有作用，还可能带来不良的后果。

4. 时效性与定比率强化

把握好强化的时机，对提高强化的有效性也是很重要的。对所期望的行为应一旦出现及时强化，这样可给学生留下较深刻的印象。对于学习行为或纪律较差的学生，要注意他们微小的进步，一旦出现进步都及时给予强化，这样不仅有利于目标的实现，而且通过不断地激励可以增强学生的信心。同时，强化的时效性还体现在应用定比率强化程序强化行为。操作性条件反射说的"强化程序"理论告诉我们，强化程序影响机体的反应速度，定比率强化程序的反应速度最快。也就是说，获得间歇性强化的反应比获得连续强化的反应在停止强化后保持的时间要长。当某种希望的行为出现且已稳定时，教师就应逐渐减少强化的次数，并延迟强化，直到强化只在任意时间间隔里偶尔出现。保持一种已经形成的行为，这种强化比经常强化更有效。因此，教师在教学过程中应尽量运用定比率强化程序，特别是在教学的重点、难点处。

5. 鼓励为主，兼带惩罚的多样性强化

在进行强化时，还应注意方式的多样性。如果反复使用单一的强化物，对学生的激励作用就会减弱，失去应有的作用。强化的针对性决定了强化的多样性，教学对象不同，教学内容不同，决定强化的方式也是不同的。

操作性条件反射的"消退"原则告诉我们，正强化和负强化并不对立，也就是说正强化增强行为，惩罚并不一定削弱行为。只有奖励没有惩罚的教育也是不完整的，惩罚有时效果更佳。当然，学生应以鼓励为主，多鼓励意味着获取更多的正强化机会。因此，在实际教育教学中，应"多鼓励，少批评"，发现学生的闪光点，培养学生的自尊心、自信心，通过发扬优点来克服缺点。对于那些反应缓慢的学生更应该热情鼓励，充分肯定其点滴的进步，并适当地控制强化的节奏。强化的多样性还表现在强化的形式多样，如学生的成绩不仅可以用高分来奖励，也可以用口头表扬、公开承认（把好的作业张贴出来作为大家学习的榜样）、象征奖励（五角星、笑脸、小红旗）、额外的特权或活动选择、物质奖励（点心、奖状）等。这样，被强化的行为就会重复发生，没有得到强化的行为就会消退。

行动 6. 评价反思：行动过程的监控与评价

在各行动过程中，涉及多次的评价和反思，强化技能评价和反思的项目如表 9-2 所示。小组可以参考以下评价项目，在各行动环节中对学员进行评价，学员也可根据表 9-2 进行自我评价和反思。

表 9-2　强化技能评价记录表

课题：　　　　　　　　　　　　　　　　　　　　执教：

评价项目	好	中	差	权重
1. 教师采用的强化目的明确	□	□	□	0.10
2. 强化引起了学生的注意力	□	□	□	0.15
3. 强化促进了学生参与教学活动	□	□	□	0.20
4. 强化运用时机适当	□	□	□	0.10
5. 教师运用强化时情感热烈、真诚	□	□	□	0.15
6. 强化方式多样性	□	□	□	0.10
7. 强化自然、恰当	□	□	□	0.10
8. 正面强化为主，鼓励学生进步	□	□	□	0.10

对整段微格教学的评价：

思考与练习

1. 综述强化技能的含义，它的心理学根据是什么？

2. 强化技能有哪些应用技巧？

3. 教师应用强化技能的原则是什么？

4. 阐述奖励和惩罚的关系，以及如何在实际教学中灵活应用。

5. 针对学生回答问题的正确和错误，分别列出 10 种对学生回答问题后进行强化的不同强化语。

6. 用心理学观点分析下述强化失败的原因。

例：李老师大学毕业分配到学校之后，十分注意学习老教师的做法。刚好做他"师傅"的是一位教学经验丰富的张老师。这位老教师课上得很好，深受学生好评，但有一个特点，当学生犯错误、学习不认真或不能正确解答问题时，这位老师会严厉斥责。尽管如此，学生仍然非常爱戴他，喜欢上他的课。李老师看在眼里，学在心里，上课时也经常严厉斥责学生，可是他慢慢发现，学生越来越不爱上他的课了。请分析其中原因，李老师该怎么做？

7. 选择本专题提供的一个片段，仿照课例的教学设计和教学视频，在充分备课的基础上独立设计教案，尝试进行微格教学实践，重点实践强化技能。

专题 10 言有尽而意无穷——结束技能

【学与教的目标】

识记：结束技能的概念及其类型、特点和作用。

理解：结束技能的特点、组成要素。

应用：结合生物学教学的特点，掌握并灵活应用总结归纳法、比较异同法、首尾呼应法、悬念启下法、练习评估法、妙设歌诀法、拓展延伸法、串联式结束法、幽默风趣法、激励式结束法共十种常见的设计方法，编写结束技能教案；结束技能的片段教学试讲练习等。

分析：运用结束技能的方法与技巧；运用结束技能的原则。

评价：评价结束技能教案编写质量，评价结束技能试讲练习的效果，并提出纠正的措施。

第一节 结束技能基础知识学习

一、你了解结束技能吗

结束技能是教师完成课堂教学活动或一项教学任务时，有目的、有计划地通过重复强调、概括总结、实践活动等方式，以精练的语言对知识进行归纳总结，使学生对所学的知识和技能进行及时的、系统化的巩固和应用，并转化、升华，使新知识稳固地纳入学生的认知结构中，形成完整的知识结构，并为以后的教学做好过渡所采用的一类教学行为。

1. 结束技能的特点

1）概括性

一次教学活动的内容是非常丰富的，但并非所有的内容都要求掌握和理解。在教育活动的终了环节，教师应根据活动目标、学生学情、教学内容等选择恰当的结束方式，对本节课的重点、难点起到回顾、概括、强化、浓缩精华的作用。

2）启发性

一个精心设计的结束能促进发展学生的思维能力。因此，可以通过一节课的结束引导学生积极思考，即用富有启发性的结束引导学生在课后发现问题，激发学生解决问题的强烈愿望，充分调动学生思维活动的积极性，更好地学习、理解新授内容。

2. 结束技能的作用

1）加深印象，增强记忆

在一堂课的结束阶段，将本节课的中心内容加以总结归纳，提纲挈领地加以强调、梳理或浓缩，如同聚光灯一样帮助收拢学生纷繁的思绪，厘清思路，梳成"辫子"，使学生对学到的新知识、新技能了然于胸，理解得更加清晰、准确，抓住重点、难点，变瞬时记忆为长时记忆。因此，设计好一个耐人寻味的结尾，对于帮助学生总结重点、巩固知识有举足轻重的作用[①]。

2）知识系统，承上启下

生物学知识具有严密的逻辑性和系统性，它们各成系统，每个系统内既有纵向联系，又有横向联系，系统之间又相互联系，前后连贯。新知识与旧知识之间必然有内在的联系。在课堂结束阶段，通过总结、归纳能帮助学生将所学知识结构化、系统化，形成知识网络。同时，通过对旧知识的巩固，也可以为后面新知识的吸收提供基础，有利于学生更牢固灵活地掌握生物学知识。

3）指导实践，培养能力

俗话说"熟能生巧"。在新课结束后，教师可以适当地、有针对性地布置一些课堂练习或提出具体的课外实践活动。通过实践，对于相关知识的理解和运用，学生能够自己总结归纳出一些重点与规律，从而发现自身学习中的不足之处。通过引导，让学生掌握的知识与技能发生正向迁移，这对于提高学生对知识的运用能力、分析解决问题的能力都是大有裨益的。

4）质疑问难，发展智力

课堂的时间是有限的，生物学知识源于生活。教师可以充分利用学生的兴趣、好奇心，提供机会培养学生的创造性思维，让他们在课余的时间钻研自己感兴趣的知识。在结束阶段可以紧密地结合教材，提出一些技能训练，或人们关心的、有争议性的问题，让学生课后观察思考和探讨。通过不同的途径获得知识，既可以扩大学生知识的视野，又发展了其自学能力，更培养了学生的思维能力、想象力和观察力，提高学生的整体素质。

5）及时反馈，承前启后

在课堂结束阶段，教师可以设计一些随堂练习、实验操作、回答问题、改错评价、进行小结等活动，检查本节课的教学效果，了解学生学习中的困难和对知识掌握的程度。有时一部分教学内容需要几个课时才能完成，这就要求教师充分地进行教学设计，恰当地运用结束技能，既要对本节课的内容进行总结概括，又要及时地得到教学反馈信息，为下一节课或下一部分教学内容的改进或调整做好准备。

3. 结束技能的类型

1）认知型结束

认知型结束又称为封闭型结束。它通常用于完整的、系统的知识教学之后，对问题或课程的归纳总结，对结论的要点的明确及强调，使学生更系统地掌握所学的知识，或者把学生刚学到的知识应用到解决新问题中。其目的是巩固学生所学到的知识，将学生的注意力集中到课程的要点上。常用方法有：总结归纳法、比较异同法、首尾呼应法、练习评估法、妙设歌诀法等。例如，在讲授"果实的结构和种类"一课结束时，指导学生划分手中果实属于哪一类。

2）开放型结束

开放型结束是在一个与其他学科、生活现象或后续课程联系比较密切的教学内容完成之后，不只限于对教学内容要点的复习巩固，而是要把所学的知识向其他方向伸延，以拓宽学

---

① 林万新.2010. 结束技能训练. 天津：天津教育出版社: 14-31

生的知识面，引起更浓厚的研究兴趣，或把前后知识联系起来，使学生的知识系列化。通常适用于一章、一节或某一个系统知识教学活动的中间。常用方法有：悬念启下法、拓展延伸法等。

此外，结束还有其他方法，在实际教学中依据课程的性质和要求决定。

二、结束技能的构成要素

课堂教学的结尾要根据本节课的教学内容，将学生分散的知识集中起来，进行系统总结，帮助学生厘清思路，由感性认识到理性认识。按照构成要素，结束技能可以分为以下几个部分。

1. 给出信号

教师通过概括教学任务和对照教学主要内容的进展情况，给出结束性的语言，提示学生教学活动已经进入总结的阶段，帮助学生将思绪带到教学活动的结束部分，为学生主动参与总结提供心理准备。

案例 10-1：细胞器——系统的分工合作

教师在引导学生区别各个细胞器的结构和功能之后，给出提示信号："好，大家已经学完了本节课的内容，各个细胞器之间存在明显的分工，接下来我们一起做个总结。"从而引导学生对整个教学内容进行简单的回忆，整理认知的思路。

2. 提示要点

在课堂教学结束部分，指出本节课教学内容的重点、难点、关键点，进行归纳、概括，使课堂讲授的知识条理清晰、逻辑性强、重点分明。在教学活动中，教师可以独自进行总结，也可以进行互动，带领学生总结，从而使学生掌握概括生物学知识的能力。在必要的时候，教师可以进一步进行说明，进行巩固和强化。例如，学完"细胞中的元素和化合物"这一节后，教师可以和学生一起总结生物界与非生物界中的统一性和差异性，并用一句话概括。在大家畅所欲言后，师生一起归纳本节课重点。

3. 应用巩固

在课堂结束时，教师可以通过巧妙地设计和组织，以提问、练习、小测等方式创设情境，让学生发现自身薄弱的部分，及时获得教学反馈信息。在解决问题时循序渐进，引导学生把所学知识应用到新的情境中，自己探究，解决问题。

案例 10-2：基因在亲子间的传递

讲完"基因在亲子间的传递"这一小节时，教师给学生提供一个案例：公安人员抓到一对拐卖儿童的夫妇，但这对夫妇一口咬定孩子是他们亲生的，拒不认罪。后来一位法医观察其"面相"：只见他们都长了一双单眼皮的小眼睛（已知基因为 aa），他们的"孩子"却长了一双双眼皮的大眼睛，请问这个孩子是否是拐卖的？为什么？通过一个案例让学生加深对新知识、新技能的理解、应用，并且能够进一步激发学生的思维，更好地提高课堂教学效果。

4. 拓展延伸

生物学课堂教学的结束不应是简单的重复罗列。在结束时，不仅要总结归纳本节课所学的知识，把前后知识联系起来，帮助学生厘清易混淆的知识和概念，使学生形成巩固的系统化知识，而且要与其他学科、生活现象等联系起来，让生物学科与其他学科之间建立起广泛的知识信息纽带，形成完善的知识结构体系，既有利于求同，使知识深化，又有利于求异，促进思维向多方向展开。结尾要有余音，方能回味无穷。例如，在"染色体变异"一节课时结束后，教师可以要求学生通过多种渠道查阅相关资料，了解更多的人工诱导多倍体的方法，以及当前生产实践中还有哪些应用，并写出调查报告。

三、结束技能的设计及案例分析

教学结束的具体方法多种多样，教师可以根据教材内容、教学任务、学生特点、教学风格、教学设备选择适当的结束方式。归纳起来，教学中常用的结束方法有如下几种。

1. 总结归纳法

总结归纳法是指在教授内容结束后，教师用准确简练的语言，提纲挈领地把整节课的主要内容加以归纳总结，厘清知识脉络，突出重点、难点，归纳出一般规律、系统的知识结构的方法。此法一般用在一节课的结束，也可以在几节有联系的课后用，由教师归纳总结。

案例 10-3： "血糖的调节"课后小结

教师可以根据所学内容构建本节知识点。首先，分析血糖的来源和去向，从而为血糖的平衡构建起基本框架。然后，根据胰岛素和胰高血糖素在调节过程中的作用及特点，进一步总结归纳出"血糖平衡调节"的知识结构。最后，教师以简洁精要的语言，引导学生将上述知识点进行归纳总结，形成清晰的知识框架。

案例 10-4： "尿的形成和排出"课后小结[①]

归纳为如下几点：两个作用（滤过作用、重吸收作用）；两次毛细血管网的形成；三个比较（血浆与原尿、原尿与终尿、肾动脉中血液与肾静脉中血液）；一种疾病（肾小球肾炎）；三点意义。这样，能使学生所学的知识由零碎、分散变为集中，有画龙点睛之功效，同时也使学生的知识结构更加条理化、完善化。

温馨提示

总结归纳法的优点是能厘清学生纷乱的思绪，知识由零碎、分散变为集中，使知识结构更加条理化，形成知识网络。同时，教师点明教学内容的重点、难点，具有画龙点睛之功效，是比较常用的结束方法。

---

① 韩田思. 2016. 生物课堂教学结尾的艺术. 课堂教法实践, (3): 112

2. 比较异同法

比较异同法是指教师在课堂结束阶段采用比较、辨析、讨论等方法来结束课堂的方式。生物学这门学科有一个特点，有很多内容具有很大的联系及相似性。在课堂总结中，教师可以引导学生将易混淆且难辨的概念或对立概念进行分析比较，既找出它们各自的本质特性，又明确它们之间的内在联系和异同点，使学生对内容的理解更加准确深刻，记忆更加牢固、清晰。例如，"减数分裂和有丝分裂的异同""光合作用与呼吸作用比较""植物细胞和动物细胞亚显微结构的异同点""细胞呼吸的基本类型""细胞增殖""细胞免疫和体液免疫""植物组织培养和动物细胞培养"等知识都可以通过此法进行比较巩固。

案例 10-5："物质跨膜运输的方式" 课后小结

教授完新课"跨膜运输"后，教师提问："物质跨膜运输的方式有哪几种？各有什么特点呢？"然后，教师引导学生总结成表 10-1（可利用多媒体课件辅助）。

表 10-1　物质跨膜运输的比较

类型	自由扩散	协助扩散	主动运输	胞吞	胞吐
方向	顺浓度梯度 高浓度到低浓度	顺浓度梯度 高浓度到低浓度	逆浓度梯度 低浓度到高浓度	细胞外到细胞内	细胞内到细胞外
能量	不耗能	不耗能	耗能	耗能	耗能
载体	不需要	需要	需要	不需要	不需要
举例	氧气、二氧化碳、甘油等脂溶性物质	血浆、葡萄糖进入红细胞	钾离子进入红细胞、钠离子出红细胞	蛋白质等大分子物质	蛋白质等大分子物质

温馨提示

比较异同法的好处在于让学生刚接受新知识后，立即与旧知识比较，用表格的形式呈现出比较结果，能给学生以直观深刻的印象，有助于学生理解记忆。

3. 首尾呼应法

首尾呼应法是指课堂教学结束与起始相呼应，使整个教学过程前后照应的方法。与起始相呼应的内容包括开头设置的悬念、问题、困难、假设等，是悬念则释消，是问题则解决，是困难则克服，是假设则证实或证伪。

例如，教师在讲授"三大营养物质代谢"一课，导入时间："我们从食物中摄入的糖类、脂肪及蛋白质是如何代谢的？"在总结时便可以围绕此问题进行复习，整堂课的脉络非常清晰明了。

又如，在讲授"细胞的能量'通货'——ATP"时，解释完 ATP 分子中具有高能磷酸键后，可以说，"我们已经知道了 ATP 分子中具有高能磷酸键，现在我们来解决刚开始提出的问题，也就是课本的旁栏'本节聚焦'部分，谁来回答为什么说 ATP 是细胞的能量'通货'呢？"

> **温馨提示**
>
> 　　生物学课堂的教学若采用首尾呼应的方法，可使教学表现出更强的逻辑性，让学生豁然开朗、茅塞顿开，同时还使学生产生一种"思路遥遥、惊回起点"的喜悦感，有助于增强学生进一步学习的兴趣。

4. 悬念启下法

教师选择本节课的知识点作为下一节课的铺垫和伏笔，激发学生进一步学习的兴趣，便于下一节课的教学活动顺利进行。在课堂结束时，教师选择时机设计悬念，是引发学生探究欲望的一种方法。好的悬念设计能诱发学生的求知欲，也能激发学生的想象力，使学生急于知道下文，于是自发地预习下一部分内容，为下一节课的教学活动做好充分的准备。

案例 10-6："基因在染色体上" 课后小结

在本节课结束时，教师结语："通过本节课的学习，我们知道了基因在染色体上。在生活中，红绿色盲是一种常见的人类遗传病。据调查显示，红绿色盲患者男性远远多于女性。在遗传上，为什么性状会显示与性别相联系呢？这与基因在染色体上有什么关系？这些问题，我们将在下一节'伴性遗传'详细学习！"

案例 10-7："能量之源——光与光合作用" 课后小结

结课时，教师讲述这样一个故事："从前，有一个人去菜窖里取白菜，一下去就没有上来。后来又下去一个人，同样也没有上来。第三个人拿着点着的蜡烛顺着梯子下窖，才到一半时，蜡烛就灭了，他就大喊大叫：'有鬼！'请同学们想想，这究竟是怎么回事？如果想知道答案，我们下节课来讨论'植物的呼吸作用'，大家就会明白了。"

> **温馨提示**
>
> 　　课堂总结中提出富有启发性的悬念，可以激发学生的学习兴趣。因此，教师要仔细分析上下两节内容之间的联系，再打出"欲知后事如何，且听下回分解"的招牌，引导学生产生继续探究的强烈愿望，为后续教学奠定良好的基础。

5. 练习评估法

练习评估法是指教师在课堂结束时通过有针对性的提问、教材中的习题或进行小测验、变式训练等形式对学过的知识进行检测，并给予相应的评价。其作用是：一方面，可以趁热打铁，使教学内容在学生大脑中形成记忆；另一方面，可以帮助学生进一步理解和巩固所学的知识和技能，并能加以应用。测验之后教师适当的评价给学生一种成就感，进一步激发学生的学习热情。

练习可以由教师采用"口头提问"的形式进行，也可以利用教材中的习题。在学生练习的过程中，教师可以巡回观察学生的解题过程，适当地指导，提高课堂练习的思维质量和解题效果。

6. 妙设歌诀法

教师设计富有哲理性、新颖性的歌诀、谜语等为生物学课堂"收尾"，不仅能激发学生的学习兴趣，也能提高学生的记忆效果。

　　例如，教师在讲授完"有丝分裂"后，对有丝分裂的过程编了一个口诀"仁膜消失现两体，赤道板上排整齐，一分为二向两极，两消两现出新壁"。通过对每句口诀仔细说明之后，学生很快就对有丝分裂全过程有了很清楚的认识，这个知识点就能被消化吸收了。

7. 拓展延伸法

拓展延伸法是指教师总结归纳所学知识后，把课堂结尾当作课堂内外的纽带，与其他科目或以后将要学到的内容或生活实际联系起来，把知识向其他方面延伸或扩展的结束方法，以拓宽学生的知识面，激发学生学习、研究新知识的兴趣，给学生想象的空间。

　　例如，在学生认识了微生物之后，教师提出探讨性课题"如何制作腐乳？"并布置任务，让学生在课后根据腐乳制作的原理和流程开展家庭实验探究。

　　又如，在讲到"叶的蒸腾作用"时，教师提到：温带地区，冬季寒冷，大部分树木的叶子脱落，以减少蒸腾作用，保持体内水分。这是树木度过寒冷或干旱季节的一种适应。教师接着讲："你们回家后做个调查，落到地面的叶子，是背面朝上的多？还是正面朝上的多？结合叶的结构及光合作用，尝试解释你所观察到的现象。"

8. 串联式结束法

在几节或几章的内容学完之后，将所学的知识与和本节课有联系的新知识进行串联、整理、归类，由浅入深，使前后知识贯通，融为一体，使学生所学的知识系统化、网络化。

例如，教师在讲完"细胞的生活环境"和"内环境稳态的重要性"之后，用示意图将细胞外液中的血浆、组织液以及淋巴之间的关系进行总结归纳，陈述细胞生活的内环境，以及内环境在机体正常生命活动过程中的重要性，将本章"人体的内环境与稳态"所有知识内容融会贯通。

这种及时将已学知识串联的做法，一方面使学生的知识在大脑中形成系统的网络知识结构；另一方面减轻了学生的记忆负担，加深了印象，增强了记忆。

9. 幽默风趣法

教学幽默实际上是一种教学机智。它是教师在教学过程中随机应变、灵活创造的能力，是教师娴熟地驾驭课堂的一种表现，以高雅有趣、出人意料、富含高度技巧与艺术的特点，在教学中散发着永恒的魅力。它不仅可以很好地调节课堂气氛，更能让学生在快乐轻松的氛围里学习，把学习过程变成一种快乐的体验。

有的幽默式结束来自教师精心的设计，而有的幽默结束则得于教师机智灵活的应变。例如，教师利用小黑板展示当堂课的知识结构图，没想到小黑板没挂牢，"啪"的一声掉到了地上，这时恰好响起下课铃声，这位教师不失时机地说："看来，黑板也想休息了，下课。"干脆利落，饶有风趣，师生在会心一笑中完成了课堂教学。

美国的乔治·可汗说："当你说再见时，要使他们的脸上带着笑容。"幽默风趣式的结束方式往往能起到这样的效果。

10. 激励式结束法

在生物科学的研究发展中，还存在着许多的未解之谜。课堂结束时，教师可联系与本课内容有关的问题，用激励的话鼓励学生学好生物学课程，以便为将来探求生物学领域的奥秘打下基础。

案例 10-8："现代生物进化理论的由来"课后小结

拉马克是法国博物学家，他最先提出了生物进化理论，给当时的"神创论"带来重大的打击，即使遭到种种非难和攻击，他始终没有动摇自己的信念；达尔文是英国博物学家，他在拉马克进化论的基础上提出了"自然选择学说"，创立了"进化论"，坚信生物是不断进化的。正是他们对科学的热爱和锲而不舍的精神，对本已被大众所接受的权威进行挑战，科学才不断前进。同学们好好学习生物学，说不定将来，在我们中间也能产生伟大的生物学家，推动生物科学的发展。老师期待你们！

温馨提示

激励式学习不仅可以深化学生对知识内容的理解，也可以激发学生学习生物学的兴趣，鼓励学生成为自发的学习者、思考者、创造者。

总之，课堂结束的方法很多。只要巧妙地运用结束技能，针对不同的课堂教学类型，根据不同的教学内容和要求，紧扣教材，大胆创新，因势利导，随机应变，充分备课，精心设计出具有特色、富于实效的课堂结束方式，一定能够收到事半功倍的效果。

第二节　结束技能行动训练

行动 1. 示范观摩：观摩示范视频，体会结束技能

在学习完结束技能的理论知识之后，如何将这些理论知识体现在教学实践中呢？选择优秀的结束技能教学示范录像片段观看并分析，初步感知结束技能的技巧应该如何灵活运用，体会结束技能的应用原则。

课例 1001：促胰液素的发现

教学课题	促胰液素的发现（通过激素的调节）				
重点展示技能	讲解技能、结束技能	片长	13 分钟	上课教师	郑悠游
视频、PPT、教学设计二维码	V1001—促胰液素的发现				

内容简介

本节内容以科学史为背景，学生将置身于发现促胰液素的科学历程中，体验科学家发现问题、设计实验并不断修正原有观点的过程。本节内容不仅能够使学生了解激素调节的提出，也提供了培养学生分析科学证据，严谨推理，提出合理观点等科学论证思维，以及不迷信权威，敢于质疑与创新等科学精神的良好机会。

教学过程

1. 介绍学术背景，从学生已有的神经调节相关知识入手，导入新课。

2. 通过问题引导的方式，着重分析两位科学家的实验设计思路和方法；提供机会，学生自行设计和完善实验，从而培养学生的科学思维，训练学生的科学探究能力。

3. 归纳总结：强调质疑、求实、创新和勇于实践的科学精神，以及严谨的实验设计在科学发现过程中的重要作用。

点评

1. 教师围绕科学探究的基本流程构建清晰的讲解框架，依各部分知识内容间的逻辑关系，设置关键问题，由浅入深，启发学生展开思考。在讲解过程中，教师语言表达严谨、科学，关注学生的反馈，能够及时做出调整。结束阶段，教师综合运用激励式结束法和悬念启下法，首先强调科学精神、方法在科学探索过程中的重要意义，深化学生对科学史的理解，鼓励学生自主思考；随后提出启发性问题，充分激发学生的求知欲，为下节教学做好铺垫。

2. 教师充分挖掘了科学史的教育价值，不是简单地讲述科学家的实验历程，而是创设合理的情境，提供机会，让学生深入分析实验证据，展开推理；在自行设计和完善实验的过程中，教师给予学生充足的思考空间，使学生真正融入课堂，体验科学发现的过程，从而培养科学论证思维，领悟科学精神。

3. 教师在授课过程中始终面带微笑，亲和力强，与学生互动良好。讲解清晰，声音洪亮，语言表达准确、流畅。

初看视频后，我的综合点评：

关于结束技能，我要做到的最主要两点是：

1.

2.

课例1002：水分的跨膜运输——渗透作用

教学课题	水分的跨膜运输——渗透作用（物质跨膜运输的实例）				
重点展示技能	提问技能、结束技能	片长	9分钟	上课教师	吴婕瑜
视频、PPT、教学设计二维码	V1002—水分的跨膜运输——渗透作用				

内容简介

　　本片段是"物质跨膜运输的实例"一课中的问题探讨部分，旨在引导学生通过观察物理渗透装置和分析水分跨物理半透膜的运输，理解渗透作用的概念，从而为接下来学习水分跨生物膜的运输做好铺垫。

　　在教学过程中，教师设置了4个层次的问题，分别是：①分析渗透现象的本质；②说明渗透作用的概念；③总结渗透作用的条件；④概述水分跨物理半透膜运输是通过渗透作用进行的。通过每个层次的若干个小问题，构成一系列连续的问题串，层层深入地引发问题和分析问题，在分析和解决问题的过程中构建知识框架，与此同时训练学生观察分析、归纳概括的能力。

点评

　　1. 教师精心设置了一系列合理、严谨的问题，表述清楚，指向明确，能够有效地激发学生展开思考。同时，教师耐心地引导学生分析实验现象进而得出答案，给予学生探索问题的信心。问题探讨结束，教师首先采用总结归纳法，以简练恰当的语言概述知识要点；随后进一步提出问题"水分跨生物半透膜是如何进行的？"运用悬念启下法，激发学生探究欲望，这样由问题探讨自然地过渡至新课学习中。

　　2. 教学设计层次清晰，分析透彻。教师创设情境，从引导学生观察物理渗透装置入手，由现象到本质，不断深入，直至明确渗透作用的概念。8个设问环环相扣，不仅训练学生分析、综合、抽象、概括等思维能力，也有效地锻炼了学生表达交流的能力。

　　3. 教师教态大方，声音洪亮，语调变化适当，逻辑严谨，表达清楚，亲和力强。

初看视频后，我的综合点评：

关于结束技能，我要做到的最主要两点是：

1.

2.

　　结束技能更多视频观摩见表10-2。

表 10-2　结束技能视频观摩

视频编号	课题名称	点评
V1003	肺炎双球菌的体外转化（翁倩如）	本片段通过对艾弗里的肺炎双球菌体外转化实验的介绍和分析，让学生"重走探索之路"，亲身体验科学研究的思路和方法，学习科学家严谨的科学态度。教学过程包括三个部分：①介绍学术背景，引导学生提出问题并做出假设；②实验分析，引导学生体验实验设计的思路和方法，鼓励学生自行设计和完善实验，从而训练学生的创新思维和实验设计能力；③总结实验结论，指出艾弗里实验的不足之处，鼓励学生勇于创新、敢于突破。 　　本片段以科学探究的基本流程为内在教学线索，遵循从观察实验现象到严谨推理的实验教学原则，良好地运用多媒体演示作为辅助教学手段，让学生对遗传物质本质的认识从感性上升为理性。在讲解过程中，教师通过问题引导的方式进行师生互动，有效促使学生融入课堂；教师能够根据学生实验设计的情况，及时调整教学方式，对学生的表现及时给予肯定。新知教授完成，教师从容结束：首先精练概括实验结论，指出艾弗里实验的不足之处，加深学生对科学探究历程的批判性思考，深化主题；紧接着以"不足之处"为"导火线"，巧设悬念——"那么，新的技术和方法是什么呢？"，恰到好处地点燃学生的求知欲，总结归纳法和悬念启下法的巧妙综合使得结束环节自然贴切又扣人心弦！ 　　教师教态自然大方，表情生动；讲解过程逻辑清晰，循循善诱，与学生互动良好，亲和力强。
V1004	染色体数目变异（李晓龙）	本片段是关于"染色体数目变异""染色体组"以及"二倍体"的概念教学。教师首先呈现多个染色体数目变异的案例，引导学生进行观察，从而归纳染色体数目变异的两种类型。随后重点突破"染色体组"的概念教学。为此，教师设计了模型构建活动，通过学生自主制作雄果蝇体细胞的两个染色体组模型，引导学生逐步分析染色体组的特点，进而形成概念。最后，迁移、构建二倍体的概念，加深学生对染色体组概念的理解。 　　片段中讲解框架层次分明，讲解方法符合学生认知规律。教师不是简单地直接输出概念的定义，而是提供丰富的案例，创设模型构建活动，通过问题引导的方式使学生明确概念内涵，充分体现讲解的启发性原则。结束阶段，教师合理运用串联式结束法，联系以前学习过的减数分裂相关知识，与本节所学的"染色体组"概念进行串联，前后知识贯通，使学生所学的知识系统化、网络化，从而达到有效巩固。 　　教师逻辑清晰，声音洪亮，在授课过程中常环顾全班学生，体现对每一位学生的关注。
V1005	通过神经系统的调节（黎小艺）	教师围绕"兴奋在神经纤维上是以什么形式传导的""膜电位如何变化""局部电流是如何产生的，方向如何"以及"兴奋会向哪个方向传导"四个问题展开新知教学。在教学过程中，科学史资料的补充使学生更加了解神经调节的研究背景；充分结合蛙坐骨神经实验示意图，强化学生对神经纤维膜内外电荷变化及局部电流产生和传导方向等重点、难点知识的理解。 　　面对繁多、抽象的知识点，教师首先搭建清晰的知识框架，提出关键性问题；随后层层剖析，步步追问，展开生动的阐述。在讲解描述时，教师创设情境，提供丰富的感性认知；利用图片、动画等演示手段，化抽象为具体，有效突破教学中的难点。结束环节教师也进行了精心的安排：简练总结兴奋在神经纤维上的传导过程，厘清学生脑中繁多的知识点，呈现总结归纳法的合理运用；然后进一步提出"兴奋在两个神经元之间是如何传递的？"，悬念启下，激发学生继续学习的强烈兴趣，为接下来的教学埋好伏笔。 　　教师的自信从容给人留下深刻的印象，教学过程井井有条，板书清晰，语速、语调适中。

行动 2. 编写教案：学习教案编写，强化结束技能要求

结束技能是针对一个教学内容结束后的教师行为，可以是一个片段，也可以是一节课结束时采用。结束技能在一个片段中不可能单独运用，往往与讲解技能、提问技能、演示技能等其他教学技能结合在一起进行训练。请根据结束技能的特点及要求，仿照结束技能的设计案例，选择中学生物学教学内容中的一个重要片段，完成结束技能训练教案的编写。

课例 1001："促胰液素的发现"教案

姓名	郑悠游	重点展示技能类型	讲解技能、结束技能
片段题目	促胰液素的发现		
学习目标	1. 阐明促胰液素的发现过程。 2. 体验科学家在科学探索过程中的科学思维和科学方法。 3. 领悟科学态度和科学精神促进科学发现的重要作用。		

教学过程			
时间	教师行为	预设学生行为	教学技能要素
介绍学术背景（1分钟）	一、学术背景 在 19 世纪，学术界普遍认为，胃酸刺激小肠的神经，神经将兴奋传给胰腺，使胰腺分泌胰液。换句话说，人们当时普遍认为胰液的分泌是神经调节的结果。神经调节的基本方式是反射，完成反射的结构基础是反射弧（根据反射弧的结构示意图进行相关知识点的回顾）。 感受器　传入神经　神经中枢　效应器　传出神经 反射弧的结构示意图 为了验证当时的权威观点，科学家做了一系列的实验。现在就请大家快速阅读教材第 23、24 页的"资料分析"，一起体验促胰液素的发现历程。	观察反射弧的结构示意图，回顾神经调节的相关知识点。 阅读教材，从中获取相关信息。	构建讲解的框架 以"发现问题—做出假设—实验验证—得出结论"的科学探究基本流程为线索，将教学内容围绕促胰液素发现过程这一主题，依讲解内容知识间的内在联系，设置关键问题，组成清晰有序的讲解整体结构。

时间	教师行为	预设学生行为	教学技能要素
分析沃泰默的实验设计思路和方法（4分钟）	二、促胰液素的发现 1. 沃泰默的实验 　　实验一：把稀盐酸注入狗的上段小肠肠腔内。这里的稀盐酸相当于胃酸。 【提问】根据假设，沃泰默将会观察到什么现象？ 　　预测结果与实际现象吻合。实验结果直接证明这个假设是正确的，即胰液的分泌是通过神经调节。 【过渡】但是我们知道，一个结论的得出通常需要多个方法的不断验证。因此，沃泰默采用了其他方法再次进行验证。他假设胰液的分泌不是通过神经调节，而是胃酸通过其他途径（如血液运输）起作用。根据这个假设，他设计了实验二。 　　实验二：将稀盐酸直接注入狗的血液中，结果发现胰腺不会分泌胰液。 　　这个实验结果间接证明了胰液的分泌是神经调节的结果。同时还说明了稀盐酸不能直接刺激胰腺分泌胰液。 【过渡】正是由于这两个实验，让沃泰默成为了当时权威观点的忠实守护者。但是有人随后提出了观点：如果胰液的分泌是通过神经调节，就需要完整的反射弧参与。一旦反射弧遭到破坏，反射必定无法进行，胰腺就不能分泌胰液。因此，为了能够更好地证明这个假设是正确的，沃泰默又设计了实验三。 　　实验三：将稀盐酸注入已切除神经的狗的上段小肠肠腔中。 【提问】如果按照19世纪的权威观点，沃泰默应该看到怎样的实验现象呢？ 　　神经被切除掉，反射弧不完整，神经冲动无法传到效应器（胰腺），因此胰腺不会分泌胰液。但是实际结果与预测的相矛盾。权威观点受到冲击和挑战。 【提问】你们会如何解释这个实验现象？ 　　但是迷信权威的沃泰默对这一结果的解释是：这是一个十分顽固的神经反射。之所以说它顽固，是由于小肠上微小的神经难以剔除干净。	学生思考回答：胰腺分泌胰液。 回答：胰腺不分泌胰液。 回答：胰液的分泌不是通过神经调节。	提供机会，引导学生参与 　　教师创设合理的问题情境，为学生提供自行设计和完善实验的机会，鼓励学生自主思考，积极讨论，训练学生的创新思维和严谨的实验设计能力。

时间	教师行为	预设学生行为	教学技能要素
分析斯塔林和贝利斯的实验设计思路和方法（3分钟）	【过渡】通过这三个实验，我们知道，胰液的分泌既不是盐酸的直接刺激，也不是神经系统的调节。那究竟是什么在调节胰液的分泌？时势造英雄，斯塔林和贝利斯这时出现了。 2. 斯塔林和贝利斯的实验 　　斯塔林和贝利斯读了沃泰默的论文之后，另辟蹊径，做出了大胆的假设：这不是神经反射而是化学调节——在盐酸的作用下，小肠黏膜可能产生了一种化学物质，这种物质进入血液后，随着血流到达胰腺，引起胰液的分泌。 【思考讨论】要想证明斯塔林和贝利斯的观点，我们该如何设计实验？ 　　展示学生的实验设计，并联系斯塔林和贝利斯的实验进行讲解。 【提问】单纯从这个实验能不能证明这个假设？如果不能，还需要如何完善实验？ 【教师引导】在这个实验中有两种化学物质，一种是稀盐酸，另一种是由稀盐酸刺激小肠黏膜产生的化学物质。所以，要想证明这假设还需补充一个对照组。这个对照组其实沃泰默已经帮我们完成了。那大家回顾一下沃泰默的实验，想想哪个实验是这个实验的对照组？	以小组为单位进行思考讨论，并写下实验设计方案。 回答：不能。 回答：实验二。	反馈和调整 　　在引导学生分析实验的过程中，根据学生回答问题的情况，获得学生的反馈信息，及时调整讲解过程，实现有效教与学。 结束
归纳总结（1分钟）	通过沃泰默以及斯塔林和贝利斯的实验，我们证明了稀盐酸刺激小肠黏膜所产生的化学物质才是促进胰液分泌的原因。之后，他们就将这种化学物质称为促胰液素。促胰液素也是人们发现的第一种激素。 　　不迷信权威，敢于质疑，以及严谨的实验设计让斯塔林和贝利斯抓住了成功的机会。而另一位著名的生理学家巴甫洛夫只能深表遗憾，感慨自己失去了一个发现真理的机会。 　　正是由于促胰液素的发现让激素调节进入人们的视线。那么，究竟什么是激素调节？它又有什么特点呢？我们接下来继续探讨。		综合运用激励式结束法、悬念启下法结束教学，深化主题，强调科学精神、方法在科学探索过程中的重要意义，鼓励学生自主思考；同时巧设问题，充分激发学生求知欲望。
板书设计	第1节　促胰液素的发现 一、沃泰默的实验 二、斯塔林和贝利斯的实验		

本片段内容是高中生物学"通过激素的调节"一课中的资料分析部分。学生将置身于发现促胰液素的科学历程中，通过分析沃泰默的实验以及斯塔林和贝利斯的实验，体验科学家发现问题、设计实验并不断修正原有观点的过程。本节内容不仅能够使学生了解激素调节的提出，也是训练学生分析科学证据、严谨推理、提出合理观点等科学论证思维，以及不迷信权威、敢于质疑与创新等科学精神的重要素材。

教师在认真钻研教材的基础上，针对教学对象"具有一定的认知能力、对事物探究有激情、理性思维尚待提高"等特点，采用讨论式、合作式和启发式有机结合的教学方法，分析实验设计的思路与结果，引导学生体验科学发现的过程，训练学生科学思维。

教学过程：

（1）介绍学术背景，回顾神经调节的基本方式——反射，进而提出问题"科学家是如何验证胰液的分泌是神经调节的结果"，自然而然导入新课，激发学生的探究欲望。

（2）在分析沃泰默的实验中，教师提出了三个问题：根据假设，沃泰默将会观察到什么现象？如果按照 19 世纪的权威观点，沃泰默应该看到怎样的实验现象呢？你们会如何解释这个实验现象？在分析斯塔林和贝利斯的实验中，教师提供机会，让学生在思考与讨论的基础上自行设计实验，验证斯塔林和贝利斯的猜想。通过层层设疑，引导学生层层深入，理解实验设计的思路，由此训练学生分析科学证据、严谨推理、提出合理观点等科学论证思维。

（3）归纳总结，悬念启下。总结三位科学家的实验结论，强调质疑、创新和勇于实践的科学态度和科学精神在科学发现过程中的重要意义，深化主题。随之提出问题："那么，究竟什么是激素调节，它又有什么特点呢？"，悬念启下，激发学生的学习欲望，为下节教学做好铺垫。

主题帮助一：运用结束技能编写教案的基本要求

编写结束技能教案时，要巧妙地运用结束技能，充分发挥课堂教学结束部分的作用，就必须遵守以下基本要求。

1. 自然贴切，水到渠成

课堂教学结束是一堂课发展的必然结果。教师备课时要做好充分的准备，认真备课、钻研教材、明确目的、分清重点和难点，才能在课堂教学时严格按照课前设计的教学计划，由前而后地顺利进行，做到有目的地调节课堂教学的节奏，张弛有度，有意识地照顾到课堂教学的结束，使课堂教学结束得水到渠成、自然妥帖。

2. 结构完整，首尾照应

课堂教学应是由几个环节紧密联系，环环相扣组成的一个完整的有机统一体。教师编写结束教案时，要加强前后环节的联系，保证教学结构的完整性，从而实现一定的教学任务。结束部分要适当地照应开头部分，做到首尾相连、前后呼应，既给人浑然一体的感觉，又能充分发挥结束部分应有的作用。切忌将结束部分孤立，有头无尾，或头大尾小，或头小尾大，以及避免互不相连的现象出现。

3. 语言精练，紧扣中心

课堂教学结束的语言一定要高度浓缩，直截了当，一语破的，不拖泥带水，而且要紧扣教学中心，梳理知识，总结要点，脉络分明，形成知识网络结构，起到画龙点睛的作用。同时，要首尾呼应，突出重点，深化主题，让学生的认识由感性向理性飞跃，干净利落地结束全课。教案的语言设计应当达到的效果是，课堂在结束前几分钟的短暂时间内，以精练的语言使讲课的主题得以提炼升华，使学生对课堂所学知识了然于心，有一个既清晰完整又主题鲜明的认识。

4. 内外沟通，立疑开拓

课堂教学只是教学的基本形式，而不是唯一的组织形式。教师在设计结束教案时，要注意给学生留有思考的余地，以激发学生的积极思维。也可以充分发挥各种教学组织形式对培养学生的协同作用，要注意课内与课外的沟通、学科课程与活动课程的沟通，以及生物学科与其他学科课程的沟通，帮助学生拓宽知识面，培养广泛的兴趣。

5. 多种形式，综合运用

结尾无定法，妙在巧用中。精彩绝妙的结尾是科学内容与艺术形式的完美结合，结束方法有归纳总结法、比较异同法、拓展延伸法、悬念启下法、练习评估法、首尾呼应法等。教师编写教案过程中可以根据教学内容的性质和要求综合运用、有所侧重，选择合适的结束方法，努力做到归结全课、提炼升华、突出重点，尽可能地巧布悬念，使学生展开联想与想象的翅膀，收到扣人心弦、引人入胜的效果。一堂课结束了，但学生的求知欲不灭，课止而思不断。

行动 3~5. 微格训练—录像回放—重复训练

本部分内容详见专题 1 第三节"微格教学的行动训练模式"中的行动 3~5。

主题帮助二：运用结束技能应该避免的几个问题

试讲时，为了更好地运用结束技能，突出重点，帮助学生记忆、理解，充分发挥结束技能的作用，应注意避免以下几种情况的发生。

1. 拖拉

讲授完教学内容，本该对知识要点进行总结概括，却故弄玄虚，小题大做，拖延时间。这样做不仅使学生感到厌烦，影响师生之间的情感，冲淡或损害教学效果，使结束技能没有发挥出应有的作用，还势必加重学生大脑的负担，影响良好思维效能的发挥和下节课的学习效果。所以，教学过程的结尾无论运用哪种结束方法，都切忌拖拉。

2. 仓促

由于教师没有很好地驾驭课堂，或者教师时间计划不周，教学节奏把握不好，没有留下足够的时间进行教学结束环节的实施，因此就匆忙、草率地结束，对应该做的总结、复习、推论等也无法完成，使整个教学过程不能善始善终。或者某些教师在完成了教学任务后想赶快下课，于是就在有限的时间内，三言两语仓促结束课程，学生既无法总结课堂所学的知识，也无法进一步消化理解。

3. 平淡

在教学结束的部分，本该运用各种方法帮助学生进行总结概括，让学生对本节课的内容了然于心，但是教师在实施时却轻描淡写，这样不仅无法给学生留下深刻的印象，更不能启发学生的思维，引起学生的回味，甚至淡化了主题，影响学生对教学内容的把握。因此，淡而无味的结尾不仅影响课堂的教学效果，而且可能影响学生以后的学习兴趣。所以教学过程的结尾切忌平淡，要努力使其有滋有味，有声有色，让学生回味无穷，余音缭绕。

4. 矛盾

教学过程中，每一个环节的内容应该紧密联系，首尾相顾，环环相扣，给人浑然一体的美感。但是有的教师在结尾所讲的总结性内容与开始或过程中讲的内容、材料不一致，甚至互相冲突。这样的结尾不仅没有帮助学生厘清知识，反而使学生感到困惑不解，阻碍学生对知识的掌握。在结尾处出现教学矛盾，不仅是结尾的失败，更是整个教学过程的失败。因此，课前教师要进行周密的教学设计，在进行总结时，一定要回头看看教学开始的内容、教学过程中有关环节的材料，使结尾与前面相呼应、相一致，融会贯通。

主题帮助三：运用结束技能的基本原则

1. 目的性

结束技能的目的要明确，课堂教学的结束部分必须以教学目的为依据确定"结束"内容的实施方法。课堂的结束小结要紧扣教学内容的目的、重点和知识结构，针对学生的知识掌握情况，以及课堂教学情境等采取恰当方式，把所学新知识及时纳入学生已有的认知结构中，帮助学生形成知识网络。课堂的结束要简洁明快，有利于学生回忆、检索和运用。

2. 启发性

充满情趣的课堂结束方式能有效地激发学生的学习动机，放松身心，保持兴趣。根据学生的年龄特点、心理特点，教师每讲一节内容都要设计出新颖别致的结束方式，或者概括总结，或者提出问题，或者设置悬念，切不可千篇一律。一个好的课堂，一个好的启发性的结尾可以调动学生努力探索的积极性和参与教学活动的积极性。

3. 适时性

教学结束部分要严格控制时间，按时下课。若课堂教学节奏过快，给结束留的时间过多，造成"学生无事可干"，教师"随心所欲"的情况；若计划不当，延期下课，学生的注意力不集中，授课效果也不好。教师应该避免这两种情况的发生，坚持做到铃响下课。

4. 多样性

采用结束技能的形式应多种多样，不同科目、不同课型、不同年级的学生需要选择不同的结束方式。对揭示概念的课型，一般可采用画龙点睛、概括要点的结束形式；对法则、定律推广练习一类的课型，可采用讨论、总结、归纳的结束形式；对巩固训练的范例课型，可采用点拨方法、提示要点的结束形式。例如，高中生物学"种群数量的变化"一节可以综合利用总结归纳法、比较异同法、练习评估法巩固三种种群增长曲线。

5. 巩固性

结束不是知识或讲解的简单重复，而是概括本节课和本段知识的结构，深化重要事实、情节、规律和概念，经过精心加工而得出系统化、简约化和有效化的知识网络，能帮助学生把零散孤立的知识"串联"和"并联"起来，了解概念、规律的来龙去脉。因此，一个好的课堂结束，要求教师能够提纲挈领，抓住知识的要点和精髓，采用简洁的语言、简单的图表、启发性的语言巩固拓展新知识。

行动 6. 评价反思：行动过程的监控与评价

在各行动过程中，涉及多次的评价和反思，结束技能评价和反思的项目如表 10-3 所示。小组可以参考以下评价项目，在各行动环节中对学员进行评价，学员也可根据表 10-3 进行自我评价和反思。

表 10-3　结束技能评价记录表

课题：　　　　　　　　　　　　　　　　　　　　　　　　　执教：

评价项目	好	中	差	权重
1. 结束环节目的明确，紧扣教材内容	☐	☐	☐	0.15
2. 结束环节有利于巩固、掌握知识，过程合理	☐	☐	☐	0.15
3. 结束环节及时反馈了教学信息，画龙点睛、指明重点	☐	☐	☐	0.15
4. 结束环节有利于促进学生思维	☐	☐	☐	0.10
5. 结束环节安排学生活动	☐	☐	☐	0.10
6. 教师语言清晰、简明扼要	☐	☐	☐	0.05
7. 布置的作业及活动面向全体学生	☐	☐	☐	0.10
8. 结束活动进一步激发学生兴趣，且余味无穷	☐	☐	☐	0.10
9. 结束时间安排紧凑	☐	☐	☐	0.10

对整段微格教学的评价：

思考与练习

1. 结束技能的一般过程是什么？

2. 运用结束技能时，应注意哪些问题？

3. 结合中学生物学教学实际，谈谈结束技能的重要性。

4. 如何设计结课？请根据某一课例进行分析。

5. 观看结束技能的录像，分析这些录像的结课各属于哪些方式，对你有哪些启发。

6. 选择本专题提供的一个片段，仿照课例的教学设计和教学视频，在充分备课的基础上独立设计教案，尝试进行微格教学实践，重点实践结束技能。

主要参考文献

陈红燕. 2005. 高中生物学课堂练习的实施与评价. 生物学教学, 30(6): 17-18

陈维. 2006. 对"渗透现象"演示实验的改进. 生物学通报, (9): 48-49

陈卫东. 2010. 提高生物学课堂讲授有效性的几个策略. 生物学教学, 35(3): 19-21

陈振华. 2011. 讲解法的危机与出路. 中国教育学刊, (6): 41-43, 51

崔鸿. 2013. 新理念生物教学技能训练. 2版. 北京: 北京大学出版社

杜复平. 2003. 强化技能的心理学基础及在课堂教学中的应用. 贵阳师范高等专科学校学报(社会科学版), 74(4): 67-87

樊秀峰, 吴振祥, 简文彬. 2018. 新教师课堂教学技能的提升策略. 黑龙江教育(高校研究与评估), 1233(1): 10-11

高寿华. 2005. 谈生物学教学口语的几个原则. 生物学教学, 30(4): 33

郭晓光. 2014. 多媒体教学与板书教学的再认识. 中国教育学刊, (2): 71-74

郭永峰. 2005. 生物学课堂教学中讲解技能的运用. 科学教育, (114): 25-26

韩田思. 2016. 生物课堂教学结尾的艺术. 课堂教法实践, (3): 112

郝立芳. 2004. 谈教态变化的作用. 中小学教育与管理, (8): 48

洪志蓓. 2007. 导入性学习活动设计. 全球教育展望, 36(12): 80-82

侯夹莲. 2002. 手势在生物学教学中的运用. 生物学教学, 27(6): 34

胡学荣. 2004. 体育课堂教学结束技艺研究. 河北体育学院学报, 18(2): 64-65

蒋妍, 魏红. 2017. 日本研究生教学技能培训探析. 比较教育研究, 39(10): 46-51

金娣, 童康. 2017. 我国中小学教师教学技能主观评价的影响路径研究. 教师教育研究, 29(2): 66-70

李玉红. 2010. 谈生物课堂中的语言魅力. 中国校外教育, (8): 68

林万新. 2010. 结束技能训练. 天津: 天津教育出版社

刘娟, 马宝林. 2017. 卓越教师教学技能培养模式的研究与实践. 高教探索, (13): 54-55

孟宪凯, 刘文甫, 杨宣. 2010. 强化技能训练. 天津: 天津教育出版社

闵元东. 2005. 重视课堂导入设计, 激发学生学习兴趣. 黄石教育学院学报, 22(2): 103-106

齐静怡. 2017. 高校教师教育探析——评《高校教师教育教学技能》. 中国教育学刊, (3): 123

荣静娴, 钱舍. 2000. 微格教学与微格教研. 上海: 华东师范大学出版社

汤菊香. 2004. 创新教学工作概论. 北京: 中国文史出版社

田小龙. 2007. 生物教学的开讲艺术. 中国农村教育, (3): 56

汪清泉. 2005. 课堂教学中的强化技能及运用. 延边教育学院学报, 19(4): 36-38

王达善. 2011. 浅谈生物课堂教学的结课艺术. 中学生物教学, (7): 20-22

王慧. 2009. 批评巧用"附耳细语". 中小学校长, (5): 62

王小玲. 2004. 谈谈生物学课结尾的艺术. 生物学教学, 28(4): 9-10

韦慧彦. 2001. 寓游戏于实验教学之中——英国中学生物实验教材特点初探. 中学生物教学, (1): 25

韦莉莉. 2000. 怎样处理课堂教学的过渡语言. 生物学通报, 35(6): 28-29

翁红阳. 2015. 生物教学中演示的技能. 中学生物教学, (24): 26-27

邢斌. 2013. 高中生物教师不同发展阶段课堂提问技能的比较研究. 温州: 温州大学硕士学位论文

杨昭宁, 陈建勇. 2005. 教师仪表行为艺术. 广州: 广东人民出版社

叶丽娟. 2011. 浅论生物课堂导入. 中学生物学, 27(2): 7-8

俞如旺. 2007. 一道生物高考题引出的实验教学反思. 中国考试, (5): 50-55

翟志华. 2005. 教师教态对课堂教学效果的影响. 教学与管理, (9): 41-42

张广铎. 2002. 生物课堂教学结课艺术初探. 中学生物教学, (4): 27-28

张婷, 封享华. 2018. 师范生教学技能"分层递进训练"模式探索. 教育评论, (8): 139-142

赵社斌, 周红英. 2004. 渗透作用演示实验的改进. 生物学教学, 29(2): 29

郑乐安. 2011. 精彩课堂 言尽意远. 教育理论与实践, (26): 63-64

周柳华. 2005. 浅谈生物课的导入艺术. 教学与管理, (15): 43-44

祝刚. 2010. 新课程背景下对讲解法的再认识. 基础教育, 7(10): 40-44